中公文庫

戦略の歴史（上）

ジョン・キーガン
遠藤利國訳

中央公論新社

目次

付論三　軍団　393

下巻目次

戦略の歴史　上

本文中、＊は原注、〔　〕は訳注を示す。

謝辞

一九八九年に私が本書の執筆に取りかかってから、世界は一大変革をこうむった。まずはじめに、そのことを認めなければならない。冷戦が終結したのである。そして短期間ではあったが、じつにドラマティックな湾岸戦争が勃発した。旧ユーゴスラビアでは血で血を洗う内戦が延々と続き、今なお猛り狂っている。本書で展開したテーマのうちのいくつかは、少なくとも私にとっては、湾岸戦争とユーゴスラビアの内戦のなかで姿を現したものだった。

湾岸戦争でクラウゼヴィッツ信奉者は敗北を喫した。それは、サダム・フセインに対する連合軍の一撃によってもたらされたものだった。物質的な損失がどれほどのものであってもイスラム特有のレトリックに訴えて精神面での敗北をけっして認めようとせず、破局の現実を認めないサダム・フセインの態度は、連合軍のクラウゼヴィッツ信奉者から政治面での勝利を強奪してしまったのである。サダム・フセインは権力の座に居座り続けている。そして勝者はこれを黙認している。それは、文化的な仮説の共有を拒否する敵対者と対決したときには、「西欧流の戦争様式」が無力化することの驚くべき実例である。湾岸戦争は、一面では、ともに深い歴史的な伝統を有するまったく異なった軍事文化の衝突と見ることができよう。しかし、この二つの軍事文化は、「戦争の本性」そのものに関する抽象的概念というようなものによっては、けっして理解されえないものである。なぜなら、戦争の本性などというものは、そもそも存在しないからである。

旧ユーゴスラビアの内戦は文明社会の精神に反抗しているのかと思うほど不可解であり、その恐怖は伝統的な軍事用語による解説をまったく受けつけない。この内戦のなかで明らかになった地域間の憎悪心は、部族間の戦争を研究テーマとしている専門の人類学者以外には、まったくなじみのないものである。人類学者たちの多くは、「原始的な戦争」などというような現象は存在しないと言ってきた。「民族浄化」、組織的な婦女虐待、復讐心の充足、組織的な大虐殺、休戦地域の無効化についての報道は、これらの印象を拭いがたいものにしている。この種の報道を伝える新聞の読者のほとんどは、本書で述べられる前 - 国家形成期の人びとの行動のなかに似かよった現象を見つけて、驚くことだろう。

戦争に関する人類学の文献を通じて私に研究の方向を与えてくれたニール・ホワイトヘッド教授には、感謝にたえない。誤解、あるいは解釈の取り違えがあったとしたら、それはすべて私自身の責任である。時代と地域を越えて戦争の形式を包括的に描くという私の努力は、多くの専門的な軍事史家の労作に負っているが、その数はあまりに多くて、名前をあげればきりがない。必ずしもそのすべてが、私が信奉するようになった一人の研究者の見解と関連づけられるわけではない。しかしあえて名をあげるとすれば、オックスフォード大学バリオール校のチューターで、軍事史に私の目をはじめて開かせてくれたA・B・ロジャー教官、私がはじめてこのテーマで教鞭をとったサンドハーストのイギリス陸軍士官学校の軍事史部門の責任者のピーター・ヤング准将、またサンドハーストでの同僚で、そのハプスブルグとオスマン軍事史についての深い造詣で、戦争とは文化的な活動であるという考えにはじめて私を注目させてくれたクリストファー・デュフィー博士の名をあげたい。

私の草稿に目を通してくれたアメリカ人編集者エリザベス・シフトン、細心の注意を払って印刷にまわしてくれたイギリス人編集者アンソニー・ホイットム、図版の収集にあたってくれたアンヌ゠マリー・エールリッヒ、地図の作成にあたってくれたアラン・ギリラン、判読しにくくなる一方の私の手書き原稿をタイプしてくれたフランシーズ・バンクス、そして三〇年来の友人で出版エージェントをしてくれているアンソニー・シュイルには、心から感謝の意を表したい。とりわけ、幸運にも世界でも有数の軍事関連文献の閲覧を許していただいたサンドハーストのイギリス陸軍士官学校中央図書館のアンドリュー・オーギルとそのスタッフの皆さんには、また国防省図書館、ロンドン図書館のスタッフの皆さんには感謝の意を表したい。

『デイリー・テレグラフ』紙の多くの友人にもいろいろと手助けをしていただいた。コンラッド・ブラック、マックス・ヘイスティングス、トム・プライド、ナイジェル・ウェードの各氏は一九九〇年一一月に私が湾岸を訪れたときにいろいろと配慮をしていただいた。クロアチアとボスニアが戦っている旧ユーゴスラビアでは、以下の各氏にお世話になった。ピーター・アーモンド、ロバート・フォックス、ビル・ディーズ、ジェレミー・ディーズ、クリストファー・ハドソン、サイモン・スコット゠プランマー、ジョン・コールドストリーム、ミリアム・グロス、ナイジェル・ホーン、ニック・ガーランド、マーク・ロウ、チャールズ・ムーア、トレバー・グローブ、ヒュー・モンゴメリー‐マッシンベルド、アンドリュー・ハッチンソン、ルイーザ・ブルの各氏である。
私の兄弟のフランシスは、母方の一族ブリッジマン家の歴史への興味により、ルイ十五世との戦争でアイルランドからフランスへとわたった何人かの兵士との関係を明らかにした。その一人であるウィンター・ブリッジマンは国際的に活躍するプロの将校の先駆的な存在である。本書は、このウィンター・ブリッジマンに捧げたものである。フランシスにも私は大いに感謝している。キルミントンでの友人たちにも感謝の辞を捧げたい。ホーナー・メドラム、マイケルとネスタのグレイ夫妻、ドンとマジョリーのデイビス夫妻である。そしてつねに変わることのない愛情をわが子のルーシーとブルックスのニューマーク夫妻、トーマス、ローズ、マシュー、メアリー、そしてわが妻のスザンヌに捧げる。

一九九三年六月九日
キルミントン・メーナーにて

序文

私は兵士になる運命にはなかった。子どもの頃の病気がもとで、一九四八年から今日までの四五年間、脚が不自由なままである。一九五二年に徴兵検査に出頭したとき、私の脚を検査した医師は、頭を振り、書類に何ごとかを記入してから、どこにでも好きなところに行ってよろしいと私に告げた。その朝の、このときの医師が、私を検査した最後の医師となった。数週間後、公式文書が届いた。そこには、私は今後いかなる軍務にも不適格と判定された、と書かれてあった。

ところが、私は兵士に囲まれて暮らす運命にあった。父は第一次世界大戦に従軍した兵士だった。私は第二次世界大戦のさなかに、イギリスの片田舎で育った。そこはDデイにヨーロッパに侵攻したイギリス軍とアメリカ軍が集結した駐屯地だった。父にとって一九一七年から一八年にかけての西部戦線従軍は、生涯でもっとも重要な経験だったことが私にはわかっていた。一九四三年から四四年にかけての大陸反攻準備の光景が、私には忘れられない出来事になった。それは私に軍事作戦についての根強い関心を抱かせたのである。そして一九五三年にオックスフォードに進学した私は、軍事史を専攻した。

専攻科目は学位取得の必要条件だったが、それ以上のものではなかった。だから、軍事史とのかかわりあいは卒業とともに終わっていたかもしれないものだった。ところが学部時代に軍事史への関心はますます深まっていったのである。オックスフォードの友人たちのほとんどが、私とは異なり、軍務に就いたからだった。彼らは私が失ったものが何であるかを気づかせてくれたのである。ほとんどの友人が将校となり、戦闘を経験した者も多かった。一九五〇年代初頭のイギリスは帝国の縮小期にあり、一連の小規模な植民地戦争を戦っていたのである。マラヤのジャングルやケニアの密林で戦った者もいた。少数ではあるが、朝鮮に送り込まれて実戦を経験した者もいた。

彼らを待ち受けていたのは謹厳でプロフェッショナルな生活であり、また彼らは学者としての栄達と将来のパスポートとなるような指導教官からの評価を求めていた。しかし私には、彼らが軍服を着て過ごした二年間の歳月は、彼らが入ろうとしている世界とはまったく異なった魅力を投げかけていることがわかっていた。その魅力とは、経験がもたらすものだった。見知らぬ土地についての、滅多にない重責を引き受けるということについての興奮、そして危険についての経験だった。彼らを指揮した生粋の将校と面識があることも、魅力の一つだった。私たちの教官たちはその学識の深さと奇癖で賞賛されていた。私の同期生たちは直接知りえた彼らの資質を誉め称え続けた。颯爽とした姿、気概、バイタリティ、平凡な生活には耐えられないといった資質である。そのような生粋の将校たちの名前、性格、癖が、しばしば取り沙汰された。また彼らの偉業は、とくに当局に断固として逆らったというようなエピソードは、私たちに爽快感を与えた。そのうちに私は、これらの陽気な戦士たちが知り合いであるような気がしてきた。そして、軍事史を学ぶうちに次第に形を取りはじめてきた戦士たちの世界についての私の考えを実地と照らし合わすために、このような男たちのことを本気で知りたくなったのである。

学生生活も終わり、友人は法律家、外交官、公務員、大学の教官となって、それぞれの道を進んでいった。私の場合は、彼らが残していった軍人生活の残照に魅せられていた。私は軍事史家になろうと決心した。これはまったく向こう見ずな決心だった。当時、大学にそのようなポストはほとんどなかったのである。ところが私が思っていたよりもはるかに早く、サンドハーストの陸軍士官学校で軍事史のポストが空席になったのである。一九六〇年、私はスタッフの一員となった。私は二十五歳だった。軍隊については何も知らず、猛り狂う砲声も一度として耳にしたことはなかった。正規軍将校とはほとんど会ったこともなく、私が兵士と軍務について思い描いている像は、まったくの想像の世界のものだった。

サンドハーストでの最初の学期で、私は想像したこともないような世界に真っ逆さまに放り込まれることになった。一九六〇年に私が所属することになった士官学校の年配の軍事スタッフは、もっぱら第二次世界大戦を闘った男たちが固めていたのである。若手スタッフも、そのほとんどが朝鮮、マラヤ、ケニア、パレスチナ、キプロス、その他数々の植民地戦争のどこかで闘ったことのある退役兵だった。彼らの軍服は勲章で飾られていた。それも武勲を称える勲章がざらだった。私の直属の長は退役軍人で、会食の席には殊勲章と二本の線章つきの戦功十字勲章をつけて現れた。しかし、それが例外というわけではなかった。エル・アラメイン、モンテ・カッシーノ、アルンヘム、コヒマ等、第二次世界大戦の激戦地となった戦場での軍功を証するメダルをつけた少佐、大佐がぞろぞろいたのである。このさりげなく身に着けた絹の綬のなかに第二次世界大戦の歴史が記されており、そのクライマックスは十字勲章とメダルに刻まれていた。そして、彼らはその勲章をまったく気にしていないように思えたのだった。

　私を圧倒したのは、メダルの万華鏡（カレイドスコープ）だけではなかった。軍服であり、また、それが意味するすべてだった。同期の同僚の多くが、軍事的な栄光を物語るなにがしかを身に帯びていた。連隊のブレザー・コートや厚手の軍用コート等である。騎兵隊将校だった者は礼装して、槍騎兵、あるいは軽騎兵を意味するモロッコ革で縁取りしたエナメル革の拍車つきのブーツをはいていた。それは、軍服は軍服ではないというパラドックスを私に教えてくれた。それぞれの連隊がさまざまな軍服を身に着けていたのである。この最初の会食の晩に、サンドハーストはどれほどいろいろなことを私に教えてくれたことか。青と深紅の槍騎兵、軽騎兵がいた。金モールの重みで押し潰された近衛騎兵もいた。ライフル銃兵の軍服は深い緑で、ほとんど黒といってよかった。砲兵隊員はぴっちりとしたズボンをはき、近衛兵はきっちりとしたシャツを着ていた。スコットランド高地連隊は六種類のタータンをあしらい、低地連隊は格子縞のズボンをはいていた。各地の歩兵連隊のジャケットは、黄、白、灰色、紫、あるいは淡黄色の襟章と袖章をつけていた。

　私は、軍隊は一つであると考えていた。しかし、この会食の晩以降、そうではないということに気づいた。外見上の相違はもっと重要な内面での相違について語っているということを、なおまだ学ばねばならなかったのである。連隊はそれぞれ、何よりもまずその個性によって他と区別しており、各連隊を戦闘集団に仕立てているのはその個性であるということを、また、私が目のあたりにした十字勲章とメダルは戦闘時に発揮したその個性の成果を高らかに謳いあげているということを発見したのである。連隊の友人——兵士たちの間に広がっている旧来の友情は彼らのもっとも愛すべき特質の一つである——は戦友である。しかし、それもある一定レベルまでのものでしかない。連隊への忠誠が、彼らの生活の価値基準なのである。個人的な見解の相違は次の日には忘れられるかもしれない。しかし連隊についての誹りはけっして忘れられることはなく、実際、けっして口に出すことはない。連隊についての批判はそれほどまでも深く、部族としての彼らの価値観に抵触するものなのである。

部族主義、私が思いがけず出くわしたのが、これであった。一九六〇年代のサンドハーストで出会った退役軍人たちは一般的な基準で見るかぎり、他の職業における専門家と変わるところはない。同じ学校出身で、ときには同じ大学を出ていることもある。家族を大切にし、子どもたちに期待をかけている点では、他の人たちと変わるところはない。彼らも同じように、金銭のことを気にかけている。とはいえ、金銭は究極的、あるいは決定的な価値ではなく、軍隊組織内では推進力ですらない。もちろん将校たちは昇進を待ち焦がれているが、だからといって昇進は彼らを計る価値基準ではない。将軍は賞賛されるかもしれないし、賞賛されないかもしれない。賞賛されるとするなら、その理由はその高位を表すバッジとは別のところにある。男のなかの男としての評価である。そしてその評価は、連隊という部族のなかで何年もかけて築きあげられてきたものなのである。連隊という部族は、将校だけにとって唯一のものなのではない。軍曹にとっても、また一般兵士にとっても唯一のものなのである。「兵士として有能とはいえない」という宣告ほど厳しい非難はない。頭がよく、有能で、勤勉な将校がいたとしよう。しかし、部下がこの将校の兵士としての能力に疑いを抱いているとするなら、これらの美質は何の役にも立たない。この将校は連隊という部族の一員ではないのである。

イギリス陸軍は極端なまでに部族的である。連隊のなかには十七世紀にまでさかのぼる歴史をもつものもある。この十七世紀という時代は、西欧を侵略し、ローマ帝国を転覆させたゲルマン部族を先祖にもつ封建社会の軍団が、ようやく近代的な軍隊へと脱皮しようとしていた時期である。ところが、私は若い頃にサンドハーストのスタッフになって以来、イギリス以外の多くの軍隊のなかにも同じような部族的な価値観と出くわしたのである。辺境地帯で暗躍するイスラム教徒略奪者ガージー ghazi と伝統を同じくするムスリム兵士を率いてアルジェリア戦争を闘ったフランス軍将校にも、この部族的なオーラが認められた。ステップでロシア軍と闘い、中世の祖先がこうむったような厳しい試練のなかでも誇りを失わず、戦後のドイツ軍の再建に馳せ参じたドイツ軍の将校の回想のなかにも、この部族的なオーラが見て取れた。インドの将校が発する部族的なオーラは、非常に強烈だった。彼らは口を開けば、有史以前にインドを征服した侵略者たちの後裔であるラージャプート族、あるいはドーグラ族であると言ってやまなかったのである。また、ベトナムで、あるいはレバノンで、また湾岸戦争に従軍したアメリカ軍将校のなかにも、このオーラが感じ取れた。彼らはアメリカの建国に遡る勇気と義務という掟の熱心な唱道者だった。

兵士という存在は、他の人間と同じではない。これが私が戦士のなかに放り込まれた生活で学んだ教訓である。この教訓は私に、戦争は人間のその他の活動と変わるものではないとする戦争描写とすべての理論に、疑いをもって臨むことを教えてくれた。軍事理論家が証明しているように、戦争はもちろん経済、外交政策、政治と関連している。しかし、関連があるということは同一ということにはならないし、類似しているということですらない。戦争が外交政策や政治とまったく異なっているのは、政治家とか外交官とは価値観も、得意とする手腕もまったく異なる人間によって闘われなければならないからである。彼らは別の世界の人間であり、非常に古くまで遡る世界、日常生活と平行しているが、けっして日常生活には呑み込まれない世界の人間なのである。この二つの世界は時間を切り換えている。そして、戦士の世界は民間人の世界の歩調に合わせている。しかし、一定の距離を置いて後を追っているのである。その距離はけっして縮まることはない。その理由は、戦士の文化はけっして民間人の文化ではありえないからである。すべての文明は、その源泉を戦士に負っていた。そして文化を防衛する戦士を育ててきた。しかしこの二つの世界の相違は、目に見える部分だけでも、両極端といえるほど異なっている。それが、本書がとりあげるテーマである。この目に見える部分という点で、戦士の世界には三つの明確な伝統がある。しかし究極的には、戦士の文化は一つだけである。人類のはじまりから現代世界に至るまでの時空を越えたその文化の進化と変遷の姿が本書、戦略の歴史である。

第一章　人類の歴史と戦争

戦争とはなにか？

戦争とは、別の手段による政治の継続ではない。クラウゼヴィッツ〔一七八〇―一八三一　ドイツの軍人。その『戦争論』はナポレオン戦争の経験から近代戦の特質を明らかにし、十九世紀後半以降の西欧の外交、戦争に多大な影響を与えた〕の見解が正しいのであれば、世界はもっと理解しやすい場所になっていただろう。ナポレオン戦争を戦ったプロイセンの軍人クラウゼヴィッツは、退役した後の日々を戦争に関する論文を執筆して過ごした。これは後に『戦争論』と呼ばれ、戦争に関してもっとも有名な書物になる。クラウゼヴィッツは、実際には、こう記した。戦争とは、「別の調停手段を伴なう政治的な取り引きの des politischen Verkehr mit Einmischung anderer Mittel」[*1]継続である。ドイツ語の原文はしばしば引用される英語の表現より、はるかに微妙で複雑な考え方を表現している。とはいえ、いずれにしても、クラウゼヴィッツの考えは不完全である。国家と国益、そして国益を手にするための合理的な計算の存在が前提とされているからである。ところが戦争の歴史は、国家とか外交、戦略などよりもはるかに古く、数千年も遡るのである。戦争は人類の歴史と同じくらい古く、人間の心のもっとも秘められたところ、合理的な目的が雲散霧消し、プライドと感情が支配し、本能が君臨しているところに根ざしている。「人間とは政治的な動物である」とアリストテレスは述べた。アリストテレスの弟子であるクラウゼヴィッツは、政治的な動物は戦争を引き起こす動物であるという以上のことを述べてはいない。また、人間は考える動物であり、その知性は獲物を駆り立てる衝動と殺害する能力に向けられているという考えには、目を向けようともしていない。

　このような考え方は、聖職者を祖父にもち、十八世紀の啓蒙思潮のなかで育ったプロイセン士官クラウゼヴィッツよりも、現代人の方が直視しやすいというわけでもない。フロイト、ユング、アドラーなどが私たちの考え方のなかに認めた印象は、私たちの道徳観は偉大な一神教的宗教の道徳観のままであり、まったくやむをえない状況は別にして、人間同士の殺し合いを断罪しているというものだった。人類学も考古学も、私たちの未開だった頃の先祖は歯と爪が赤かったに違いないと述べている。精神分析は、私たち全員がもっている残虐心は、皮膚の下に潜んでいるのではないと説得しようとしている。にもかかわらず、私たちは人間の本性を、現代生活の大多数の文明人の日常の行動のなかに見出すことができるようなものと認識したがっている。もちろん不完全ではあるが、協調精神と博愛精神にあふれている姿である。私たちにとって文化とは、人間が自らの行動をどのように律するかという点に大きな決定力をもっているもののように思える。「本性か養育か」というアカデミックな議論で支持者が多いのは、「養育」という学派の方である。私たちは文化的な動物であり、暴力に対する異論の余地のない潜在的な嗜好を受け入れるが、にもかかわらず暴力の発露は文化的な逸脱であると信ずるようにしむけるのは、私たちの文化の豊かさなのである。歴史の教訓が私たちに思い出させるのは、私たちが住む国家、その制度、さらには法律さえも、しばしばまったく血なまぐさい闘争を通して手に入れたという事実なのである。日々のニュースは流血沙汰を伝えている。それもしばしば私たちの祖国に非常に近いところで、私たちの文化が正常とする基準についての観念をことごとく否定するような環境での流血沙汰を伝えている。それでも私たちは、歴史の教訓とルポルタージュから得た教訓を「別のもの」という特殊で単独なカテゴリーに委ねてしまう。ところがこの「別のもの」は、私たちの世界の将来に寄せる期待を無効にしてしまうものなのである。私たちの制度と法律は暴力への潜在的な可能性を抑制しようとして、日常生活における暴力は法によって犯罪として罰せられると攻撃している。とはいえ、国家制度による暴力の行使は、「文明社会の戦争」という特種な形態をとっているのである。

文明社会の戦争の範囲は、二つの著しく異なった人間のタイプによって定められている。平和主義者と「合法的な武器の所有者」である。合法的な武器の所有者は、たとえそれが武器を所有しているだけでしかなくても、つねに敬意を払われ続けてきた。平和主義者の価値が認められたのは、キリスト教の二千年だけでしかない。その相互関係については、キリスト教の創始者とローマの兵士との間のやり取りのなかに見て取ることができる。ローマの百人隊長は、下僕を救うための癒しの言葉を求めて、こういったのだった。「私も権威のもとに服している者であります」[*2]。キリストは百人隊長のこの言葉に感銘を受けた。彼が体現している法の効力を補完するのは美徳の力であると思っていることがわかったからである。キリストは、権威が求めるままにその生命を差し出さなければならない合法的な武器の所有者の道徳的な地位を認めており、したがって自らの信条を損なうくらいなら生命を差し出した方がよいとする平和主義者に匹敵させていると考えてよいのだろうか。これは非常に複雑な思想であるが、西欧文化が折り合いをつけるのがむずかしいと思うような思想ではない。この思想の内部には、専門の兵士と筋金入りの平和主義者は共存する余地が、それもじつに睦まじく共存する余地がある。第二次世界大戦時のイギリスで、もっともタフな連隊の一つだった第三突撃隊では、担架兵はすべて平和主義者だったが、その勇気と自己犠牲の精神は指揮官から最高の評価を受けていた。合法的な武器の所有者と、武器の所有を根本的に不法と思っている人びと双方に対して敬意を表することがなかったなら、西欧文化は現在のようなものになってはいなかっただろう。私たちの文化はさまざまな妥協点を求めており、公的な暴力という問題をめぐる妥協は、その発露を非難するが、正当化もしている。平和主義は高められて、理想となった。合法的な武器の所有者は、軍事的正当性という厳密な規範と人道主義的な法体系の枠内で、実際的な必要性を認められているのである。

「政治の継続としての戦争」とは、クラウゼヴィッツが生きた時代の国家間の妥協を表現するために、彼が選んだ定式だった。この定式は、諸国家に行きわたった規範——絶対的統治権、整然と階層化された外交制度、法的な拘束力をもつ条約——に敬意を表すと同時に、国家の利害という主要な原理を見通したものだった。それはプロイセンの哲学者カントが宗教的な領域から政治領域へと転換させたばかりの平和主義という理想を認めてはいなかったかもしれないが、合法的な武器の所有者と反逆者、海賊、山賊たちとをはっきりと区別していた。そこには高度な軍事訓練と、法的に裏づけられた上官に対する部下の柔順な服従が前提されていたのである。戦争は一定の狭い局面に限定しうる形態——包囲戦、決戦、前哨戦、急襲、偵察、哨戒、前哨地点への駐屯——を採ることが予測されており、その各々の形態には暗黙の約束事があった。また、戦争には開戦と終結があると思われていた。はじまりも終わりもない戦争や、国家によるものではない戦争、あるいは国家以前の状態にある人びとの戦争などは、まったく考えられてはいなかった。そのような戦争では、すべての男が戦士であることから、合法的な武器の所有者と非合法な武器の所有者という区別は消滅してしまうのである。しかし、人間の歴史においてはこの戦争形態が長期間支配していたのであり、文明諸国の周縁では今日もなお文明国家の生活を蝕んでいるものなのである。それどころか、このような男たちを「不正規」の軽騎兵、歩兵として徴集するのは当然とされていたのである。これらの「不正規」兵たちが自分たちへの報奨とした非合法で荒々しい手段、そして彼らの野蛮な戦闘方法から、文明国家の士官は目を逸らしてきた。このような男たちがいなかったなら、クラウゼヴィッツやその同類の士官が育てられた訓練の行き届いた軍隊は戦線を維持することはできなかっただろう。すべての正規軍が不正規軍を徴集した。そして哨戒、偵察、小競り合いに送り出した。フランス革命軍でさえ、例外ではなかった。十八世紀のコサック、スコットランド高地兵、ハンガリー軽騎兵といった軍団の膨張は、その当時の軍団の発展においてもっとも注目すべき事象の一つである。彼らが行なった略奪、強姦、殺人、誘拐、強奪、その他の一連の野蛮な行為については、文明人たるその雇用者たちは頬被りを決め込んだ。これらの行為は文明人たる戦士たちが訓練を通じて獲得した軍律よりも、はるかに古く、また広く蔓延した戦争形態なのである。クラウゼヴィッツはその考えを、「戦争とは……政治の継続である」と定式化したが、それは心ある士官たちに、その職務の根本に潜む古くて薄汚ない側面から目を逸らせるのに都合のよい哲学的な受け皿を与えたのだった。

とはいえクラウゼヴィッツは、戦争とは彼が主張したようなものではないことを、半分理解してもいた。「文明の進んだ人びとの戦争は、野蛮人の戦争ほど残虐でも破壊的でもないと仮定するなら」というように、そのもっとも有名な一節を、条件つきではじめていたのである。それは彼が追及しようとする考えではなかった。クラウゼヴィッツはその持てる哲学的能力のすべてを賭けて、戦争とはどのようなものであったのかということよりも、戦争とはどうあるべきかという一般的な理論を前進させようと苦闘していたのである。そして、それはかなりのレベルまで成功した。実際に戦争を遂行する場合、政治家と最高指揮官が今なお頼っているのはクラウゼヴィッツの理論なのである。しかしながら、信頼の置ける戦争の記述に際しては、歴史家と証言者はクラウゼヴィッツの手法を避けなければならない。クラウゼヴィッツ自身は目撃者であると同時に戦史家でもあったから、その理論のなかに収まる場所を持たないたくさんの事実を見たに違いないのである。そして、それは書こうと思えば書けたはずの事実だった。「理論がないところでは、事実は沈黙する」とは、経済学者F・

A・ハイエク〔一八九九―一九九二　オーストリアの経済学者。一九七四年度ノーベル経済学賞受賞〕の言葉である。経済の冷厳な事実についてはそれは真実なのだろう。しかし、戦争の事実は冷たいものではない。地獄の炎で熱く燃えあがる事実なのである。かつてアトランタを炎上させ、偉大なアメリカ南部一帯に火をかけたシャーマン将軍はその苦々しい思いを吐き出した。「私は戦争にはうんざりだ。戦争の栄光など、すべてたわごとだ……戦争とは地獄だ」。[*3] この言葉は、クラウゼヴィッツの言葉に匹敵するほど、有名になった。

クラウゼヴィッツは戦争という地獄の炎を目のあたりにしていた。実際、モスクワ炎上を見ていたのである。モスクワ炎上は、ナポレオン戦争がもたらした最大級の物理的な破局であり、ヨーロッパ人に及ぼしたその心理的な影響という点では、一七五五年のリスボン大地震に匹敵するほどの重要な事件である。信仰が幅を利かしていた時代、リスボンの破壊は全能の神の恐るべき力の証拠と受け止められ、ポルトガルとスペイン全土における宗教復興の刺激剤となった。革命の時代のモスクワ炎上は、人間の能力を試すものと見られていた。そして実際、そうなった。この大火災は、計画的な行動と受け止められていた。モスクワ市長ロストプーチンはその功績を自分のものとしているが、ナポレオンは放火犯と思われる人びとを捕らえ、処刑した。しかし、不思議なことに、クラウゼヴィッツはモスクワ炎上がナポレオンに勝者の栄光を授けることを拒否するための計画的な政策だったと信じることができなかった。反対に、次のように記している。「フランス軍は、私が確信していたような運命的な力をもってはいなかった。ロシアの当局が行なったという行為は、少なくとも証拠は充分ではないと私には思われる」。クラウゼヴィッツは、モスクワ炎上を偶然と思っていたのである。

ロシア後衛軍として私が街頭で見た混乱は、どんどん移っていった。煙が最初に見られたのは市街地の周辺部で、そこにはコサック兵が展開していた事実から、モスクワの炎上は無秩序がもたらした結果の一つであると私は確信した。コサック兵の習慣で、最初に徹底的に略奪し、その後すべての家屋に火をかけて、後で敵が使用できないようにしたのである……ロシアの運命にあれほど影響を与えた事件が、不義の情事から生まれ、認知する父親をもたない私生児のようにして生まれたのは、歴史の奇妙なひとこまだった。[*4]

しかしクラウゼヴィッツは、モスクワ炎上とかその他のナポレオンのロシア遠征が引き起こした無数の私生児的な事件については、ほんとうに偶然といえるような事件は一つもないということを知っていたはずである。コサック兵がかかわっていることとそれ自体が放火、略奪、強姦、殺人、その他幾百もの暴虐があったことを物語っているのである。なぜなら、コサック兵にとって、戦争とは政治ではなく、文化であり生活様式だからである。

コサックはツァーリの兵士であると同時に、ツァーリの絶対主義に対する反逆者でもあった。その起源は神話に包まれており、時代が下るとその起源を意識的に神話化するようになった。[*5] とはいえその神話のエッセンスは単純ではあるが、真実でもある。コサック――その名はトルコ語の自由人に由来する――とは、ポーランド、リトアニア、ロシアへの隷属を拒否したキリスト教徒の逃亡者だった。彼らは豊かではあるが無法地帯でもある偉大な中央アジアのステップに運命を託した――「自由人に」なった"go Cossacking"――人びとだった。

クラウゼヴィッツがコサックを知るようになった頃には、その自由にまつわる草創の神話は輝かしいものになっていたが、逆にリアリティは失っていた。もともとコサックは本当に平等な社会を建設していた。支配者はなく、女性もおらず、富もなく、自由な戦士軍団を体現しており、世界を駆けめぐる冒険譚のつきることのない強力な題材となっていたのである。一五七〇年、イワン雷帝は火薬、鉛、金銭の供与――この三つはステップが産出することができなかった――と引き換えに、イスラム社会に隷属していたロシア人囚人の解放にコサックの援軍を頼んだ。しかし、その統治もかなり後になると、イワン雷帝は彼らをツァーリの体制に組み込みはじめた。[*6] 雷帝の後継者たちは、コサックに圧力をかけ続けた。ナポレオンとの戦争中、正規のコサック連隊が編成された。これはどう見ても矛盾だった。森林、山野を馬で駆けめぐる戦士たちが、同時代のヨーロッパ国家というまったく異なった命令系統のもとで、戦争を共同して遂行したのである。一八三七年、皇帝ニコライ一世は皇子を「全コサックの首長」と宣言し、ロシアへの編入プロセスを完了した。以後、その後継者は、ドン、ウラル、黒海の各コサック軍団から成る近衛連隊のなかから選出され、柔順な辺境部族とはそのエキゾティックな軍服で区別されたのだった。

とはいえロシア化がどこまで進んでも、コサックはつねにロシアの人民が農奴の烙印とした「魂税」の納入という恥辱からは免れていた。また農奴たちが死刑にも等しいとみなしていた徴兵も、特別に免除されていた。実際、ツァーリ体制の末期になっても、ロシア政府はさまざまなコサック集団を自由戦士社会として扱うという原則を維持していたのである。したがって、ロシアからの軍事召集に応える責任は、コサックの個々の成員ではなく、グループにあった。第一次世界大戦が勃発したときでさえ、ロシアの軍需省はコサックに連隊としての参加を求めたのであって、封建的な結びつきと外交的な結びつき、さらには傭兵的なつながりをもつコサックの首長たちに参加を求めたのではなかった。つまり程度の差はあれ、すでに教練の行き届いた軍団の提供を組織化された戦争の最初の時点から求めたのである。

クラウゼヴィッツが知っていたコサックは、その源初的な形態の略奪をこととする一団であって、後にトルストイが初期の小説のなかでロマン主義的に描いたような意気軒昂とした流浪の民などではなかった。だから一八一二年のモスクワの大炎上の引き金となった郊外の放火は、まさに彼らの性格そのものなのである。コサックは残虐な人種のままであったが、その放火は彼らが行なった行為のなかでもっとも残虐なものというわけではなかった。北極圏間近の冬を迎えようとする時期に数十万のモスクワ市民たちをホームレスの状態に放り出したのであるから残虐な行為ではあったが、それでももっとも残虐な行為だったとはいえない。彼らの残虐さがもっとも発揮されたのは、その後のナポレオン軍の退却戦のときだった。コサックの行動は彼らの餌食となった西ヨーロッパ人たちに、無慈悲なステップの民、遊牧民たちから被った大災禍の記憶を呼び起こしたのである。その馬の尻尾でできた旗印は、どこを向いていようとも死の影そのものであり、それは彼らの集団としての記憶の奥深くに刻み込まれていたものだった。安全という希望にすがって膝まで埋もれる雪と悪戦苦闘しながら退却するナポレオン軍は、待ち構えるコサック騎兵隊のなかに飛び込んで行った。そしてコサックは、獲物になると見ると急襲した。屈服すると、コサックは馬で突き倒し、蹴散らした。ナポレオンがベレジナ川にかかる橋に火をかける前にも、川をわたりそこなったフランス軍の脱落者たちを捕まえると、大規模な殺戮を繰り返した。クラウゼヴィッツは夫人への手紙のなかで、彼が目撃した「身の毛もよだつような光景」について語っている。「……私の感覚が麻痺していなかったなら、気が狂っていたことだろう。それでも恐怖のあまり身震いすることなく、私が目撃したことを思い起こすことができるようになるまでには、何年もかかることだろう」[*7]。

とはいえ、クラウゼヴィッツは職業軍人だった。士官の息子であり、戦争のために養育され、二〇年もの戦役を戦った退役士官であり、イエナ、ボロジノ、そしてナポレオンの戦争のなかでも血みどろという点では群を抜いているワーテルローの生き残りだった。大量の流血を目のあたりにし、死体、負傷者が刈り取られた牧草のように寄せ集められた戦場を行軍し、何人もの兵士を殺害し、馬に傷を負わせ、かろうじて死を免れた男だった。当然、その感情は麻痺していたはずである。だとすればなぜ、クラウゼヴィッツはコサックのフランス軍追跡に特別な恐怖を覚えたのか。答えはもちろん、私たちは自分が知っていることについては無感覚になっているということである。いい換えれば、私たちは自分や自分たちと同類の者が行なった残虐行為については合理的な説明を与え、正当化するが、異種の文化のもとにある人間が行なう残虐行為は異なった形態をとることから、残虐さという点では等しくとも、憤激し、嫌悪するということなのである。クラウゼヴィッツは、槍で突けばよいのに馬で蹴散らし、捕虜を農夫に現金で売り払い、売れるはずもないぼろぼろの軍服をひん剝いて丸裸にするといったコサックの習慣に反発を感じているのである。あるフランス士官は、「たとえ兵力では二対一の割合で劣っていても、真正面から大胆に迫れば、彼らはけっして抵抗することはない」[*8]という報告書を残しているが、そのようなコサックにクラウゼヴィッツは軽蔑の念すら抱いたことだろう。簡単にいえば、コサックは弱い者に対しては残虐であっても、勇敢な者に対しては臆病であり、それはプロイセンの士官と紳士が教え込まれてきた行動パターンとはまったく逆なのだった。そしてプロイセンの行動パターンは遵守されねばならないのである。一八五四年のクリミア戦争のバラクラバ〔ウクライナ共和国南部。黒海に臨むクリミア戦争の激戦地〕の戦いで、コサックの二連隊が軽旅団の攻撃に立ち向かうために投入されたことがあった。このとき戦況を見ていたあるロシア人士官は報告している。「一糸乱れずに殺到してくる［イギリスの］騎兵たちの群れに驚いた［コサックたちは］敵の攻撃を支えるどころか左へ旋回し、逃走路を確保しようとして、味方の軍に発砲した」。ロシア砲兵隊が死の谷から軽旅団を追い払うと、「最初に息を吹き返したのはコサックだった。そして彼らの本性に忠実に、自分たちの本業に手をつけた。乗り手のいないイギリス人の馬を駆り集め、売り払った」[*9]と別のロシア人士官は報告している。これに類した光景がクラウゼヴィッツの侮蔑の念を掻き立てたことは疑いない。そして、コサックには「戦士」という称号は値しないという確信を強めたに違いない。傭兵という立場にあるにもかかわらず、だいたいが契約に忠実ではないのであるから、傭兵と呼ぶことはできない。クラウゼヴィッツはおそらく、彼らを戦争の腐肉で暮らしているが、虐殺には身をすくめるたんなるハゲタカの類と見なそうとしていたのだろう。

クラウゼヴィッツの時代では、戦争の真の姿は虐殺だった。兵士たちは黙って整列したまま、殺戮されていった。ときには何時間も立ちつくすこともあった。ボロジノの会戦では、オスターマン＝トルストイ軍団の歩兵たちは二時間も大砲の直撃に晒されて立ちつくし、「その間、唯一の動きといえば、崩れ落ちる兵士が引き起こす列の乱れだけだった」という記録が残されている。この殺戮を生き残っても、それが虐殺の終わりとなるわけではなかった。ナポレオンの上級軍医だったラレー〔一七六六―一八四二　移動病院を考案し、また股関節で下肢切断を行なった最初の外科医〕は、ボロジノの会戦直後の晩に二百の切断手術を行なった。それでもこの軍医の患者となった兵士は、まだ幸運なのだった。ウージューヌ・ラボームは戦場を縦横無尽に走る「溝の内側」を次のように記している。「ほとんどすべての負傷兵は本能的に、保護を求めて……おたがいに頭をあげ、身体を引きずりあげようとして、自分たちが流した血の海のなかを泳いでいた。なかには通りすぎる者に、その悲惨な状態から救ってくれと声をかける者もあった」[*10]。

このような陰惨な光景は、クラウゼヴィッツが残忍な種族とみなしたコサックのような人びとなら、巻き込まれそうになると逃げ出したくなるような戦争様式の必然的な結果だった。しかし実際にそのような光景を目撃していない場合、この戦争様式を説明すると嘲りの対象となる。一八四一年、日本の軍事改革者高島秋帆はヨーロッパ式教練をはじめて公開したが、幕府の高官たちには愚かしく思えただけだった。幕府の鉄砲方目付は、「同時に、しかも一様に武器を掲げて操作する」光景は、「児戯に類するものに見える」[*11]と述べている。これは一対一で戦う戦士たちの当然の反応だった。彼らにとって戦いとは、勇気だけでなく、その人格、力量を見せつける行為だったのである。ギリシアのゲリラ、〈クレフテ〉は半分は山賊で、半分はトルコ支配に反旗を翻す反乱軍という性格をもち、その運動にはギリシア贔屓（フィルヘレニク）のフランス人、ドイツ人、イギリス人が共感を寄せていた。ギリシアの独立戦争が勃発したときに、ナポレオン戦争を生き残ったかなりの数の旧士官たちは小隊教練を取り入れようとしたが、これもまた笑い物にされている。しかしそれは、軽蔑というよりも不信だった。彼らの戦闘方法――非常に古く、アレクサンドロス大王が小アジアに侵略したときに編み出されたものだった――は、まさに敵と遭遇する時点で小さな壁を作り、嘲笑や侮辱を浴びせて敵の攻撃を誘うというものだった。そして敵が接近してくれば、逃げ出すのである。クレフテたちは他日戦うために生き延びるのであって、戦争に勝つために生き延びるのではなかった。問題は単純で、彼らは捕まってはならないという点にあった。トルコ人もまた、伝統的なスタイルで戦った。彼らの戦闘方法とは、損害をものともせず、ばらばらに突撃することだった。ギリシアの肩をもつ士官たちは、ギリシア人がトルコ人に立ち向かわなければ戦闘に勝利を収めることはできないと説得した。ギリシア人は、彼らがヨーロッパ式に抵抗し、トルコのマスケット銃に立ち向かっても、全員殺されるだけで、いずれにしても戦闘に敗北すると反対した。

「ギリシア人には赤面を、ギリシアには涙を」と書いたのは、ギリシア独立義勇軍のなかでもっとも栄誉を称えられたバイロンだった。バイロンは他の自由の戦士たちとともにギリシアの味方につき、「新たなテルモピュレーをつくり出す」ことを期待していた。ギリシア人の不屈はたんなる合理的な戦略についての無知にすぎないという事実の発見は、バイロンを意気阻喪させ、幻滅させせた。それはヨーロッパ人理想主義者たちも同様だった。ギリシア贔屓の西欧人たちの心のなかには、近代のギリシア人も、その猥雑さと無知を剝ぎ取れば、古代ギリシア人と同じ民族であるという信念があった。シェリーは『ヘラス』の序文――「世界の偉大な時代が新たにはじまる。黄金時代が再来する」――において、この信念をもっとも簡潔に述べている。「現代のギリシア人は彼の栄光ある民族の後裔であり、われわれの想像力は彼らを我らと同類の人間の姿に描き出すことを拒絶する。彼らは彼の栄えある民族の感性、鋭敏な概念思考、熱狂、勇気を受け継いでいる」。しかしギリシア人とともに戦場で戦った義勇軍の戦士たちは、古代ギリシア人と近代のギリシア人が同じ種族であるという共通の信念をすぐに捨て去っただけではなかった。戦場を生き延びてヨーロッパに帰還した人びとは「ほとんど例外なく、ギリシア人に深い嫌悪感を抱き、かつ憎んだ。そして騙され続けてきた自らの愚かさを呪った」[*12]とギリシア贔屓の歴史家ウィリアム・セントクレア

〔イギリスの史家・著述家〕は書いている。近代ギリシア人の勇敢さを称えるシェリーのナイーブな詩的宣言は、とくに苛立たしいものだった。彼らは近代のギリシア人に、ペルシアとの戦争で古代ギリシアの重装歩兵が示した不屈の精神を、接近戦、つまり「死が待ち構える歩兵戦」でも示すだろうと信じたかったのである。その戦闘方法はさまざまな経緯を経て、西ヨーロッパの戦争の特徴となっていた。だから少なくとも彼らは、同時代のギリシア人がトルコから自由を勝ち取る鍵となるこの接近戦という戦術をあらためて覚えようとするだろうと期待していたのである。ところがギリシア人にそのつもりはなく、彼らの「戦争目的」は山岳地帯の国境線でトルコ当局を嘲弄し、山賊稼業で暮らし、都合がよければ攻守ところを変え、チャンスがあればその宗教上の敵を殺し、安っぽくてけばけばしい服装でパレードをし、まがまがしい武器を振りまわし、不名誉な賄賂をポケットに詰め込むが、最後まで戦って死ぬとか、華々しく最初に死ぬなどということはまったく無縁のクレフテ流の自由を勝ち取るという限定されたものであることがわかると、ヨーロッパ人たちは英雄的な文化の崩壊を説明するのは古代ギリシア人と近代ギリシア人との間の血脈の断絶だけだという結論を導き出したのである。

　ギリシア贔屓のヨーロッパ人たちはその軍事文化をギリシア人に受け入れさせようとしたが、失敗した。クラウゼヴィッツはコサックに彼の軍事理論を受け入れさせようとはしなかったが、もしそうしたとしても失敗したことだろう。西欧人の戦闘方法の特徴とトルコ人およびその敵たるギリシア人の軍事的な欠陥を、簡潔に、鋭く突いたのは十八世紀の偉大なフランスの将軍サクス〔一六九六―一七五〇　十八世紀フランスの代表的な軍人。通称 Maréchal de Saxe.〕だったが、それは「秩序、訓練、戦闘方法」というものだった。クラウゼヴィッツやギリシア贔屓のヨーロッパ人たちが見落としていたのは、彼ら西欧人の戦闘方法も、コサックやクレフテ流の「他日戦うために生き残る」[*13]戦闘方法も、同様に等しくそれぞれの文化の表現であるということなのである。

簡単にいえば、文化的なレベル次第では、クラウゼヴィッツの「戦争とは何か」という問いに対する答えには欠陥があるということなのである。それはけっして驚くべきことではない。われわれは全員、自分たちの文化の外では、個人としての私たちの現在の状態の成立要因を理解させるのはむずかしいということなのである。現代の西欧人は彼らが傾倒していた個人という信仰箇条に難点を見出しているが、それは他の地域の人びとが傾倒している信仰箇条も同様なのである。クラウゼヴィッツとて時代の子だった。啓蒙主義の申し子であり、ドイツ・ロマン主義の同時代人、知識人、実践的な改革者、行動人、社会の批判者であり、また社会の変革の必要性を熱狂的に信じる人間だった。同時代の鋭い観察者であり、未来の信奉者だった。クラウゼヴィッツが見誤ったのは、彼がどれだけ深くその過去に、ヨーロッパの中央集権国家の専任士官階級という過去に根ざしているかということだった。クラウゼヴィッツがたった一つの点でも同時代をはるかに越えた知的次元を見ていたなら――それは、それだけでじつに洗練された精神である――戦争は政治よりもはるかに広い領域を含んでいるということが理解できただろう。つまり戦争とはつねに文化の発露であり、またしばしば文化形態の決定要因、さらにはある種の社会では文化そのものなのである。

クラウゼヴィッツとは何者だったか?

クラウゼヴィッツは連隊付士官だった。これについては多少の説明が必要だろう。連隊とは軍団の一単位で、通常はおよそ一千名強の兵士からなる部隊である。十八世紀のヨーロッパでは、連隊は軍隊という組織には欠かすことのできない存在となっており、そっくりそのまま現在まで受け継がれている。実際、イギリス軍やスウェーデン軍のなかには、三世紀以上の歴史を誇る連隊がいくつもある。しかし十七世紀に誕生した時点では、連隊は新しいだけでなく、ヨーロッパ人の生活にとって革命的な構成要素だった。その影響力は独立した官僚組織や公正な会計機関とほぼ同等の重要性を持ち、それらの組織と密接な関連を持つようになったのである。

連隊——語源的には、この言葉は支配とか統治を意味する government と関連している——は、国家が武力を確実に支配下におくために創出された。連隊が設立された経緯には複雑な要因が絡まっているが、その根本には約二百年ほど昔に遡るヨーロッパの王侯と軍役を提供する人びととの関係が引き起こしたある一つの危機がある。君主たちは伝統的に、軍を起こす必要に迫られると、各地の領主に頼った。武装兵力を提供する見返りに、彼らに対してはその人員および要求されている期間に応じた生活の保障と権力という地方的な特権が与えられていた。この制度は、生活という問題によって決定された最後の手段だった。原始的な経済社会では、収穫と分配は輸送という問題があって制限されていたから、武装兵力は大地に縛りつけておかねばならず、また労働階級へと転落させないためには、収穫に対する権利をもたせておかなければならなかった。

とはいえ封建制度は――その地域と時代による多様性は、カテゴリー化を拒んでいる――けっして整然としてはおらず、また滅多に効率的に働いたことがなかった。十五世紀になる頃には、その非効率性は明らかなものになっていた。絶えざる戦争という状況がヨーロッパ諸国を苦しめ、その結果としての外からの脅威と国内の手に負えない状況は、封建的な武力勢力で対応できるものではなかった。もっとも問題の多い地域の領主にさらに独立を認めたり、あるいは騎士に報酬を支払い戦争に備えさせることで武力をより効率的に働かせようとするのは、問題を増大させるだけだった。地方領主は召集を受けても、兵力の派遣を辞退した。それどころか、はるかに強力な城塞を築き、私兵を抱え、自分たちの利益のために戦争を引き起こした。ときには君主に反逆することさえあった。王侯たちは長い間、傭兵を雇うことで武力を補ってきた。しかしそれも資金力があるときだけだった。十五世紀の中頃になると、ヨーロッパの王侯たちも領主たちも、領土を荒らされるようになった。この時期、貨幣が干あがっていたのである。支払いを受けていない傭兵は一種の天災みたいな存在として、マジャール人やサラセン人、あるいはバイキングのような突然の侵入者と同じくらい恐れられていた。これらの侵入者たちがヨーロッパの軍事化と要塞化の原因となったのである。

問題は、堂々巡りになっていた。秩序を回復する手段として兵をこれ以上増やすことは、略奪者（フランスでは、彼らは大地の皮剝 écorcheurs と呼ばれていた）の数を増やすというリスクの増加を意味していた。秩序回復をためらうことは、農民たちを強姦と略奪の運命に晒すことだった。結局、この問題にもっとも悩まされていたフランス国王が大胆な一歩を踏み出した。これらの大地の皮剝の一団は「浮浪兵となっていたが、遅かれ早かれ国王、あるいは大領主たちがその力を無視できなくなる」ことを見抜いていたシャルル七世は、「一四四五年から四六年にかけて、役に立ちそうな兵士たちの一団を選抜したのである。しかし、よくいわれているように、これで常備軍を創設したわけではなかった」[*14]。自薦、他薦のなかから最良の兵士を引き抜いたのである。これで均一の指揮系統をもった傭兵軍団が形成され、正式に王国の軍事力として認められた。その役割は、かつての仲間を絶滅させることにあった。

シャルル七世が創設した部隊は〈従卒隊 Compagnies d'ordonnance〉と呼ばれたが、歩兵で構成されていた。その社会的な地位は封建騎士と比べて低く、軍事的にも不利な状況にあったが、その戦闘能力への疑念については戦場で騎士と立ち向かうことで徐々に克服し、社会的な地位を高めていった。歩兵軍団のなかにはすでに戦斧などの武器だけで騎士を倒す能力を見せていたものもあった。スイスの歩兵軍団は、その代表的な例である。ピストルが実戦でも使われはじめる十六世紀の初頭になると、軍事史家のマイケル・ハワード卿〔一九二二　イギリスの歴史家。『戦争論』の英訳者〕が述べたように、勇気よりもテクノロジーという時代になった[*15]。以後、歩兵部隊はつねに騎士を打ち負かすようになったのである。騎士たちは相変わらず旧来の社会的な地位にこだわり続けていたが、戦場では隅の方に追いやられた。ところが封建騎士の牙城である城砦への砲撃は、彼らの社会的地位をますます切り崩していった。そして彼らの息の根を止めたのが、シャルル七世の後継者、シャルル八世だった。シャルル八世は、強力な城砦に立てこもり、王権に挑戦する封建領主に対して、機動力のある砲兵隊という新しい武器で応じたのである。このプロセスは一四九〇年代にはじまったが、一六〇〇年代の初頭には彼らの末裔たちは国王に取り入り、歩兵連隊長の職務を喜んで受け入れるようになった。

これらの人びとが、歩兵隊を統合した「連隊」――もしくは司令部――に指揮官として配属されたのだった。歩兵隊は独立部隊としてはあまりに小さく、戦場であてにする戦力とはならなかったので統合する必要があったのである。もっとも近衛部隊の場合は別だった。だからヨーロッパのほとんどの軍隊では、連隊長は傭兵軍団の長と同様、連隊の所有者でもあった。そしてこの傭兵軍団は十八世紀になってもなお、新設の国王の連隊と並び立つ存在であり続けたのである。この所有者に対しては王国の国庫から一時金が支払われ、彼らはその金を給料と制服にあてた。また通常、部隊長とか副官のような従属的な軍務に部下を売り込み、収入を補った。こうした軍務の「買い入れ」は、イギリスの軍隊では一八七一年まで存続した。

この新設の連隊は急速に、封建時代後期や宗教戦争の時代の傭兵部隊とは異なった性格をもつようになっていった。傭兵部隊は金庫が干あがると、たいていは解散した（イタリアの都市国家でしばしば起きたように、傭兵部隊が政府を支配したときは別である）。ところが連隊は設けられた。永続的な王国の――その結果、国家の――制度となった。そして中心都市に常設の司令部を設け、周辺地域の貴族の家系から士官を補充したのである。十一歳になったクラウゼヴィッツが一七九二年に入隊したプロイセン第三四歩兵連隊も、その一つだった。一七二〇年に創設され、ベルリンから四〇マイルのブランデンブルグのノイルッピンの町に駐屯したこの連隊の長はプロイセンの皇族で、士官はプロシアの小貴族から補充されていた。そして最貧層から無期限で徴集された兵士たちが妻子、傷病兵とともに暮らしており、人口の過半数を占めていた。

それから百年後、この種の駐屯地は全ヨーロッパ各地に点在していた。なかには複数の連隊司令部を擁する都市もあった。たとえばトルストイが描くところの、アンナ・カレーニナの愛人ウォロンスキーが所属したような最低の連隊もあった。このような連隊はお洒落な怠け者が集まるダンディー・クラブと化しており、兵士よりも馬を大事にしていた。[*16] 反対に「国民の学校」となった連隊もあり、これは節制、健全な肉体、技能の習得に励むもっとも質の高い連隊だった。クラウゼヴィッツの所属した連隊は、後者の先駆的な存在だった。司令官は付属の学校をつくり、若い士官の教育にあたるとともに、兵士たちには読み書きを教え、その妻女たちには糸紡ぎとレース織りを教えたのである。

このような「進歩」した連隊を、連隊長たちは大いに誇りにしていた。啓蒙主義の信奉者たちには非常に魅惑的な完成した社会のモデルと思われたからである。兵士たちは事実上、奴隷化され、彼らが連隊を見捨てないかぎり、駐屯地に巧妙に閉じ込められていた。とはいえ、彼らは近隣に住む野卑な村人たちとは異なった一団であり、華麗なスペクタクルをつくりあげていた。また長い兵役が結果として、兵士たちにその運命に慣れさせたのだった。プロイセンの退役兵の手になる愛国的な発言が数多く残されている。年齢的にも肉体的にも戦場を駆けまわれなくなった退役兵は、連隊が遠征に出かけるときは、脚を引きずりながら後からついていった。彼らは連隊の階級社会以外の生活を知らないのである。このような兵士たちを率いる連隊長は、過酷な教練を通してであったとしても、退役兵たちに自分たちの存在は社会の醇化に役立つと確信させるのに成功したといえよう。事実そうだったとはいえ、彼らは自分自身を欺いていたのだった。矛盾した理由であるが、連隊はあまりにも彼らに血肉化しすぎていたのだった。まったく忘れられていることだが、共同体の福祉という点からいえば、兵士たちは孤立した分派的な一団だった。連隊は社会から孤立し、連隊独自のルール、儀式、規律をもつ社会だったのである。

プロイセン軍の社会的な欠陥は、その軍事的な破局のためにプロイセン国家を断罪することがなかったなら、若きクラウゼヴィッツをおそらく悩ませることはなかっただろう。連隊に入隊して一年もしないうちに、クラウゼヴィッツはフランス軍との戦闘に放り出された。そしてこのフランス軍兵士を奮い立たせている動機は、クラウゼヴィッツ指揮下の元農奴の動機とはまったく異なったものだった。フランス革命軍は、フランス人は共和国市民として平等であり、すべての市民は武器を取る義務があるというプロパガンダで煽り立てられていた。ヨーロッパに生き残っている王国軍とのフランスの戦争は貴族的な秩序を転覆するための戦い、つまり、フランス革命は自国の防衛だけでなく、どこであれ人びとが不自由な状態に置かれている地域には解放の原理が植えつけらるべしという性格をもたされていたのである。その原因がどのようなものであれ——その主因となるとじつに錯綜したものだった——革命軍を打ち負かすのは不可能に近く、その軍事的な活力は、共和国の有能な将軍ボナパルトが自ら皇帝ナポレオンとなった後でさえも、生き続けた。

一八〇六年、ナポレオンはプロイセンに関心を向け、わずか数週間でプロイセン軍を叩き潰した。クラウゼヴィッツはフランス軍の捕虜となった。そして帰還が許されたとき、彼はフランス軍の寛大さによってかろうじて生き残った骸骨のような軍隊の士官でしかなかった。その後の数年間、クラウゼヴィッツは上官の将軍シャルンホルストやグナイゼナウを助けて軍の精鋭化を図り、ナポレオンの鼻を明かそうとした。しかし一八一二年、クラウゼヴィッツはプロイセンの漸進主義路線に反旗を翻し、「二重の愛国主義」の道を選んだ。この「二重の愛国主義」はナポレオンの指揮のもとでロシアに侵入するという国王の命令に服従せず、プロイセンの自由のためにツァーリの軍隊に加わるという道を選ばせた。クラウゼヴィッツはツァーリの士官としてボロジノの会戦を闘い、ロシアの軍服を着たままプロイセン軍に帰還を果たし、一八一三年の解放戦争を闘った。この「二重の愛国主義」は偶然にも、第二次世界大戦直前の日本の超国家主義者の士官と共通する信条となる。日本の士官たちも、天皇の真の利益と彼らが称するものに仕えるために、天皇政府の穏健な政策に服従することを拒んだのである。

愛国心のもたらす絶望感が、クラウゼヴィッツをこのような破壊的なコースに駆り立てたのだった。そしてこの道を選んだことで、クラウゼヴィッツは全世界に影響力を与えた知的な破壊というキャリアに踏み込むエネルギーを得た。一八〇六年の大敗はプロイセン国家に対する彼の信頼を、根本から揺さぶった。とはいえ、この敗北といえども彼が育った連隊文化の価値観への信頼を傷つけることはなかった。彼の指揮下にある兵士や、とくに士官が心情的には戦争を拒もうとも、クラウゼヴィッツには戦争を天職として考えるしかなかったのである。人間の心情からすれば、逃亡や臆病、あるいは利己心を弁護するだろうし、また望むときに闘い、都合がよければ戦場で交渉する「自由人になる Cossacking」といった気持ちにもなるのだろう。これが最悪の「現実の戦争」だった。ところが、連隊文化がもっとも価値を認める理想――全面的な服従、二心のない勇気、自己犠牲、名誉心――はほとんど、クラウゼヴィッツが職業軍人はすべからくその目標としなければならないと確信していたあの「真の戦争」の域に達していたのである。

マイケル・ハワードが指摘しているが、「現実の戦争」と「真の戦争」の区別はクラウゼヴィッツがはじめたのではない。*17 この区別はプロイセンの大学と市民生活に広まっていた観念論哲学と少なからず一致していたが、それはまた十九世紀初頭のプロイセン軍のなかにも「空気のように」広まっていたものだった。正式に哲学を勉強したことのないクラウゼヴィッツは「むしろ、一般人向けの論理学とか倫理学の講義に出席し、専門的ではないが関連した書物や論文を読み、当時の文化的な状況のなかから二番煎じの観念のスクラップをつくっていた典型的な同世代の代弁者だったのである」[*18]。当時の文化的な状況は、現実の戦争と真の戦争との弁証法に基づく軍事理論という形で浸透していた。このような文化的な状況がクラウゼヴィッツに、彼の理論を同時代人に託すための言語、議論の方法、もっとも効果的な提示の方法を与えたのである。

クラウゼヴィッツは一八一三年にロシアの軍服を着てプロイセンに戻った後、ディレンマに陥っていた。経歴は輝くばかりだったが、熱烈な愛国心はなおまだ燃え続けていた。クラウゼヴィッツは祖国の軍のために、将来にわたって勝利を確実なものにする戦争理論を立案しようとしていた。しかし、プロイセンには革命時代のフランスを無敵にしたような内政上の変化をくぐり抜けるきざしはまったく見られなかった。クラウゼヴィッツ自身もそんなことは考えてもいなかった。彼はフランスを見くびり、民族としての品性も劣ると考えていた。フランス人は口達者で狡猾だが、プロイセン人は誠実で高貴だと考えていたのである。またクラウゼヴィッツはあまりにも王国臣民かつ連隊育ちという出自が強すぎて、プロイセン王国に革命的な理念を植えつけようなどとは望んではいなかった。ところが彼の理性の力は、フランス軍の革命への熱狂こそが彼らに勝利をもたらしたものであると語りかけていた。革命時代のフランスでは、政治がすべてだった。ところがプロイセンでは、政治はつねに国王の気まぐれでしかなかった。それはナポレオンが敗北した後でさえ、変わらなかった。したがってディレンマは、どのようにして政治革命のないまま、共和国フランス軍とナポレオン軍が実際に演じてみせた戦争形態をもたせることができるかということだった。また民衆国家が存在しない状態で、どのようにしたら民衆の戦争という観念をもたせることができるかということだった。戦争とは政治活動の一形式であり、「真の戦争」に近づけば近づくほど国家の政治的目標に役立つということをプロイセン軍に理解させうる言語を、ともかく見つけなければならなかった。また「真の戦争」とその不完全な形態である「現実の戦争」との間に横たわるギャップはどんなものであっても、政治的な必要性に対して戦略が払う敬意として認識されなければならないということ、それからプロイセン軍兵士は政治的な無知という安全な状態に止めておかねばならないが、政治の炎がその血管を駆けめぐっているかのごとく闘うだけの敬意は抱いていなければならないということを理解させうる言語を見つけなければならなかった。

クラウゼヴィッツの軍事上のディレンマの解決策は、ほんの数年後にマルクスがその政治上のディレンマを解決するにあたって見出した方策にきわめて似ている。マルクスは正式に哲学の訓練を受けたが、クラウゼヴィッツは受けていないという違いこそあれ、二人はともにドイツ観念論という同じ空気を吸って育った。そして重要なのは、クラウゼヴィッツはマルクス主義者の知識人からつねに高い評価を受けてきたということである。そのきわめつけがレーニンだった。その理由は容易に理解できる。マルクス主義の方法論の本質は環境に適合させる修正主義だったからであり、クラウゼヴィッツもまた環境に適合させる議論を展開したのだった。クラウゼヴィッツは、戦況は悲惨になればなるほど見とおしは明るいという。なぜなら、悲惨になればなるほど「現実」の戦争よりも「真の」戦争に近づくからであると述べている。マルクスもまた、悲惨になればなるほど見とおしは明るいと述べている。政治状況が悪化して階級闘争が極限まで進行すれば、「現実の」政治という空虚な世界を覆し、プロレタリアが勝利する「真の」社会への道を切り拓く革命が近づくと述べたのだった。

マルクスの議論を駆り立てた動機は、クラウゼヴィッツを奮い立たせたものと同一ではない。マルクスは大胆な精神のもち主だった。ところがクラウゼヴィッツは体制内に留まり、駐英大使、あるいは参謀長への任命という空しい希望を抱き、昇進と勲章を嬉々として受け入れた。マルクスはアウトサイダーの役割を喜んで受け入れた。[*19] プロイセン国家からの追放、貧困、忌避は、マルクスの滋養分だった。アウトサイダーとしての生活がマルクスを鍛えたが、クラウゼヴィッツは体制内に留まることによってのみ変革ができると信じていた。とはいえ、この二人を引き裂くどころか、知的にさらに結びつけるものがあった。彼らが選んだ聞き手に対して、強力な抵抗を受けている考えを受け入れさせるという哲学的な困難を克服しなければならなかった点である。マルクスは革命の使徒だった。彼はフランス革命と一八三〇年の革命が失敗に帰したことを忘れてはいなかった。社会の段階的な発展という幻想が革命によって剝されたことから、一八四八年の革命の失敗を予言し、王国あるいはブルジョア国家権力から全面的に弾圧されたのだった。クラウゼヴィッツは戦争についての革命的な哲学の使徒だった。その哲学は政治を呪われたものと見なす階級に対して、戦争を政治活動の一つとして説いていた。そしてこの二人は最終的に、聞き手の見解と知的抵抗を覆す手段を見出したのだった。マルクスは、彼が科学的歴史法則と見なす理論を懐き、改革論者に対してプロレタリアの勝利についての希望だけでなく、確実性、不可避性を主張した。クラウゼヴィッツは連隊付士官の価値観――砲口を前にしても死をも厭わないという義務に対する全面的な献身――を政治的な信条にまで高め、それによって深い政治的な反省から自分自身を解放する理論を考え出したのである。

したがって究極的には、『戦争論』と『資本論』は、テーマこそ異なるとはいえ、同じ系統に属する二タイプの書物といってよいだろう。明らかにクラウゼヴィッツは『戦争論』を、啓蒙精神が生み出した最大の書物であるアダム・スミスの『国富論』と同じ地位に就けたいと望んでいた。クラウゼヴィッツはアダム・スミス同様、彼の目に映る事象を観察し、叙述し、分類しただけでしかないと考えていたのだろう。マルクスもまた、多くのことを叙述したし、それはじつに正確だった。産業による労働の分割についてのアダム・スミスのみごとな説明を引用しながら、マルクスはそのような労働分割が生み出す感情の分析を続け、それを「疎外」と特徴づけた。そして、アダム・スミスが機械化される以前のピン飾りの製造プロセス――最初の人間が針金を引き延ばすと、次の人間が切断し、三番目の人間は柄を尖らすと、四番目の人間が頭の部分をつくりあげる――のなかに市場経済を指し示す「見えざる手」の奇跡的な働きを認めたところに、マルクスはそのような労働が人間の思考と感情に植えつける絶望は、彼が「階級闘争」と呼ぶものに至り着くという分析のインスピレーションを得たのだった。そしてマルクスは、労働者が生産手段をもたない経済システムでは、大量生産プロセスは革命を不可避なものにするという結論を引き出した。そしてマルクスは正しかった。今日、企業の経営者たちは労働者の生活が改善され、意味あるものとなるような生産工程をつくり出す方法を求め続けているのである。クラウゼヴィッツもまた、記述からはじめた。軍服、軍歌、軍事教練は当然と思っており、ここを出発点として議論を進めた。そして、すべての兵士にお馴染みの「現実の戦争」が要求する比較的簡単な義務よりも、「真の戦争」が要求する恐るべき経験のほうが国家につくすことになるという点を納得させられない場合には、兵士のその本来の生活からの疎外（もっともクラウゼヴィッツはこの言葉を使ってはいないが）——欠乏、負傷、死——は軍の敗北と崩壊へと至り着くという議論を展開したのである。

長引く階級闘争を社会は耐えることはできないし、また革命は災危を引き起こし、階級闘争の害悪など些細なものでしかないと思えるようになるのは、常識が教えるところである。同様にまた常識は、「真の戦争」は人間には堪えがたいほどの害悪となるということも警告している。もちろん思想家としてのクラウゼヴィッツは、「現実の戦争」と「真の戦争」との溝が埋められるとは思ってはいなかった。事実、クラウゼヴィッツが知識人、とくにマルクス主義者の知識人をつねに惹きつけてやまなかった点は、不確定要因——機会、誤解、無力、無能、政治的な変節、挫折、コンセンサスの崩壊など——を強調するそのデリカシーにあった。そしてこの不確定要因が、「真の戦争」よりも「現実の戦争」を実際の戦争形態に近いものにしているのである。「真の戦争」は実際には堪えられないものなのである。

ところが「真の戦争」の過酷さから逃れる余地をクラウゼヴィッツは認めていたにもかか

わらず、『戦争論』は彼が期待していた以上の成功を収めるというパラドックスが生じたのである。クラウゼヴィッツは一八三一年、ヨーロッパでは最後の大流行となったコレラの犠牲者となって死んだ。それは、祖国での昇進に恵まれず、大きな栄誉を授かることもないまの失望の果ての死だった。マルクスもまた、失望した男として死んだ。それは、ヨーロッパのブルジョアジーによるヨーロッパのプロレタリアートの抑圧から、革命は必ず到来するという確信に満ちた予言に終止符を打つようにみえた一八七一年のパリ・コミューンの敗北の一二年後のことだった。ところがその三四年後、マルクスが革命の温床としては後進的すぎるとして見すごしていた国で、革命が定着した。それどころか、プロレタリアートの独裁まで実現してしまったのである。それはブルジョア国家間の大戦争の真っ最中のことであった。この戦争がなければロシアに革命が発生する条件は整わなかっただろう。戦争の恐るべき本性が革命を押し出したのであって、産業化が進行した資本主義の恐るべき本性が原動力となったのではなかった。そして、その戦争の恐るべき本性とは、軍隊は「現実の戦争」と「真の戦争」とを同一のものとすべく努めなければならないというクラウゼヴィッツの主張を、遅ればせながら実現したものだった。

『戦争論』は、持続的な影響力をもつ書物となった。一八三二年から三五年にかけて出版されてから四〇年もたたないうちに、この書物は広く知られるようになっていた。プロイセン軍の参謀総長だったヘルムート・フォン・モルトケ〔一八〇〇—九一　プロセイン及びドイツの軍人〕の魔術的ともいえる用兵術はオーストリアを打倒し、ついで一八七一年には数週間でフランス帝国を崩壊させせるに至った。もちろん、全世界はその秘密を知りたがった。モルトケの答えは、聖書にホメロス、そしてもっとも影響を受けたのは『戦争論』であるというものだった。これでクラウゼヴィッツの死後の名声が確立された。[*20] クラウゼヴィッツがプロイセン陸軍大学校長だったとき、モルトケはその学生だったという事実は見すごされてしまったが、これはどう見ても見当違いだった。全世界は『戦争論』そのものを手に入れ、読み、翻訳し、しばしば誤解した。しかし、これ以後、『戦争論』には戦争を成功裏に遂行する秘訣が隠されていると全世界が信じたのである。

『戦争論』の評価は以後、その執筆以降の戦争で生じた多くの事象によって、ますます高まった。もっとも重要な展開は、クラウゼヴィッツが養育を受けた連隊制度の拡まりだった。戦争を政治活動とするその中心的な考えに関連して、クラウゼヴィッツは次のように言い切っている。「戦争というビジネスは、将来もつねに個別的なものとなるだろう。したがって戦争があるかぎり、兵士は自分たちを一種のギルドの一員と見なすことだろう。そしてそのギルドの規律、軍法、習慣のなかでは、軍人精神に最高位が与えられているのである」。ここで言われている「一種のギルド」とは、いうまでもなく、連隊のことである。クラウゼヴィッツは続いて、その精神と価値観を分類している。

最大級の砲火のもとでも結束を維持している軍隊、それは最強の装備をもつ軍隊の想像上の抵抗とか恐怖感によって動揺することはありえない。過去の幾多の勝利に対する誇りから、たとえ敗北の場にあっても士官に対する敬意と尊敬を、またその命令への服従という結束力を失うことはない。軍団としての体力は、スポーツマンの筋肉と同様、欠乏と克己の絶えざる訓練によって鋼鉄のように鍛え抜かれている……兵士たちの資質とその胸にあふれている義務感は、連隊旗の栄誉という唯一無比の強力な観念がもたらしたものである――そのような軍隊には、真の軍人精神が行きわたっている。*21

この「軍隊」を「連隊」と読み替えるだけでよいのである。十九世紀のプロイセンには、連隊が続々と誕生した。一八三一年にはわずかに四〇程度だったものが、一八七一年までには一〇〇を超えていた。このなかにはライフル部隊や騎兵隊は含まれてはいない。健全なプロイセン人はすべてどこかの連隊に所属していたか、あるいは青年時代に連隊生活を経験していた。だから、だれもが「連隊旗の栄誉という唯一無比の強力な観念」を理解していた。

この「唯一無比の強力な観念」こそが、オーストリアおよびフランスとの戦争でプロイセンに勝利をもたらしたものだった。各国にはプロイセンをモデルにした連隊が相次いで誕生し、プロイセン士官が送り込まれた。各地の連隊では最良の若者が召集され、少年時代から大人の生活への通過儀礼 rite de passage となった新兵の日々を懐かしむ年配の予備役の兵士たちの支持を集めた。この通過儀礼はヨーロッパの生活様式において重要な文化形態の一つとなり、ほとんどすべてのヨーロッパの青年男子に共通の経験となったのである。その普遍性、また社会の規範として選挙民が受け入れたこと、さらには当然の結果としての社会の軍国主義化により、戦争とは政治活動の継続であるというクラウゼヴィッツの命題はさらに高い評価を受けるようになった。人びとが徴兵制に賛成票を投ずる、もしくは徴兵令を黙認するところでは、戦争と政治はともに同一の連続体に属するという命題がどうして否定されようか。

そして今もなお、戦争の神は嘲られてはいない。一九一四年に召集兵からなるヨーロッパ各地の連隊が予備役部隊を引き連れて戦場へと向かったとき、彼らが巻き込まれた戦争は市民のだれもが予想しなかったほどの惨状を呈していた。第一次世界大戦では、「現実の戦争」と「真の戦争」はすぐに見分けがつかなくなった。クラウゼヴィッツが唱えた軍事的な現象の冷静な観察者としての穏健勢力は、つねに戦争の潜在的な本性と現実の目的を調整しようとするものであったが、その調整案そのものが次第に見えなくなってしまった。ドイツ、フランス、イギリス、ロシアは、気がついたときは戦争のための戦争を闘っていた。戦争の政治的な目的――そもそもはじめから、定義するのが困難だった――は忘れられ、穏健な政治路線は放棄されてしまった。理性に訴える政治家は非難され、自由民主主義社会においてさえ、政治は急速に、大規模な戦闘、長い傷病者リスト、肥大化する軍事予算、あふれかえる窮状のたんなる正当化手段でしかなくなってしまった。

第一次世界大戦の処理では、政治は注目に価する役割を何一つ果たさなかった。第一次世界大戦とはとてつもないモンスター級の文化的な逸脱であり、ヨーロッパを戦士社会に変えるというクラウゼヴィッツの世紀――それは一八一三年の彼のロシアからの帰還にはじまり、長いヨーロッパの平和の最後の年である一九一三年に終わった——のヨーロッパ人の無意識の決定の結果だったのである。クラウゼヴィッツはこの文化的な決定の設計者ではない。それはマルクスが同時期に自由主義を曲解した革命衝動の設計者ではないのと同様である。しかし、この両者には重大な責任がある。科学的であろうとした二人の偉大な書物は、事実上、世界のありのままの姿ではなく、望ましい姿を説く、人を酔わせるようなイデオロギーの書物となってしまったのである。

戦争の目的は政治的な目標に仕えることであるとクラウゼヴィッツは述べた。そして彼は議論を続け、戦争の本性はそれ自身に仕えることであると述べている。この論理の帰結は当然、戦争そのものを目標とする人間のほうが、政治的な目標を達成するために戦争の性格を穏健なものにしようとする人間よりも、成功する確率が高いということになる。ヨーロッパの歴史のなかでもっとも平和だった世紀の平和とは、こういった破壊的な観念に対する賠償金のようなものだった。表面上の発展と繁栄の下には活火山のマグマが煮えたぎっていたのである。その世紀が生み出した富は、だれも見たことのないほどの規模で、たしかに平和事業にあてられた。学校、大学、病院、道路、橋、新都市の建設、新しい工場、博愛心にあふれた巨大な大陸経済のインフラストラクチャーになったのである。この平和はまた、税金の活用により、公衆衛生の改善、出生率の増加をもたらし、また精巧な軍事上の新技術を生み出した。そして史上最強の戦士社会をつくりあげることによって、真の戦争を闘う手段を手にしたのである。クラウゼヴィッツが『戦争論』の草稿を書きはじめた一八一八年の時点では、ヨーロッパは武装解除された大陸だった。ナポレオンの軍隊は彼がセントヘレナ島に追放されて潰え去り、それに応じて敵対していた軍も徐々に消滅していった。当然、大規模な徴兵は各地で廃止され、軍事産業は崩壊した。将軍は恩給生活者となり、退役兵は路傍で物乞いとなった。その九六年後の第一次世界大戦の開戦前夜、兵役年齢に達したほとんどすべてのヨーロッパ人男性は、総動員令が出たときに出頭すべき場所を指示した階級証を所持していた。連隊本部は予備役兵に装備させる武器と軍服であふれ返っていた。戦争が勃発したときに備えて、農場の馬にも徴発先が割りあてられていた。

一九一四年七月はじめの時点で、実際に軍服を着ていたヨーロッパ人はおよそ四百万人だった。ところが八月の終わりにはその数は二千万人に達しており、そのうちの何万もの兵士がすでに戦死していた。のどかで平和な風景という表面を突き破って、武装した戦士社会が地下から姿を現したのである。戦士たちは闘わなければならなくなる。そして四年後、彼らはそれ以上闘うことを拒否する。この破局をクラウゼヴィッツ研究の入り口としてはならないが、しかしわれわれはクラウゼヴィッツを第一次世界大戦のイデオロギー上の父として直視しなければならない。それはマルクスをロシア革命のイデオロギー上の父として理解するのと同様である。「真の戦争」というイデオロギーは、第一次世界大戦の軍隊のイデオロギーだった。そしてこのイデオロギーに忠誠をつくした結果、軍隊が自ら招いたぞっとするような運命は、クラウゼヴィッツから受け継いだ遺産ともいえるのである。

とはいえクラウゼヴィッツはイデオロギストであっただけでなく、歴史家でもあった。彼の手元には、プロイセン王国軍の連隊士官としての経験と革命フランスの市民軍兵士による横柄な扱い以外にも、入手できる情報がたくさんあった。一八二〇年代の終わり近くに、つむじ風が吹き抜けたような自らの青年時代を振り返って、その原因を次のように述べている。

国家の重大事への民衆の新たな関与。それは、部分的には、フランス革命がすべての国家の内政面に与えた衝撃の結果であり、また部分的にはフランスがすべての人びとに与えた危機感に基づいている。これは将来にわたってつねに問題となるものなのだろうか。今日以降、ヨーロッパにおけるすべての戦争は、国家の全資源を動員して行なわれることになるのだろうか。したがって民衆に影響をおよぼす大問題をめぐってのみ、闘われることになるのだろうか。あるいは我々はふたたび政府と民衆が徐々に乖離するといった事態を見ることになるのだろうか。このような問題は、答えるのが困難である……[*22]

クラウゼヴィッツはすぐれた歴史家であったが、彼はその世界観を制限し、その思考の幅を狭くする二つの制度——国家と連隊——の存在を認めた。そしてその結果、国家と連隊が見知らぬ概念となっている社会では戦争はどれほど異なった形態でありうるのかを観る余地を失ってしまった。それはモルトケがけっして犯そうとはしなかった失敗だった。モルトケはクラウゼヴィッツのイデオロギーを純粋に功利的な目的のために信奉したのであって、はるか僻地の地上の一画――たとえばモルトケがスルタンに軍人として仕えたエジプトやトルコ――での戦争は、イデオロギー上の師であるクラウゼヴィッツにはまったく対応不能な形態を取ることを知っていた。そしてその形態は、彼らを養育した社会の本性に相応しく、また不可分のものであることを知っていたのである。

神権政治ははじめのうちは戦争を禁止するが、やがて物質的な必要性に迫られて禁止措置が覆された。この過程が明らかに見て取れるのは、イースター島の神秘的な歴史である。次に、戦士社会は極端な形態を取り、社会の混乱が比較的穏やかだった原始的な田園社会を一変させる。ズールー王国がその例である。第三の形態は、マムルークの支配したエジプトの例である。ここでは同じ信仰をもつ者同士の戦争を禁ずるという宗教的なタブーが、軍人奴隷という不可解な制度を生み落とした。第四の形態は、既存の社会構造の保存という利害から、戦争を遂行する技術手段の革新が禁じられたという日本のサムライ社会である。このような歴史の多くは、もちろんクラウゼヴィッツには閉ざされていた。十八世紀のヨーロッパで広く関心を集めた太平洋の旅行記などから、ポリネシアのイースター島や日本のサムライ社会の制度について、クラウゼヴィッツが何がしかのことを読んでいたということは理論的には可能であったとしても、ズールー王国についてはまったく知らなかったはずである。クラウゼヴィッツが死んだとき、この国の南アフリカ支配はやっと端緒に就いたばかりだったからである。しかしマムルークについては、彼らがオスマン・トルコでもっとも栄えある臣下であったという点だけからみても、もっと知っていて然るべきだった。オスマン・トルコ帝国は、クラウゼヴィッツの在世中でさえ、ヨーロッパの国際政治における一大軍事勢力だったからである。彼はオスマンの奴隷私兵、イェニチェリについては知っていたであろうことは確実である。その存在は、トルコの一般社会では、政治よりも宗教が優位にあったことの証拠となっている。オスマンの軍事制度を無視するというクラウゼヴィッツの決定は、その理論の完全性の根本を損なった。軍人奴隷だけでなく、はるかに不可解なポリネシアの、ズールー王国の、サムライ社会の軍事文化に目を注げば、戦争とは政治の継続であるという考えがどれほど不完全、偏狭、まったくの誤解であるかを理解するようになるだろう。これらの国々の戦争形態は、ヨーロッパで理解されているような合理的な政治をまったく無視しているのである。

文化としての戦争

イースター島

イースター島は、この地球でもっとも孤立した地域の一つである。南アメリカからは二千マイル以上、またニュージーランドからは三千マイル以上も離れた南太平洋の孤島である。ここはまた居住人口が世界でもっとも少なく、広さはおよそ七〇平方マイル、死火山からなる三角形の島である。イースター島はこのように孤立しているにもかかわらず、文化的には太平洋中央の高度に発達した新石器時代文化圏であるポリネシア文化に属している。この文化圏は、十八世紀にはイースター島、ニュージーランド、ハワイという、地理的にはそれぞれ数千マイルも離れ、また時代的にも最初の入植年代については数百年も異なるポリネシアの三角地帯に点在する数千の島々に広まっていたものだった。

　ポリネシア文化は、じつに冒険心にあふれた文化だった。ヨーロッパの探険家や初期の民俗誌学者たちは、文字をもたない民族がこれほどまでに広大な地域に移住することができたという事実をなかなか信じることができなかった。なにしろ三八もの群島や諸島が二千平方マイルという広大な地域に点在しているのである。ポリネシアのカヌーの漕ぎ手たちがクック〔一七二八―七九　イギリスの航海者、キャプテン・クックのこと〕やラ・ペルーズ〔一七四一―八八　フランスの探検家〕に匹敵するような航海上の偉業を成しとげたことを否定する説明がいろいろとでっちあげられたが、すべては嘘だった。ポリネシア文化は驚くほど同一性を保っていたのである。言語が明らかに同系統であるだけでなく、ハワイ、ニュージーランド、イースター島で栄えていた社会制度は驚くほど似ていたのである。

　ポリネシアの社会構造は、神権政治である。神々の末裔、あるいは神と崇められている先祖や超自然的な先祖の末裔と信じられている首長たちはまた、大神官でもあった。首長は大神官として神と人間とを媒介し、人びとに大地と海の実りを授けるとされている。その媒介する力――これをマナ mana という――が、首長に大地、漁場、海陸の実り、その他善き物とか望ましき物に対する聖なる権利（タブー tapu, taboo）を与えている。このマナとタブーが、通常、きわめて安定した平和な社会を成り立たせていた。そして至福のポリネシア諸島では、神権政治が首長と民衆、さらには首長の祖から分かれた各氏族間の関係を律していた。[*23]
とはいえ、ポリネシアには黄金時代といえるような時代は存在したことがなかった。資源に恵まれた太平洋といえども人口に見合うだけの必要量をつねに満たしていたわけではなく、生活条件はかならずしも一定ではなかったのである。島の住民たちは産児制限や間引き、また彼らが「航海」と称した移住の奨励により人口を調整したが、人口は増え続けた。やがて肥沃な土地と豊かな漁場が開発されつくし、周囲には移住できるような島がなくなるときが来た。深刻な問題が発生したのは、そのときだった。戦士を表す言葉 toa は、こん棒とかその他の武器の材料となる硬質樹木をも意味するようになったのである。そしてこれらの武器が、侮辱、女性、地位の継承、その他人間がどこでも起こしがちな争いを解決する手段となった。首長が立派な戦士であったときは、そのマナはつねに称揚されてきた。しかし揉め事が頻発したこの時期、首長ではない戦士たちはタブーを破って、望む物、必要な物を手に入れた。これがポリネシアの社会構造に破壊的な結果をもたらした。従属氏族が支配勢力になったこともあった。極端な場合には、本来の生活圏から追い払われた氏族もあった。
その最悪の例が、イースター島だった。人間の居住地から最短距離でも一一〇〇マイルは離れている絶海の孤島をポリネシア人がどのようにして発見したかについては知られていないが、おそらくそれは紀元三世紀頃のことだった。ポリネシア人はたしかにこの島を発見し、サツマイモ、バナナ、サトウキビなどの主要作物をもち込んだのである。彼らは三期に分けて土地を開墾し、魚や海鳥を捕獲し、居留地を造りあげた。紀元千年頃には、ポリネシア世界に根づき、精妙でもっとも崇められていた神権政治という制度を取り入れていた。イースター島の人口は七千を超えたことは一度もなかったと思われるが、彼らはその後の七〇〇年間に、人間の身長の五倍はある三〇〇以上の巨像を神殿の台座に建てていた。イースター島における巨像建造の最終段階にあたる十六世紀頃には、文字も発明されていた。おそらくこれは、神官たちが口承伝承や系図の記憶に役立てたと思われる。生身の首長を通してこうして伝えられた神々の力が平和と秩序を維持したが、それがその文明の頂点だった。

その後、歯車が狂いはじめた。いつとはなく、増大を続ける人口が島の環境を損ないはじめたのである。森林の伐採は雨量を減らし、大地の生産力は低下した。当然カヌーをつくる材木も減っていった。それは漁獲量の減少を意味していた。イースター島の生活は血塗られたものになりはじめた。新しい武器が出現した。黒曜石の破片を利用した槍の穂先で、これが致命的な結果をもたらした。[*24]「血まみれの手をもつ男たち tangata rima toto」と呼ばれた戦士たちが支配権を握るようになった。イースター島の建設にあたった首長たちの血を引く氏族組織は二大グループに分かれ、絶え間なく争った。イースター島の建設者の末裔である最高位の首長は象徴的な存在でしかなくなり、そのマナはもはや何の効力も持ちえなかった。この戦争による社会の解体過程において、巨像は故意に倒されていった。敵対する氏族のマナに対する侮辱ということもあった。またマナの効力を失った首長たちに対する民衆の反乱のしるしということもあった。やがて、根本的にポリネシアの神権政治とは相反する奇怪な新宗教が出現した。それは、煤けたアジサシの卵を見つけた「血まみれの手をもつ男たち」

が第一人者となり、島の支配権を一年間だけ掌握できるというものだった。

オランダの航海者ロッゲヴェーン〔十八世紀のオランダの提督。イースター島の発見者として知られる〕が一七二二年にイースター島に上陸したとき、この混乱状態はかなり進行していた。十九世紀の終わり頃までには、ヨーロッパ人がもち込んだ疫病と奴隷狩りによる退廃により、人口は一一一人にまで減っていた。そして彼らが記憶していたのは、その輝かしい過去についてのきわめて断片的な口承伝承でしかなかったのである。この断片的な伝承と劇的な考古学的な発見により、人類学者はイースター島の社会退廃期の悲哀に満ちた姿を再現した。それはイースター島特有の戦争形態と人肉嗜好の徴を明るみに出しただけではなかった。戦争そのもののもたらす結果から逃れようとして島の人びとが行なった苦心の跡まで、明らかにしたのである。溶岩のなかにできた天然の洞窟やトンネルの多くが、化粧石で閉じられていた。これは聖性を剥ぎ取られた巨像の台座を転用しており、個人あるいは家族の避難所になっていた。島の一隅には本島と半島を分ける溝が掘られていたが、明らかに戦略的な防衛線だった。

避難所と戦略的な防衛線は、軍事専門家が認める築城の三形態のうちの二形態である。イースター島では、第三の形態である地域的な要塞だけが欠けていた。要塞が存在しなかったからといって、イースター島の人間たちの戦争形態に欠陥があったわけではない。それはたんに戦争の舞台がどれほど狭かったかということを表しているにすぎない。イースター島という狭い地域のなかで、彼らは自らの血で血を洗う経験を通じて、クラウゼヴィッツ的な戦争論理を実地に学んでいったらしい。たしかにこの島の人びとは指導力の重要性を学んでいた。それはまさしくクラウゼヴィッツが強調したものだった。ポイケ半島の塹壕の存在は、戦略的な防衛は最強の戦争形態であるというクラウゼヴィッツの見解と意見を同じくした人がこの島にもいたということを示している。人口が激減し、また新たに開発された黒曜石の穂先が大量に生産された十七世紀においても、クラウゼヴィッツがいう戦争の頂点、つまり決戦が試みられたことさえあっただろう。

しかし、その目的は何という自壊作用をもたらしたのか。クラウゼヴィッツは、戦争は政治の継続であると信じていたかもしれない。しかしながら、政治は文化に仕えるために行なわれるものである。そしてポリネシア人たちはその広大な世界のなかで、どの文化にも匹敵するほどの慈愛あふれる文化を創出していた。一七六一年にタヒチ島にたどり着いたブーガンヴィル〔一七二九―一八一一 フランス最初の世界周航を指揮した航海者、軍人〕はエデンの園を発見したと宣言し、自然のなかで幸福に暮らす美しい人びとについてのその報告書は大きな反響を呼び起こした。その結果、その報告書は、息苦しくて気取った十八世紀のヨーロッパ社交界にうんざりしていた知識人たちを「高貴な野蛮人」崇拝へと駆り立てたのである。このうんざりしたという気もちから政治的な不和とロマンティックなイデオロギーが生まれた。そしてそれが相まって、高貴な野蛮人の崇拝者たちを養い育てた王国を転覆することになったのである。

クラウゼヴィッツは劇的な行為――決戦――と自己中心的な指導者――とくにナポレオン――を称揚することにおいてはきわめてロマンティックであり、アンシャン・レジームのどの敵対者にも負けないほどだった。とはいえ、国王と連隊への忠誠という点では、クラウゼヴィッツはマナとタブーに縛られており、そのことにまったく気づいてはいなかった。王国支配のヨーロッパにおいては、フランス革命以前の連隊は、戦士たちの暴力を抑えて国王たちの目的に活用するために創案されたものだった。クラウゼヴィッツが仕えたプロイセンはとくに現世の快楽を嫌っていたから、その偉大な王たるフリードリッヒ大王は他の国王たちが適当と考える以上の無慈悲さで士官たちに戦闘訓練を奨励していた。この大王のマナの増大は、実際にはタブーの侵犯を要求することでもあった。それは同時代の国王たちの理解を越えるものだった。

しかしながら、フリードリッヒはけっして限界を越えたわけではなかった。彼はただ従来の戦争形態を、無慈悲さという点で許容できるぎりぎりの限界まで押し進めただけなのである。国王のマナと軍事的なタブーが永久に失われてしまったのが明らかな世界に育ったクラウゼヴィッツは、新しい秩序を合法化する言葉を見出した。ところが、それは結局、秩序でも何でもなかったということを、そしてその戦争についての哲学はヨーロッパ文化の破壊のためのレシピであったということを、クラウゼヴィッツはまったく気がついていなかったのである。クラウゼヴィッツを非難することがどうしてできるだろうか。より広大ではるかに滋味あふれたポリネシア世界から時間的にも空間的にも孤立していたイースター島の人びとは明らかに、環境の変化は文化的な革命を要求するということを感じていた。ただそれを言葉にすることができなかっただけなのである。また彼らは、煤けたアジサシの卵の発見者が一年間継承する権力への沸き返るような忠誠心を述べるにあたって、「政治」に対応する言葉を創り出してもいたことだろう。今日となっては、それが何であったかを私たちは言うことはできない。最初の人類学者によって発見されたイースター島の戦争の生き残りがかぎられた人数でしかなかったという退化した状態は、イースター島の文化がくぐり抜けた進化についての正確な分析を可能にするものではない。しかし、かぎられた情報とはいえ、以下のことは言える。クラウゼヴィッツ的な戦争形態は、ポリネシア文化の目的に仕えるものではなかった。ヨーロッパ的な語感からいえば、ポリネシア文化はどうみても自由ではなく、民主的でも、ダイナミックでも、あるいはまた創造的でもなかった。しかしこの文化は一定の目的を達成するための地域的な手段であり、太平洋の島という生活条件にほとんど完璧に適った様式だったのである。マナとタブーは首長と戦士、氏族民の関係についての取り決めであり、この三者全員にとって利益になるものだった。そしてその相互関係をポリネシアの生活の「政治」と呼ぶことができるとするなら、戦争は政治の継続ではなかったのである。イースター島というポリネシアの一隅で戦争が「真の」形態を取ったとき、戦争は政治の終焉、次に文化の、そして究極的には生そのものの終焉であることを明らかにしたのである。

ズールー族

イースター島の住民は、外部世界が目撃することのなかった全面戦争において、致命的かつ自己を瞞着するような実験を繰り返すうちに消耗してしまった。それとは対照的に、ズールー族は十九世紀初頭にその社会が被った軍事革命によって西欧文明との華々しい対決に引きずりだされ、その物語は伝説にまでなった。南アフリカで繰り広げられたこのドラマのはじまりは、クラウゼヴィッツが知るには少しばかり遅すぎた。それは次に取りあげるマムルークの物語も同様である。このドラマのハイライトは近代をめぐる歴史物語のなかでもっとも人気を集めているものの一つであり、またアフリカ人の神話において大きな影響力をもつものの一つだった。プレトリアにある大理石の大神殿のボーア戦争を闘ったズールー戦士たちの像は、ボーア人たちの像と同じくらい理想化されている。これは驚くにはあたらない。ボーア人の神話では、敵は高貴であると同時に恐るべき人種でなければならなかったのである。事実、十九世紀初頭にズールー人が民族として形成され、一八七九年の戦争で潰滅的な打撃を受けるまで、ズールー人たちはじつに恐るべき戦士だった。

もともとズールー人たちは牧歌的な生活を送る温和な部族だった。彼らの先祖はングニ族で、十四世紀にはるか北方から南東アフリカ沿岸に移住してきた放牧民族だった。その三世紀後、難破したヨーロッパ人は次のように記している。「彼らの社会生活は……非常に礼儀正しい。また話し好きで、男も女も、また老人であれ若者であれ、おたがいに姿を見かけるとかならず挨拶をする」[*25]。ズールー人は見知らぬ人たちにも優しく、鉄や銅をもっていないことをあらかじめ知らせておけば、完璧に安全な旅行をすることができた。ただし、鉄や銅はきわめて珍しかったから、「殺人を犯すきっかけ」となった。ズールー人は法にしたがう民族であり、とくに対人関係においては法を遵守した。奴隷制は知られておらず、復讐は「ほとんど、あるいはまったくなかった」。争いは首長のもとにもち込まれ、その決定には

「一言も不服を申し立てることなく」したがった。首長は率先して法にしたがい、顧問格の人びとによって罰金を科せられたり、さらに上位の首長たちによってその決定が覆されることもあった。

ズールー人の地を訪れた初期のヨーロッパ人は、彼らがもっとも重要視した価値は人間性ubuntuであり、それがングニ族との争いや戦争の原因となったと記している。開戦の名目casus belliは、だいたいが放牧地をめぐる争いだった。家畜の方が人口よりも多い社会では、放牧地は欠かすことのできない資源だったのである。戦いの敗者は人口の少ない地域で暮らす未開人のつねとして、新たに痩せた土地を求めることになった。戦争は殺戮をもって終わるのではなく、テリトリーの転配で決着をつけたのだった。

戦闘は儀式的なものが多く、老若戦士が睨みあうなかで行なわれた。おたがいに侮辱しあって戦端が開かれ、負傷者が出ると戦闘は終わった。暴力の程度にも一定の限度があった。それは自然条件がもたらすものであると同時に、習慣上のものでもあった。金属製の武器は滅多になく、だいたいが火で強化した木材で、それも白兵戦というよりも投げることの方が多かった。たまたま敵を殺害したりすると、その戦士はただちに戦場を去り、清めの儀式を受けなければならなかった。さもないと、犠牲者の霊がその戦士と家族に運命的な災危をもたらすとされていたのである。*26

十九世紀になると、突然この「未開な」戦闘様式が一変した。ングニ族に属する小部族、ズールー族の首長であるシャカが訓練の行き届いた獰猛な軍団の指揮官となり、絶滅戦を行なったのである。その結果、シャカのズールー王国が南アフリカを支配した。ズールー王国に取って代わられた首長たちは逃亡部族となり、避難地を求めて何百マイルもバラバラになってさまよう羽目に陥った。

シャカの勃興を目撃したヨーロッパ人は、ポリネシア人のみごとな航海術に困惑させられたヨーロッパ人航海者たちと同様、彼が自然発生的に登場したのだという説を否定しようとして、いろいろと説明材料を探した。シャカはヨーロッパ人と出会い、彼らから軍事組織と戦術を学んだのだと述べた者もいた。しかし、それはありえないことだった。[*27] 十八世紀の末期になり、牧歌的な農耕生活を送っていた北方のングニ族の生活環境が悪化したというのが真相だった。ングニ族が富を評価する基準としていた家畜が増加し、青々とした牧草地が不足したのである。西方にはドラケンスベルグ山脈〔南アフリカ東部海岸線に平行する山脈〕がそそり立ち、その近辺の牧草は牧畜経済には不向きだった。北方への拡大は、リンポポ川沿いに拡がるツェツェ蠅〔アフリカの家蠅の一種。家畜や人間に眠り病を伝染させる〕ベルトが阻んでいた。十六世紀にアメリカからアフリカにもたらされたトウモロコシの普及は、南部のングニ族の人口を増大させていた。そのさらに南方のケープ地方では、火器で武装し、断固たる決意で生活圏を確保しようとするボーア人がこの方向への侵入を許さなかった。東方には、海が控えていた。[*28]

シャカはこうした状況のなかで、制度改革を極端にまで推し進めた。新たに編成された〈年齢別軍団〉が中核となり、一般社会とは隔離されて兵舎のなかで暮らした。戦士たちの結婚は禁止された。それも一回や二回の遠征期間というだけではなく、四十歳になるまで禁止されたのである。四十歳になった戦士は、同年代の女性軍団のなかから妻が割りあてられた。この女性軍団も、シャカが創設したものだった。

戦闘においても、かつての自制心は放棄された。シャカは新しい武器を考案したのである。それは刺殺用の槍で、シャカは配下の戦士に敵に接近して刺し殺す訓練を施したのだった。(ボーア人がケープ地方から進出してくるにつれて、鉄がますます入手しやすくなったということはあったかもしれない。ングニ族の戦闘力強化を説明するうえで、これは従来の歴史家が注目してこなかった視点と思われる。実際、刺殺用の投げ槍の製造には、それ以前の投げ槍よりもはるかに多くの鉄を必要とするのである)

鋭利な武器を手にして行なう白兵戦には、接近戦術が不可欠である。シャカはこれもあみ出していた。まず部下の兵士たちに、サンダルを捨てさせた。そして素足を硬くして、長距離を走破できるようにした。戦場では、シャカは軍団を二翼に分け、中央に強力な部隊を置き、後衛には予備の部隊を配した。戦闘がはじまると、中央の部隊が密集隊形を組んで敵に攻撃を仕かけ、両翼が側面から敵を押し包んだ。純然たる儀式は戦闘が終わるまで顧みられることがなかった。[*29] 殺戮がはじまると、敵の臓物を抉り出し、とどめを刺してから次の敵に向かった。敵の臓物を抉り出すのは、死者の霊を解き放つための伝統的な手段だった。そうしておかないと、死者は殺害者を狂わすと信じられていたのである。

シャカは、ングニ族の祖先たちの習慣からは逸脱するが、ためらうことなく女や子どもを殺害した。しかし、たいていは近隣部族の支配者一族と、戦闘に加わった戦士を殺害するこ

→倒壊したイースター島のモアイ。この島のポリネシア系住民はヨーロッパ人到来以前に戦争で独自の文明を破壊した。

↑カルル・フォン・クラウゼヴィッツ。プロイセンの将軍、軍事思想家。死後、その著書『戦争論』は西欧世界の戦争についての考え方の大部分を決定した。

→騎馬教練 furusiyya のマムルーク戦士（14世紀）。騎馬教練はステップの騎馬戦士のもっとも洗練された武器習熟法だった。

↑ピラミッドの戦いにおけるエジプトのマムルーク。騎兵とナポレオン軍（1798）。騎兵の個人主義はマスケット銃部隊の教練に敗北した。

←細身の投げ槍で攻撃するズールー族(1879)。イサンドゥラナでの勝利の後、ズールー族はイギリス軍の火力に蹴散らされた。

↓『パルチザンの母』ゲラーシモフ作(1943)。この社会主義リアリズムのヒロインは、未来のパルチザンを腕に抱えてナチス侵略者に公然と反抗している。

↑日本人武士の一騎打ち。日本人の刀剣崇拝は19世紀まで火力革命を寄せつけなかった。

とで満足した。生き残った人びとは、拡大を続けるシャカの王国に組み込まれた。シャカの目的は、彼の権威を受け入れるングニ族の血を引く部族からなる国家を建設し、占領した領土を拡大することにあったからである。

この方法は、ズールーランドの領土の拡大とともに、破局を引き起こすことになった。シャカのとった方針はズールーランド内の人口過剰という問題の解決にはなったが、近隣部族から次々と先祖伝来の地とその生活手段を取りあげることになったからである。「ズールー王国の勃興は、ケープ植民地のフロンティアからタンガニーカ湖に至るまでの地域一帯に、多大な影響を与えた。アフリカ大陸の五分の一にあたる地域の部族社会のすべてが深刻な打撃を受け、まったく崩壊したものも多かった」[*30]。

このズールー帝国主義のもたらした恐るべき結果は、〈強制移住 Difaqane〉として知られている。「一八二四年までには、トゥケラ、ムジムクールー（川）、ドラケンスベルグ山脈、そして海岸に至るまでの地方のほとんどが荒廃してしまった。幾千もの人びとが殺された。殺害を免れた者ははるか南方に逃れ、またズールー民族の国家に吸収されてしまった。ナタルの地では、組織だった社会生活は、事実上消滅した」[*31]。これはけっして狭い地域での話しではない。およそ一万五千平方マイルにわたる地域での話である。ズールーの地からの避難民が逃亡した距離に比べれば、その面積などたいしたことではない。二千マイルも逃げまくって、タンガニーカ湖の岸辺に達した一団もあった。放浪しているうちに家畜をことごとく失い、木の根と雑草で食いつないだグループもあった。人間同士の共喰いに走ったグループもあった。多くの人びとが〈流民の群れ〉に仲間入りした。彼らはイナゴのように大地を裸に剝き、その通過した跡は死骸が散乱していた。

若きズールー戦士たちは、一八二八年のシャカの死後もしばらく彼が打ち建てた軍事組織とその精神に忠実だった。経済的かつ社会的な変化の基礎を固めて勝利の成果を確実にすることに失敗し、勝利の瞬間に時代遅れになるのは、連戦連勝を重ねた戦士体制がよく陥りがちな失敗であるが、ズールー族もその例外ではなかった。なぜそうなるのかは本書のテーマの一つであるが、ズールー族の場合は、明らかにその生活様式の結果がもたらしたものだった。プロイセンについても同様のことがいえるが、彼らは同じく有力な軍事勢力に脅かされていたので（十九世紀の南アフリカは、たまたま経済発展のさらに進んだ段階にあったにもかかわらず）、全精力をもっぱら軍事組織に注ぎ込んだままだったのである。他の社会でもしばしば見られたように、この組織が彼らの勃興を決定づけたものだった。その結果、ズールー族もやがては火器を手に入れたとはいえ、この新兵器に彼らの戦術を適応させ損なったのである。戦場では相も変わらず投げ槍をもって、集団攻撃に突入する戦術にこだわり続けたのだった。

シャカは完全なクラウゼヴィッツ主義者だった。彼は軍事組織を創案して、その部族独自の生活を守った。そしてそれは劇的な成功を収めた。ズールー文化は戦士の価値観を至上のものとし、その価値観を家畜放牧経済の保護と結びつけ、部族社会のもっとも活動力あるメンバーのエネルギーと想像力を古き善き時代となってしまった軍事的な紐帯のなかに閉じ込めてしまった結果、周囲の世界と歩調を合わせて発展するチャンスを自ら否定してしまったのである。一言でいえば、ズールー民族の勃興と没落は、クラウゼヴィッツの分析の欠陥について厳粛な警告を発しているのである。

マムルーク軍団

程度の差はあれ、隷属は軍務に共通の条件である。ズールー族の間では、この隷属は極端にまで走った。シャカの戦士たちは奴隷ではなかった。しかし、戦士たちは彼らを縛りつける法によってではなく、恐怖心による隷属が習慣となったのである。とはいえ、彼ら戦士はその役割からいえば、シャカの意志の奴隷だった。過去においては兵士という身分は、今日のわれわれにはどれほど両立しえないものに見えようとも、法の奴隷だったといえるのかもしれない。近代世界における奴隷とは個人の自由の完全な剝奪を意味しているが、その反面、武器の所有とその扱い方の習熟は個人の解放のための手段になる。だから我々には、ある人間が武器をもちながら同時にその自由を喪失しているというような事態がどうしてありうるのかを理解できないでいる。ところが中世イスラム世界では、奴隷でありながら兵士であるという境遇に対して、まったく疑問が起きることがなかった。軍人奴隷〈マムルーク〉は多くのイスラム国家に見られた姿なのである。それどころか、マムルークたちはしばしばイスラム国家の支配者になったこともあった。これらの指導者たちは何代にもわたって権力の座に留まったが、その権力を行使して合法的に自由になろうとは思ってもみなかった。彼らは頑迷なまでにマムルーク〈制度〉の存続をはかり、その性格を変えようとするいかなる圧力にも抵抗したのである。彼らの抵抗には理解できるところもある。マムルークの支配権は馬術と弓矢の独占的な技量に負っており、それは一般兵士が使用するマスケット銃の放棄を意味していた。歩兵による闘いは、マムルークを支配者の地位から放り出すかもしれなかったからである。にもかかわらず、彼らがやがて没落していった原因は、ズールー族同様、その軍事文化の狭量さにあった。マムルークの権力基盤は軍事力の独占に由来していたが、彼らは新しい戦争様式に自らを適応させていくのではなく、時代遅れになった戦士スタイルに固執する道を選んだのである。ズールー族と同様、マムルークの場合も、クラウゼヴィッツ的な分析は逆立ちしている。権力者は、政治を戦争の継続としたのである。たしかにそれはナンセンスだった。しかし文化背景からいえば、マムルークにはそれ以外に方法がなかったのである。

ギリシアやローマ世界同様、イスラム世界でも、奴隷といってもさまざまであり、なかにはきわめて寛大な扱いを受ける者もあった。尊敬を集める職人、教師、半分は自分自身の利益のために交易を生業とする商人、腹心の秘書となる奴隷もいたのである。しかし、イスラム世界の奴隷制は、ギリシアやローマよりもはるかに多様性に富んでいた。マホメットの〈後継者〉として世俗権力と宗教上の権力を行使したカリフの政府で、奴隷は高位に就くこともあったのである。軍人奴隷を可能にしたのはこういった慣習が広まったからだった。そしてこのような軍人奴隷が軍事エリート層を形成したのは、イスラム世界だけだった。

その原因は、イスラム世界の成立とほぼ同時にもちあがった戦争遂行の道徳性とその行動との間に生じた軋轢に求められる。マホメットはキリストとは異なり、暴力を辞さない男だった。武器をとり、戦闘で負傷し、マホメットに啓示を下した神の意志を拒む者に対しては聖戦（ジハード） jihad を説いた男だった。その後継者たちにとって、世界は二つしかなかった。コーランにまとめられたマホメットの教えにしたがう服従の家 Dar al-Isram と、まだ征服されていない地域である戦争の家 Dar al-Harb である。[*32] 七世紀の初期のアラブ人征服者たちは服従の家の境界線を瞬く間に拡大し、七〇〇年までにはその領土は今日のアラビア、シリア、イラク、エジプト、北アフリカにまで拡がっていた。しかしその後、聖戦（ジハード）の展開は困難な問題を抱えるようになった。アラブ人征服者の中核を構成した者はきわめて少数で、もともとの意図通りに征服のペースを続けていくにはあまりにも数が少なすぎた。また彼らは勝利を得ると、普通の人間がもつ弱点をさらけ出しすぎる嫌いがあった。平和が訪れると勝利の果実を貪るのに汲々とし、後継者たちの主導権争いに首を突っ込む機会を虎視眈々と窺っていたのである。

指導権はカリフ、つまりマホメットの〈後継者〉が継承した。初期の歴代カリフは退役した兵士の要求を満たす手段を見つけ出した。戦争のない平穏な生活を望むイスラム退役兵に、征服の果実によって財政的に裏づけされた年金 diwan を確保したのである。しかし、カリフの後継者問題で不満を抱く者たちの争いを逸らせることには、あまり成功したとはいえなかった。イスラム世界はたちまちのうちに、この問題をめぐる熱い論争の渦に巻き込まれたのである。それは権威の性格をめぐる根本的な意見の不一致だった。権威はマホメットの血筋に由来するのか、あるいは共同体の同意 umma に由来するものなのかという論争である。この論争は今日でも繰り返され、イスラム世界をシーア派とスンニ派に分裂させるに至っている。そして第三の要因は、イスラムの信者同士の戦争を禁ずるというイスラム信仰である。イスラム信徒にとって戦争とは聖戦（ジハード）、つまり啓示された真理を受け入れようとしない人びとに対する聖なる闘争以外にはありえなかった。啓示された真理を受け入れる者同士の戦争は、神聖冒瀆なのだった。

ところがイスラム教徒のなかに、カリフの継承問題に不満を抱いて戦争を起こす者が出てきたのである。やがて分裂したイスラム世界は、公然と領土争いをするようになる。このような事態の展開に、俗世界からまったく引きこもってしまったイスラム信徒も多かった。英雄の伝統の血を引くアラブ人はイスラムの年金に価値を見出せず、兵士になろうとはしなかった。改宗したイスラム信徒も、ほとんどが敬虔な信仰心から兵士になろうとはしなかった。しかし、意見の衝突による継承権問題と聖戦（ジハード）を要求し続ける絶対命令は、戦争を不可避的なものとした。追い込まれたカリフは当座の措置を取った。征服の初期の段階で、イスラム世界はアラブ人ではないが、改宗してアラブ人主人の配下となった戦士を用いたのである。やがて、当然のことながら、これらの改宗者たちがイスラムの多数派を構成するようになった。

イスラム世界はまた、まったく同じ理由から奴隷を活用した。奴隷はアラブ人主人の付属物だったが、やがてこの奴隷が徴兵されるようになるのは自然な流れだった。その時期がどれほど初期にまで遡るのかについては議論が分かれるが、九世紀の中頃までには確実にイスラム世界独自の徴兵制が制度化されていた。非イスラム教徒の若者を奴隷として手に入れ、兵士として訓練し、忠誠心を育てるのである。[*33]

このような軍人奴隷、つまりマムルークが徴発されたのは、そのほとんどが中央アジアの広大なステップに接するイスラムの辺境地帯だった。九世紀にカリフのアル・ムータシム〔七九五—八四二　アッバース朝第八代カリフ〕が組織的に徴兵をはじめた頃、カスピ海からアフガニスタンの山岳地帯（後には黒海の北岸まで）の間に拡がるこの広大なステップには、トルコ部族が住んでいた。「世界のいかなる民族といえども、トルコ人ほど勇敢で果断、そして民の数に恵まれた民族はいない」とこのカリフは述べたという。トルコ人は不屈の精神の持ち主だった。当時この部族はすでに西進を開始しており、やがてその征服地はアラブ人の規模をはるかにうわまわることになる。トルコ人には他にもカリフが推奨するに足る資質があった。彼らはイスラム教徒ではなかったかもしれないが、イスラム教徒については知っていた。当時、ステップの辺境は固定した国境線がなく、トルコ人も非トルコ人もこの辺境地帯を行ったり来たりしながら、襲撃、交易を行なっていた。そして、トルコ人はよりよい生活を求めて頻繁に移住を繰り返していたのである。さらに彼らが知っていたイスラム教徒は、まだその英雄的な気質を遺していた。辺境地帯の戦士 ghazis は、聖戦（ジハード）をいとも気楽にやってのけていた。ダニエル・パイプス〔一九四九—　アメリカの中東イスラム研究者〕が〈内面化〉と呼んだ傾向、つまりイスラム教徒が母国で示していたようなイスラムの世俗権力からの離反といったような傾向は、いっさい見せていなかったのである。[*34] しかしトルコ人のもっとも称えられていた資質は、その性質というよりも実戦的な技術だった。乗馬と騎馬戦の技術だったのである。乗馬は、ステップからはじまった。トルコ人は自分の身体の一部のように馬を乗りまわし――トルコの女性は馬上で孕み、出産するという伝説が生まれたほどである――、また長槍、弓、偃月刀（これはイギリス士官のマムルーク刀の原型となったものであるが、ステップの無敵の戦士が残した今では忘れられてしまった功績の一つである）の無比の使い手だった。しかし、このトルコ人には欠点があった。彼らは飽くことを知らない略奪者だったのである。ステップでの生活はわずかばかりのミルクと肉しか産出しないことから質素をきわめており、その反動で略奪のチャンスがあるということが隷属を受け入れる強力な誘因となったのだった。事実、ひとたび〈マムルーク制度〉に関心が集まると、トルコ部族の支配者や一族の長は軍人奴隷を次から次に送り出した。この交易でイスラム権力者たちのご機嫌を取ろうとトルコ人は必死になったが、その思いは彼らが売り払った兵士たちが尊敬されるたしかなキャリアを掴むことで埋め合わせがついたのである。

イスラムの大国のほとんどが、軍人奴隷を雇い入れていた。彼らがもっとも重用な役割を果たしたのが、エジプトのアッバース朝である。一二五八年、バグダッドのカリフはモンゴル人に征服されたが、その後エジプトでは軍人奴隷が独自のスルタンを擁してアッバース朝を回復し、十三世紀の中頃から十六世紀初頭まで国土を支配したのである。マムルークたちは、王朝の継承権争いで主導権を握っていた。それは、彼らが一二六〇年のアイン・ジャルート〔イスラエル北部ナザレス近郊の平原。この決戦でモンゴル軍の東地中海進出は阻止された。詳細は、上巻三七五ページ以下参照〕の決戦でモンゴル軍を叩きのめし、イスラムおよびその他の文明世界の救済者としての地位を確立していたからだった。その二年前にバグダッドのカリフを廃して処刑したチンギス・ハーンの血を引くモンゴル軍は、当時最強を誇り、聖地に十字軍の王国を打ち建てていたキリスト教徒の騎士団ですら歯が立たない相手だった。マムルーク軍団の勝利を特別なものにしたのは、モンゴル軍の騎馬兵士の多くがステップの近隣部族であるトルコ人だったという事実だった。彼らは略奪のチャンスとみれば一気に襲いかかった。それはチンギス・ハーンの中央アジアからの進出がもたらした帰結だった。かくしてモンゴル軍はアイン・ジャルートの決戦で、アラブの歴史家アブー・シャーマ〔一二〇三―六八、アラブの歴史家〕によれば「血筋を同じくする兵士に叩きのめされ、壊滅させられた」[*35]のである。しかしこの間の事情は、モンゴル軍を敗北させたのは彼らと同族のマムルーク軍団であり、その養育と軍事教練が彼らを特殊な兵士に仕立てたという方が、より正確な表現といえるだろう。

アイン・ジャルートで闘ったマムルークたちのほとんどは、黒海北岸出身のキプチャク系トルコ人（指導者のバイバルスはキプチャク人）だった。彼らは幼い頃、あるいは少年時代に奴隷として売られ、兵士としての訓練を受けにカイロに連れて来られた。見習い修道士のように修道院風の粗末な兵舎に隔離された彼らが最初に教わったのが、コーランであり、イスラム法典であり、アラビア文字だった。やがて成年に達すると、乗馬、騎馬戦の技術の習得からなる騎馬教練 furusiyya を開始し、これがマムルーク兵の戦場での剛勇を培った。[*36]兵馬一体を重視し、機敏さ、馬上での武器の精確な扱いと騎馬兵の戦術的な連繫プレーを叩き込むこの騎馬教練は、西欧キリスト教徒の重騎兵の訓練とよく比較されてきた。たしかに十字架と新月旗とそれぞれ掲げる旗は異なるが、武術と名誉が一体となった騎士制度とどの程度まで共通点が認められるのかは、中世軍事史におけるじつに魅惑的な問題である。

ところが騎馬戦へのこの執着が、マムルークの没落をもたらすことになる。彼らの団結がもっと広い世界で進行していた軍事的な発展に対する防壁となったが、ところがこの広い世界は彼らに騎馬戦の時代はすぎ去ろうとしているという歴史の流れを教えてくれたかもしれないのである。西欧の重装騎士とは異なり、マムルークは初期の段階の火力兵器や、平民が主体でその権利を主張する新しい歩兵兵団と遭遇したことがなかった。十五世紀末まで、マムルークの地位に挑戦する者は、政治的にも軍事的にも存在しなかった。この頃はまだマムルークはどこに行くにも馬でなければ出かけなかったとはいえ、だれも刃向かう者はいないというその地位が、その騎馬教練に陰りを落としていたのである。

このマムルーク制度には、きわめてすぐれた特徴が一つあった。それは、世襲ではないということである。マムルークは結婚することができたし、父親は息子を自由な身分にすることができた。また事実、彼ら自身が退役とともに法的には自由人になった（とはいえマムルーク制を去る自由とか、スルタン以外の主人を選ぶという自由はなかった）が、マムルークの子どもでマムルークになれる者はいなかった。それは新しい考え方と新しい血の補給を確保せねばならないことを意味していた。とはいえ実情は、そううまく事は運ばなかった。十四世紀、十五世紀と、引き続きマムルークの新兵はステップの辺境の地から続々とエジプトに流れ込んで来たが、兵舎における教育、騎馬教練を受けた後は、彼らはその祖先とまったく変わらない兵士となったのである。それには、そうなるだけの理由があった。マムルーク兵の地位には、大きな特権があったからである。この制度が権力と特権を手にするというのは、軍人奴隷成立の論理的な帰結なのだった。過去に彼らを偉大にした教練への揺るぎない信頼によって、マムルーク制度こそが最上のものであると、だれもが考えていたのである。

やがて十六世紀初頭になると、マムルークは二方向から同時に迫って来る火力兵器革命の発展形態に直面する。紅海における支配権に挑戦したのは、大砲を装備した船団でアフリカを周航して来たポルトガル人だった。エジプトの国境線の安全を脅かしたのは、オスマン・トルコだった。オスマン・トルコの騎馬軍団はマスケット銃の操作に長け、充分な補給を受けていた。マムルークのスルタンは急遽、一世紀にわたる安逸による軍事的な立ちおくれを取り戻そうとした。膨大な数の大砲が鋳造された。砲兵隊とマスケット銃隊が編成された。騎馬教練への熱狂は復活し、マムルークは猛烈な訓練を再開して、槍、剣、弓の腕前を磨いた。しかしマムルークの軍事教練の再開と火力兵器の推進は、運命的なまでに水と油だった。どのような物であれ、火力兵器の使用法に馴染もうとするマムルークはいなかったのである。砲兵隊とマスケット銃隊は、マムルーク以外のカーストから徴集された。おもにアフリカの黒人とアラブ西方のマグレブ人が補充されたのである。[*37]

結果は予想どおりだった。紅海に出撃した砲兵隊とマスケット銃隊は、ポルトガル軍を外洋船が不得手とする狭くて補給線もぎりぎりまで伸び切った海域での闘いに追い込み、かなりの戦果をあげた。ところがオスマン・トルコの砲兵軍団との決戦に向かったマムルークは、一五一五年八月のマルジュ・ダービクの闘い、そして一五一六年一月のレイダニヤの闘いで、決定的な敗北を喫したのだった。これでマムルーク王朝は崩壊し、エジプトはオスマン帝国の属州となった。

この二つの闘いは、似たような経過をたどっている。マルジュ・ダービクでは、スルタンのセリム一世率いるオスマン軍は、中央にマスケット銃隊を、両翼に砲兵隊を配し、マムルーク軍団の来襲を待ち構えていた。マムルークは伝統的なトルコの三日月陣形で突撃したが、オスマン軍の火力に押し戻され、潰走した。レイダニヤでは、マムルーク軍団も大砲を数門集めており、オスマン軍の攻撃を待ち構えていた。ところがその側面を包囲されてしまったのである。これでマムルークは、ふたたび騎兵の突撃を試みなければならなくなった。その勢いはオスマン軍の一角を破るほど強力だったが、結局その日の帰趨を決したのは火力だった。七千名のマムルークが殺された。かろうじて生き延びた者はカイロに逃げ返ったが、この街もすぐに陥落してしまった。

我々の興味を引くのは、この二つの闘いにおける戦術よりも、マムルークの敗北を招いた戦闘方法をめぐって戦後渦巻いた嘆きの声である。勇猛をもって鳴らしたカーストの没落を嘆いたマムルークの歴史家イブン・ザブールは、マムルークの首長クルトベイの演説で、何世代もの雄々しい騎士たちのために、次のように語らせている。

聞け、我が言葉を。そして耳を傾けよ。さすれば汝および他の者どもも、我らのうちに騎士の運命と赤き死があるのを知ろう。我ら一人にて、汝らの全軍を打ち負かすことができる。もしそれを信じることができぬのなら、立ち会ってみるがよい。汝らの砲火を止めさせるだけでよいのだ。汝らには、あらゆる種族からなる二〇万の兵がある。汝ら、その場に留まり、戦闘配置につかせよ。我らからはわずか三名だけを、汝らに立ち向かわせよう……汝らは、この三人の勇士が演ずる偉業を、その目でたしかめることになろう……汝らの軍は、キリスト教徒、ギリシア人、そしてその他世界中至るところから来た兵士の寄せ集めである。そして汝らは、キリスト教徒ヨーロッパ人が戦場でイスラム兵士と戦いえなかったときに作りあげた小賢しい知恵の産物をもち込んでいる。その産物とは、かのマスケット銃である。たった一人の女でさえ、かくも多くの男たちの足を止めることができるかのマスケット銃である……汝らに災いあれ！　イスラム兵士に砲火を向けるなどということが、いかにしてできようぞ！[*38]

クルトベイの哀惜に満ちたこの演説には、〈恐れを知らず、非のうちどころのない騎士〉といわれ、捕虜を石弓射手に殺害させたフランスの騎士バヤール〔一四七六―一五二四　イタリア戦役で名声を博したフランスの騎士〕が懐いたという機械製の武器への侮蔑と同種の感情が響いている。そして一八七〇年、マルス・ラ・トゥール〔フランス北東部メッツ近郊の村。普仏戦争の激戦地で、フランス軍が敗北した〕でフランスのライフル部隊に〈決死の突撃〉をかけたフォン・ブレドウ将軍〔一八一四―九〇 プロイセンの将軍〕の騎兵隊の精神をも先取りしている。それは、馬上の戦士が軍馬で駆けめぐる時代に黄昏が迫ったときにあげる、時代への挑戦の雄叫びなのである。とはいえ、クルトベイの感情の爆発には階級的な誇り以上のものがあった。それは変革への抵抗であり、宗教的なオーソドクシー、あるいは身分低き者への侮蔑感だった。彼らには、鋭利な武器は勇敢な資質があれば火力兵器を打ち負かすことができるという、近年の確固とした経験があった。そして、それがマムルークを世界に冠たる存在たらしめたものであるという信念があった。一四九七年、少年スルタンのサーダト・ムハンマド〔ブルジー・マムルーク朝第十九代スルタン、ナージル・ムハンマドのおそらく誤記〕はカイロで黒人奴隷からなるマスケット銃隊を編成して特権を授け、党派闘争に投入した。この少年スルタンは火力兵器の革命を予見していたのかもしれない。しかし実情は、火力兵器が自らの地位を強化すると考えたという程度のことだったのだろう。事情はどうであれ、マムルークたちは憤慨した。そしてサーダトが寵愛していた黒人奴隷ファラジャーラをあるコーカサス人の娘と結婚させたとき、ほとんどがコーカサス出身だったマムルークたちは感情を爆発させた。

マムルーク親衛隊は（と、歴史家アル・アンサーリは記している）スルタンに対して公然と不満の意志を表明し、鋼鉄の武具をまとい、装備を整えた。スルタンと親衛隊との間で戦闘がはじまった。黒人奴隷の兵員は、およそ五〇〇名を数えた。黒人奴隷は敗走して砦に立て籠り、親衛隊に銃火を浴びせた。親衛隊は進撃を続け、ファラジヤーラと五〇名ほどの黒人奴隷を殺害した。その他の黒人奴隷は、逃走した。親衛隊側の死者は二人だった。[*39]

しかしマムルークも、力において大差のない人間が異なった条件で闘うときは、装備のすぐれた陣営が勝つということに気づく運命にあった。それがマルジュ・ダービクとレイダニヤが与えた教訓だった。それはまた四百年後の太平洋で、アメリカと戦火を交えた日本に与えた教訓でもあった。アメリカの生産力との闘いで土壇場に追い込まれた日本は、コックピットに日本刀をしのばせた神風特攻隊を敵の航空母艦に突っ込ませたのである。そしてこの教訓は、二十世紀のドイツが両大戦で得た教訓でもあった。物量戦 Materialschlacht における敵の優位を侮るプロイセンの軍人精神は、結局兵士を奮い立たせることはできなかったのである。

マムルークは骨身に沁みて、この教訓を受け止めたわけではなかった。一五一五年から一六年にかけてのオスマン・トルコの勝利は、マムルークの軍事制度の終焉を意味してはいなかったのである。オスマン・トルコにしてみれば、この制度を雲散霧消させるにはあまりに惜しすぎた。イスラム世界は二十世紀の民族主義というもともと性の合わない観念に染まるまで、奴隷制に基づかない専門的な軍事組織はいかなる形態であれ、持ったことはなかったといえるのである。屈服したマムルーク王朝はあらゆる機会をつうじて、オスマン・トルコ支配下のエジプトで権力者としての返り咲きを図っただけでなく、たとえばイラク、チュニス、アルジェ等のような遠隔の征服地においても権力を掌握した。たしかに彼らはその地位は回復したが、兵士としては頑迷なまでに改革を受けつけなかった。一七九八年、ナポレオンがエジプトに侵攻すると、マムルークは性懲りもなく騎馬軍団で大砲とマスケット銃に立ち向かった。結果はもちろん、ピラミッドの闘いでの潰走だった。マムルークの貴族的な残忍さに魅せられたナポレオンは、そのなかの一人ルストゥムを随員に取り立て、帝国が崩壊するまで侍らせている。生き残ったマムルークたちは依然として馬上から近代世界に刃向かうつもりでいたが、「一八一一年、カイロのキリスト教的な戦闘開始の手続き」[*40]など鼻にもかけない無慈悲なオスマンの総督ムハンマド・アリ〔一七六九―一八四九　アリはその後、エジプト最後の王朝の祖となる〕によって、結局は虐殺されてしまった。

ピラミッドの闘いについては確実に、またカイロでのマムルーク虐殺についてはおそらくクラウゼヴィッツの耳に達していた。どちらの事件も、文化は軍事的手段を選択する政治と同程度の強制力をもっていることの、そしてしばしば政治や軍事の論理以上の力をもっていることとの指標となっていたはずである。しかしクラウゼヴィッツは、たとえこれらの事実を知っていたとしても、そのような判断は下さなかった。奇妙な歴史の気紛れから、クラウゼヴィッツの弟子であるヘルムート・フォン・モルトケは、マムルークの旧領土におけるオスマン・トルコの権力の代理人ムハンマド・アリの究極的な役割を目撃することになる。それは軍事的な決定要因として、文化がどれだけ政治的決定以上の根深い要因であるかを証明する一連の出来事だった。

一八三五年、モルトケはプロイセン軍から派遣されてトルコの軍事組織と教練の近代化を推進する任務に就いた。そこでの経験は、モルトケをがっかりさせるものだった。「トルコでは」と、彼は記している。「どのようなささやかな贈り物であっても、それがキリスト教徒の手を経た物であると判明した時点で、疑惑の対象となる……トルコ人は、科学、技術、富、冒険心、強さといった点で、ヨーロッパ人が自分たちよりも優れているのを認めるのはやぶさかではない。しかし、それでフランク人がイスラム教徒と同等であるとでも言い出すと、話は別である」。この態度が軍事に絡むとイスラム教徒の不服従となって現れる。「連隊長クラスは我々に優先権を与えた。士官クラスはまあまあ我慢できる程度には礼儀を弁えていた。しかし一般の兵士は我々に武器を差し出そうとはせず、女や子どもたちは呪詛を浴びせながら、我々の後を追いかけまわした」。

モルトケは、オスマン・トルコのスルタンが反抗的なエジプトの支配者ムハンマド・アリを懲らしめようとしたシリア派遣軍に同行しなければならなくなった。一八三九年のことである。それは異様な遭遇戦だった。オスマン・トルコ軍は外見上は近代化されていた。ヨーロッパ化されていたといってもよいだろう。ところがエジプト軍の近代化はそれどころではなかったのである。じつはムハンマド・アリはヨーロッパ人だった。イスラム教徒のアルバニア人だったアリがはじめて、ギリシア独立戦争における「キリスト教徒」の組織だった戦闘手段の優越性に目を開いたのだった。マムルークとの闘いでアリと同盟を組んだ者のなかには、たとえばフランス人の師団長セーヴのように、イスラム教徒に改宗したギリシア独立戦争の英雄がいたのである。ムハンマド・アリの軍はシリアのネジブの闘いでオスマン軍を敗北させた。モルトケは傍観者としてトルコ軍——その主力は新規に徴発されたクルド族だった——が算を乱して敗走する光景を目撃する羽目になった。その後モルトケは、改革を要求するオスマン・トルコの民衆の反乱によって深い幻滅を抱いたままプロイセンに送り返されたが、その引きがねはエジプト軍の勝利だったのである。

それでも、オスマン・トルコはやがて近代的な軍隊の創設に成功する。しかしその成員はトルコ民族にかぎるという代償を払わなければならなかった。人民とスルタンとの関係に勝手に制限を設けたことは、非トルコ系臣民以外のイスラム教徒に対するオスマン・トルコ政府の威信を大きく損なった。こうして権力の基盤を狭めたことが、極度の緊張をもたらす主要因となったのはたしかである。そして「キリスト教化」された軍の指揮官となったスルタン＝カリフが一九一四年にドイツ陣営側に就いて戦争に引きずり込まれたとき、帝国は瓦解した。戦争の勃発はトルコから帝国を取りあげ、やがてすぐスルタンあるいはカリフ制を消滅させた。結局トルコに残されたのはすべてを犠牲にして創設した軍隊だけだった。

クラウゼヴィッツとモルトケの後継者はトルコの弟子たちがもどかしくてたまらないと感じていたというところに、きわめつけのアイロニーがあった。もちろん、一九一八年のトルコ帝国の崩壊が彼らの祖国ドイツ帝国の崩壊と一致したという事実である。それもまさしく同じ政策、つまり取り違えた政治目的の追求を考え抜いて戦争を選択するという政策がもたらした崩壊だった。〈青年トルコ党〉——彼らすべてがスルタンの軍隊の〈キリスト教化〉

に深くかかわっていた――がドイツ陣営に就いて参戦したのは、それがトルコを強化することにつながると信じたからだった。ドイツが戦争に踏み切ったのは、戦争がドイツを強化する手段そのものであると信じたからだった。クラウゼヴィッツが生きていたなら、間違いなく同じように感じていたはずである。将来の見通しに対するこの文化的なねじれが、伝統的なドイツ文化とカリフの下僕の文化に等しく死をもたらしたのだった。

サムライ階級

マムルークが火力兵器の前に屈服しようとしていたまさに同じ頃、地球の裏側のもう一つの軍事社会は、その社会にとって脅威となる諸条件を徹底的に拒否することで存続を確保した。十六世紀、日本の武士階級は火力兵器という変革の嵐に直面した。彼らは手立てをつくして火力兵器を取り除き、以後二五〇年間の社会支配を確立したのだった。十六世紀につかの間ではあるが日本と接触した西欧世界は、商業、航海、産業化を進め、また政治革命をこうむっていた。ところが日本の侍たちは国を閉ざし、異国の宗教的ならびに技術的な影響を押しつけがましいものとして根絶し、過去一千年にわたって彼らの生活を支配してきた伝統のなかに立籠ったのである。この種の衝動は、類例がないわけではない。十九世紀の中国でも、この種の感情が強力に支配した。しかし日本のユニークな点は、この衝動を貫徹してしまったところにある。とはいえ、政治の論理が戦争に優先する必要はなかった。それどころか反対に、武士階級は強力な挑戦者の目の前で勝利の手段となる技術を選択するというもっとも強力で根強い誘惑に真っ向から逆らう文化形式を広めていったのである。それはとくに、古来大切に育んできた諸々の価値観をひっくり返すことが勝利の代償であるということが明らかになったときに広まった。

大雑把にいえば、侍とは日本の封建騎士階級である。侍の起源は、日本の島国としての孤立性と連綿と連なる山脈による日本列島の細分化に帰せられる。渓谷に本拠地を置いた氏族の指導者たち（アナトリアを本拠地としたオスマン・トルコの〈渓谷首長（デレベイ）（＝封建領主）〉によく似ている）は、天皇に忠誠を捧げた。天皇はその血統こそ崇められていたが、その権力はまったく名目的なものだった。藤原鎌足が中国の唐をモデルとした中央政府機構を定めた七世紀以降、当初は藤原鎌足の血を引く一族、後にはそれ以上に勢力を蓄えたライバル一族によって中央政府機構は効率的に運営された。各氏族たちは権力闘争に明け暮れ、結局藤原氏の権力を奪取したのである。その決め手となったのは集税能力だった。国が率先して中国から輸入した仏教への特権付与という誤った政策により仏教寺院は納税が免除されていたが、やがて寺院周辺の氏族も同様の特権を獲得し、同時に農民から直接税金を強制的に徴集するようになった。この税の徴収がもたらした富により、宮廷での権力交代が相次いだ。十二世紀に入ると、時の権力者は少年天皇を説き伏せ、征夷大将軍の称号を手に入れた。初代の将軍となった源頼朝は、それまでに新政権を確立していた。これが幕府である。以後、歴代の将軍たちは中央権力を行使し、やがて十九世紀の明治維新を迎える。この幕府の転覆によって、権力は天皇のもとにではなかったにしても、朝廷に戻り、次いで最後の渓谷氏族に属する高官の手に移った。

支配地の拡大を求めて争い合った軍事集団の指導者である将軍とその配下の侍たち〈支配階級たることを主張する巨大な戦士階級であり、その身分は二本の刀を帯刀する権利をもつことで表されていた〉は、中世ヨーロッパで似たような地位にあった騎士とは異なり、たんなる殺し屋集団ではなかった。彼らは獰猛で、才能にあふれた戦士だったのである。その能力をはっきりと見せつけたのは、モンゴル軍の決定的な敗北だった。一二六〇年のアラブ侵入となって表れたモンゴルの膨張政策は、一二七四年にはまったく逆の方向に向かい、日本列島攻略の足がかりをつくることに成功した。一二八一年、モンゴル軍は再度来襲したが、台風がその艦隊の多くに潰滅的な打撃を与え、その後二度と日本に攻め寄せることはなかったのである。

侍の生活にあっては、〈様式〉こそがすべてだった。着物、鎧、武器、武芸、戦場での起居等、様式がすべてを支配していた。その点では、同時代のフランスやイギリスの騎士の生活とたいして変わるところはない。ところが文化の面では、大きく異なっていた。日本人は文学的な民族であり、侍たちの文化は文学的に高度に発達していた。権力のない天皇＝神の宮廷に侍っていた日本の大貴族たちは、軍事的な栄誉をまったく求めなかった。彼らはもっぱら文学的な栄光を求めたのである。その気風をまねた侍たちが求めたのは、武士であると同時に文人としての名声だった。侍たちに受け入れられた禅宗は、侍に宇宙についての瞑想に耽る文人的な姿を身につけさせたのである。したがって封建日本のもっとも偉大な戦士は精神の人であり、とぎすまされたセンスのもち主だった。

封建時代の日本は各地の武将が将軍の位を狙って競合していたために、政治的には混乱していた。しかし、それも一定の枠内に収まっていた。ところが十六世紀初頭になると争いは手に負えなくなり、社会秩序は脅かされた。従来の支配者たちは成りあがり者や、なかにはたんなる山賊によってその地位を追われはじめた。将軍の権力も、天皇と同じくらい、虚構となっていた。秩序が回復されたのは、一五六〇年から一六一六年にかけてのことである。この時期、織田信長、豊臣秀吉、そして将軍の名において活躍した徳川家康という三人の卓越した人物が相次いで権力を握ったのであった。この三人は組織的に仏教寺院、野心的な武将、無法な浪人集団の勢力を抑え込んだ。家康の平定作戦は、一六一四年の大坂城の包囲戦で完了した。これは家康に敵対した最後の大要塞である。大坂城の落城後、家康は日本国内の大名の居城以外のすべての城の取り壊しを命じた。ヨーロッパでは国王の権力をもってしても何十年もの時間がかかった城の取り壊しを、徳川家康はほんの数年のうちに完了している。彼の権威はそれほどまで強力だった。

武将としての有能さだけでは、中央権力の回復は説明できない。この三名の武将は、新しい武器を積極的に取り入れた先駆者でもあった。一五四二年、ポルトガルの航海者が日本に大砲と鉄砲をもたらした〔鉄砲伝来一五四二年説はイエズス会の資料に拠ったものと思われる〕。火薬の威力に衝撃を受けた織田信長はただちに軍団に火縄銃を装備し、日本の戦争形態に取りついていた儀式的な要素を徹底的に排除した。それ以前は日本の戦争も、ほとんど世界中に広く行きわたっていた古代以来の戦士の風習ではじまっていた。つまり軍を率いる指揮官がおたがいに大声で名のりをあげ、武器と鎧を誇示し合っていたのである。この儀式は火力兵器が導入された後でさえ続いていた。ところが織田信長はまったく伝統を無視した。信長は一千名近くの火縄銃部隊に一斉射撃を教え、一五七五年の長篠の戦いでは銃火を雨霰と浴びせて、敵を一掃したのである。[*41]これは、火縄銃をもった陣営が、敵が刀を振りかざして突撃してきたために銃を発射するチャンスを逸した一五四八年の上田原の闘いから見れば、革命的な変化だった。戦闘儀式の時代がすぎ去ったことを決定的に示した瞬間だった。

この三人の権力者が成しとげた支配は火力兵器による支配を確実なものにしたと思われるかもしれないが、実際にはまったく逆の事態が起きた。十七世紀末には、日本では火力兵器の使用は途絶えたのである。武器の使用そのものが、きわめて珍しくなった。銃の製法、あるいは大砲の鋳造方法を知っている者はきわめてかぎられており、また、残された大砲もそのほとんどが一六二〇年以前に造られたものだった。この状態が十九世紀中頃まで続いた。一八五四年、東京湾にペリー提督の〈黒船〉が来航、日本人に火薬の威力を否応なく思い出させた。それまでの二五〇年間、日本人は火薬というものをまったくもたない状態で過ごしてきたのである。この自制のきっかけは最終的な覇者、徳川家康が作った。家康の平定作戦は彼が将軍位に就いたことで頂点をきわめたが、どのような理由から、またどのようにして、家康は火力兵器を非合法化したのだろうか。

方法については、答えは簡単である。最初のステップは家康の前の権力者、秀吉が一五八七年に布告した民衆の武装解除政策だった。巨大な大仏の鋳造を口実に、侍階級以外の者は全員、すべての武器——刀も鉄砲も——を政府に供出することを命じたのである。目的はもちろん政府の支配下にある軍事階級が武器を独占し、日本国内の平定をさらに推し進めることだった。ヨーロッパ各国の政府も似かよった政策をとったが、その目標を達成するのに数十年を要している。ところが日本では処罰が残虐で有無をいわせぬものであったから、この政策の目標はただちに達せられた。*42

次いで、一六〇七年以降は火器と大砲の製造を集中し、政府を唯一の購入資格者とする政策を家康は打ち出した。鉄砲鍛冶はすべて、鍛冶場を長浜の町に移すように命じられた。四人の主だった鉄砲鍛冶は侍に取り立てられ、武士階級への忠誠を確保した。そして鉄砲所の目付の承認がなければ、いかなる発注もできないという法令が布告された。この目付は政府の発注は喜んで承認を与えた。そして政府は徐々に鉄砲の発注量を減らし、一七〇六年には、偶数年の長浜の生産量は大火縄銃が三五、奇数年には小火縄銃が二五〇とされたのである。およそ五〇万人の戦士階級に鉄砲が割りあてられた——ほとんどが儀式で使用された——が、その程度の数ではたいした役割を果たさなかった。鉄砲の規制は有効に機能したのである。日本は火薬の時代から撤退したのだった。

しかし、なぜという問題が残っている。これははるかに複雑な問題である。鉄砲は外国人侵入のシンボルだったことに、異論の余地はない。そして鉄砲は——非論理的かつ不可避的に——ポルトガル人のイエズス会士によるキリスト教の布教拡大と結びつけられていた。そしてこのイエズス会士は侵略の旗振り役と見られていた。その直前に起きたスペインによるフィリピン領有が念頭にあった。家康の後継者秀忠はただちに、家康が遅ればせながら命じたキリスト教の禁令を強化した。キリスト教およびそれに関連する諸々の事態についての将軍の疑念は、一六三七年に起きた島原の乱でますます深まった。この乱が終息すると、以後二百年間、徳川家の将軍としての威信に刃向かう者は出て来ず、異国と異国からの影響を締め出す鎖国が完成したのである。

狂信的な愛国主義的傾向は、日本の唯一の外交政策上の冒険である一五九二年の朝鮮半島侵略に見て取れるかもしれない。この侵略は明らかに、野心過剰の中国侵略の前哨戦だった。そして一五九八年、この侵略は不成功に終わった。しかし、異国の事物を拒否することよりもさらに重要だったのは、鉄砲は社会の不安定化の要因であるという認識だった。民衆や略奪者の手にある火器は身分の高い者をも倒すことができるという、当時のヨーロッパの騎士と共通する認識である。セルバンテスはドン・キホーテに、「卑しい臆病者が勇敢な騎士の命を奪うことを許す発明」[*43]を非難させている。

日本の銃規制の第三の理由は、鉄砲は押しつけられたものであったということである。ヨーロッパ人の戦士たちは彼らの生活様式におよぼす銃火器の影響を嘆いたかもしれないが、オスマン・トルコが巨大な大砲で熱狂的に砲撃を加え続けている南東戦線がある以上、キリスト教界が生き残ろうとするなら、大砲を撃ち返すしか方法がなかった。宗教改革でキリスト教界が分裂した時期は、大砲は可動式になり、銃の信頼性も高まるというように、技術の発達とちょうど重なり合う時期でもあり、またキリスト教徒間の銃撃の禁令が解かれた時期でもあった。ところが、日本にはこのような要因は存在しなかった。距離と日本人の軍事能力についての名声が、日本をヨーロッパ人航海者から守っていた。中国には海軍はなかったし、また侵略の意志もなかった。それ以外には侵略する可能性のある勢力は存在しなかった。国内的には、日本は階級と党派に分かれてはいたが、単一文化圏を形成していた。したがって鉄砲は国家の安全にとって欠かせないものではなく、またイデオロギー上の問題で相互に対立し合う党派が勝利するための手段として求められてもいなかったのである。

日本の強力な守り手は戦士階級の倫理感情だったが、鉄砲はこの倫理感情と相容れないものでもあった。徳川家の将軍としての地位は、政治制度以上の意味をもっていた。それは文化的な手段だったのである。文化史家のG・B・サンソム〔一八八三—一九六五　ジャパノロジーの先駆的存在〕は、次のように記している。

> 税を徴収し秩序を維持するという役割だけでなく、将軍は民衆の道徳感情を取り締まり、ごく些細な点まで行動を規制していた。国家が各個人の私生活に干渉し、それで全国民の思想と行動を管理しようとするこれほどまで野心的な試みは、過去の歴史を振り返っても、きわめて珍しい事態である。[*44]

とくに侍階級の思想と行動の取り締まりには、特別の注意が払われていた。日本における礼儀の修養と並ぶ武器の修練は、剣術だった。徳川家とそれ以前の権力者たちはリアル・ポリティークのために鉄砲を使用したかもしれないが、権力を掌握するという目的が達成されると、鉄砲は徹底的に忌避されたのだった。

刀の崇拝には数多くの原因があるが、「不動心と肉体的な苦難への無関心という二つの至高の観念」を強調する禅宗によって育まれたものだった。そして戦士階級の文化が、その崇拝を煽った。「その文化とは、形式的なもの、儀式的なもの、人生と芸術に現れた品格の高さに細心の注意を払うものだった」。日本の剣術はヨーロッパのフェンシングの師範の技と同じように、技術であると同時に礼儀作法からなる芸術であり、それが人生のあらゆる局面における〈様式〉への日本人の目配りを培ったのだった。[*45] 自然と自然力との結合を重視する日本人の信仰も、これに作用したのだろう。筋力の鍛錬は「自然」であり、火薬という化学的なエネルギーは「自然」ではないのである。刀の崇拝は、伝統の尊重という日本人の態度とも一致する。剣術は伝統的なものであるだけではなかった。最良の刀それ自身がしばしば一族の名前を冠して継承される家宝であり、一族の名称――それ自身が帯刀身分だけに許された特典である――と同じように、父から子へと受け継がれていくのである。

そのような刀は、今日でも愛好家の収集品となっている。それどころか、美しい古美術品以上のものとなっている。第一級の刀剣は人間がつくった最良の鋭利な武器である。以下は、ある歴史家の鉄砲反対論である。

日本には、マシンガンの銃身を刀で真っ二つに切断するところを映したフィルムがある。その刀は十五世紀の偉大な刀工、兼元の作になるものだった。もしそんなことはありえないと思うなら、兼元級の刀工は来る日も来る日も鉄を鍛えては打ち返し、また鍛え直して、ついには刀身はみごとに鍛えられた四百万の層をもつようになっているということを想い起こすがよい。[*46]

もちろん鎌や鉈をも含めた民衆の全面的な武装解除は不可能だった。しかしこれらの日常生活の道具は、刀というスペシャリストの武器と闘うには貧弱だった。刀を戦士の独占とすることで、徳川家は日本社会における頂点としての侍の地位を安泰にしたのである。

徳川家のロジックは、クラウゼヴィッツのロジックではなかった。クラウゼヴィッツは明らかに、戦争の本性についてのその分析は価値評価を含んだものではないと思っていた。しかしそれでもなお、同時代のヨーロッパ人に共通する信条から影響を受けている。つまり、人間とは生来「政治」もしくは「政治的な活動」に引きずられていく存在であり、また政治とは本質的にダイナミックで、「漸進的」であるという信条である。これは、性格からいって保守的で、確信をもってフランス革命に反対したウェリントン〔一七六九―一八五二 イギリスの軍人・政治家〕が全面的に支持した見解だった。クラウゼヴィッツはたしかに、政治は自律した活動力をもち、合理的な形式と感情の力が出会う地点と考えていたと思われる。そこでは理性と感情が決定要因となっているが、文化は何ら決定的な役割を果たしていないのだった。共通の信条、価値観、連想、神話、タブー、命令、習慣、伝統、マナー、思考様式、言語、芸術表現等、どの社会も必ず抱えている堆積物に、決定的な役割を見ていなかった。徳川家の反応は、いかにクラウゼヴィッツが誤っていたかの事例であり、戦争とは何よりもまず、独自の手段による一つの文化の不朽化の試みでありうるということを証明しているのである。

戦争なき文化

文化よりも政治を重視するクラウゼヴィッツの確信は、彼だけに特有なのではない。それはアリストテレス以来の西欧の哲学者たちの立場であり、またクラウゼヴィッツが生きた時代においては、パリ街頭での激情と偏見に対する自由な行動という形をとった純粋に政治的な理念——それ自身がヴォルテールやルソーのような生身の哲学者が生み落とした産物である——の一大絵巻によって強力な補強を受けた立場なのだった。クラウゼヴィッツが知っていた戦争、クラウゼヴィッツが闘った戦争はフランス革命の戦争であり、「政治的な動機」をもつ戦争だった。そしてクラウゼヴィッツはこれを戦争の誘因であり、また抑制因でもあるとみていたのである。ヨーロッパの王制国家が、フランス革命は王国にとっての脅威であると恐れたのは正しかった。戦争はまさに「政治の継続」として姿を現したのだった。

歴史家としてのクラウゼヴィッツに、人間が引き起こす出来事では文化的な要因が重要な働きをするという点に目を向けさせるような文献がなにもなかったということは知っておかねばならない。比較史やその産物である文化史は、クラウゼヴィッツが参照してもおかしくはない指導的な歴史家が受け入れる研究方法ではなかった。アイザイア・バーリン〔一九〇九―九七　イギリスの政治哲学者。オックスフォード大学教授、イギリス学士院長等を歴任〕は、比較史の父ジャンバッティスタ・ヴィーコ〔一六六八―一七四四　イタリアの哲学者。その歴史主義の思想は十九世紀になって再評価された〕に捧げた賛辞のなかで、啓蒙主義の精神を簡潔にまとめて、次のように述べている。「いつの時代も人間を悩ませてきた根本的な問題――つまりなにが真であり、なにが偽であるかを、知のあらゆる領域においていかにして確立するかという問題――に対する解答となる普遍妥当的な方法が発見された」[*47]。

啓蒙主義最大の広報官ヴォルテールは、歴史の探求を社会的、経済的な活動とその結果にまで広げることを弁護していたときでさえ、歴史の研究として価値ある唯一の対象とは人類が達成した業績の頂点であり、谷間ではないということを深く確信していた。……「ある野蛮人がオクサス川〔アムダリヤ川の旧称。パミール平原から中央アジアを経てアラル海に注ぐ〕とやらの対岸に達したという以上のことを言えないのなら、あなたは民衆にとってなんの役に立つのか」[*48]。

ヴォルテールが導いた地点へとついてゆかないクラウゼヴィッツとは何者なのか。クラウゼヴィッツが死んでから数十年して、ドイツの歴史家は歴史と政治における比較研究の先駆者となったが、彼が生きている間は啓蒙主義が支配していた。「それゆえ我々はあらゆる状況からみて、戦争とは独立した事態としてではなく、政治的な道具として理解すべきなのである。この見解をとることによってのみ、我々は全軍事史に対して敵対的な立場に立つことを回避できるのである」とクラウゼヴィッツは記した。[*49] これ以上の完璧な啓蒙主義、純粋なヴォルテール的な見解が表明されえるだろうか。

とはいえ、オクサス川のほとりで起きた事件の重要性を軽蔑して却下するヴォルテールは、クラウゼヴィッツの理論に打撃を加えている。軍事史家たちは今日では、オクサス川と戦争の関係はウェストミンスターと議会制民主主義との関係、あるいはバスティーユとフランス革命との関係にあるという点で、認識を同じくしている。中央アジアとペルシアおよび中東を隔てるオクサス川のほとりで、人間は馬を飼い馴らし、馬具をつけて疾走させ、やがて鞍に跨いで乗りこなすことを覚えたのである。征服者たちは馬上豊かに前進し、中国で、インドで、ヨーロッパで「戦車帝国」をうち建てたが、その出発点はこのオクサス川だった。戦争における二大革命の一つ、騎馬軍団革命が起きたのは、このオクサス川だった。中央アジアの征服者と略奪者たち――フン族、アヴァール人、マジャール人、トルコ人、モンゴル人――が波状的に西欧世界に押し入っていったのは、このオクサス川からだった。もっとも破壊的な騎馬民族の首長ティムールがその恐怖政治をはじめたのは、オクサス北方のサマルカンドだった。初期カリフは奴隷兵士をオクサスで駆り集めた。それはオスマンのスルタンも同様だった。一六八三年のオスマン・トルコによるウィーン包囲はキリスト教界の心臓部を脅かしたことで、クラウゼヴィッツの時代になっても、もっとも破壊的な軍事エピソードとして記憶されていた。オクサスとそれが意味するすべてを考慮に入れない戦争理論は欠陥のある理論なのである。クラウゼヴィッツがつくりあげたのはそのような理論であり、悲惨な結果をもたらした理論なのだった。

第一次世界大戦後、急進的な軍事専門家は、直接的ではないにしても、クラウゼヴィッツに近年の大虐殺の責任を負わせていた。たとえばイギリスの歴史家B・H・リデル＝ハート〔一八九五―一九七〇　イギリスの軍事理論の権威。その理論は第二次大戦時の対独戦略の決定に大きな影響をおよぼしたとされる〕は、可能なかぎりの最大限の兵力で最大級の攻撃をかけるのが勝利の鍵であると説いたことで、クラウゼヴィッツの責任を追及した。ところが第二次世界大戦後は、クラウゼヴィッツは事実上神格化され、過去、現在、そして――彼が火種を点けておいた熱狂的な心酔の兆候がここにあるのだが――未来にわたる最大級の軍事思想家とされたのだった。冷戦時代のアカデミックな戦略家たちは、核の冬の脅威がもたらす暗雲立ち込める時代のなかでクラウゼヴィッツは普遍的な真理の導きの灯りをともしているとしてもてはやした。クラウゼヴィッツを批判する者は容赦なく叩きのめされた。たとえばリデル＝ハートの注目すべきクラウゼヴィッツ批判は、〈カリカチュア〉として放逐されてしまった。[*50]

アカデミックな戦略家たちは、観察と仮説を一緒くたにしていた。戦争は普遍的な現象であり、最後の氷河期が後退して以来、あらゆるときにあらゆる場所で行なわれてきたというのが観察である。そして仮説とは、戦争の目的とどのようにしたらもっともうまくその目的を達成できるかについての普遍的に正しい理論が存在するということである。彼ら戦略家たちがなぜクラウゼヴィッツに魅せられたのかについては、理解するのは容易である。核攻撃の脅威のもとでは、国家はその外交政策を可能なかぎり戦略的な理論と絡み合わせ、その間隙から洩れ出る変動要因をすべて締め出すしか方法がないからである。核を保有する国家は、その発言の意図を明確にしなければならない。なぜなら戦争の抑止は一方の断固たる目的の追求を敵方に知らしめることにかかっているからであり、精神的な留保は利敵行為でしかないのである。

とはいえ、核の抑止は過去も現在も、人間感情とは相容れないものだった。なぜならそれは、もし国家の存続をかけた防衛となれば、自国と敵国の国民にもたらす結果を無視した無慈悲な行動に出ることを意味しているからである。少なくとも過去二千年、個人のかけがえのない価値についてのユダヤ教的・キリスト教的信仰を制度化してきた西欧世界では、核抑止理論には国防に身を捧げる愛国者や祖国のために血を流してきた職業軍人でさえ、深い反感を抱いている。

核抑止理論と民主主義国家の一般道徳と政治倫理とを統合する哲学を創出しようとしても、それはもっとも賢明な理論家の創造の才をもってしても失敗に終わることだろう。ところがその必要はなかった。クラウゼヴィッツが歴史に裏づけされた軍事優先主義の哲学と語彙を完成していたのである。核兵器に関しては、「現実の戦争」と「真の戦争」は同一のものであると信じられたのだった。そしてそのような同一化がもたらす恐怖を考えさせることで、戦争は起きないということの保証になると信じられたのである。

ところが、この理論には弱点が二つあった。第一に、それはまったく機械論的であり、あらゆる状況において抑止手段が齟齬をきたすことなく機能するという前提によっているということだった。とはいえ、政治についての観察しうる真理がもし一つあるとするなら、それは機械論的な手段は政府の行動を規制するうえで情けない記録しか残していないということである。第二に、この理論は核兵器を所有する国家の市民に、分裂病的な世界観をもつことを要求するということだった。人間の生命の尊厳、個人の権利の尊重、少数意見への寛容、自由投票の受け入れ、代議制に対する行政の責任、その他、法治支配、民主主義、ユダヤ教的・キリスト教的倫理が意味するものすべて——核兵器はこういった価値を守るために展開されていた——についての信仰を維持しながら、同時に戦士の行動規範の暗黙の承認が期待されているのである。肉体的勇気、英雄的な指導者への服従、そして「力は正義」を究極の価値とする行動規範の暗黙の承認である。それどころかこの分裂病は永久的なものになる運命にある。なぜなら核理論家のキャッチフレーズを使えば、「核兵器が開発されないことはありえない」からである。

ケネディ政権の国防長官ロバート・マクナマラは一九六二年、アメリカのヒューマニスト的な価値観の中心であるミシガン大学で行なった講演で、クラウゼヴィッツ的な抑止理論を要約して、次のように述べた。「同盟軍（NATO軍、しかし実態はアメリカ軍）の強さと本質は、突然の全面攻撃を受けても、必要なら敵国社会を破壊するに足る攻撃余力の維持を可能にしている点にある」[*51]。「現実の戦争」を引き起こした敵に対して「真の戦争」を見舞おうというこの脅しは、クラウゼヴィッツなら当然喝采したであろう哲学的な純粋さをもっていた。

しかしこの喝采は、過去からの雄叫びでしかなかったのだろう。なぜなら、すでに指摘したように、クラウゼヴィッツは彼が生きていた時代においてさえ戦士文化の孤立したスポークスマンだったのであり、現代国家をつくりあげてきた祖先たちは、その戦士文化をなんとかして根絶しようとしてきたからである。もちろん我が祖先たちは国家目的への配慮からその価値を認めていたが、しかし人為的に保存された戦士の一団のなかでだけその喝采が存続することを許したのだった。つまり、連隊と彼らが駐屯している市民社会とは、その精神風土という点でまったく異なった存在なのである。

昔のヨーロッパ社会には、この種の戦士的な価値観と習慣が重苦しくのしかかっていた。やがて十七世紀以降になると、民衆から火力兵器を取りあげ、地方貴族の城砦を破壊し、その子弟を正規軍士官に取り立て、非戦士階級の人間を将校として配属する砲兵隊というスペシャリスト軍団をつくりあげ、戦場に必要な武器の製造を国家の兵器工廠に独占させるといった一貫した政策により、クラウゼヴィッツが仕えた類の政府は事実上、オーデル川とドラーバ川以西、つまりベルリンとウィーンから大西洋に至るまでのすべてのヨーロッパ社会の非武装化を達成した。

フランス革命によって解放された勢力に対抗するためにヨーロッパの諸国家が次第に国民の武装化をせざるをえなくなると、統治者たちはその武装化を上から推し進めた。そして程度に差はあるとはいえ、その政策は熱狂的に受け入れられた。やがてこの徴兵制は、きわめて当然のことだが、苦難と死に結びつくことになった。第一次世界大戦では二千万人、第二次世界大戦では五千万人の死者を出したのである。イギリスとアメリカは一九四五年にこの制度を放棄したが、一九六〇年代に入るとアメリカは再導入し、不人気なベトナム戦争を闘った。しかし、結局は、徴兵制と家族が戦士文化に取り込まれることへの拒否が、ベトナム戦争の放棄をもたらしたのだった。ここには一つの社会が相互に矛盾しあう二つの行動体系を動力源としてもつことが、いかに自滅的であるかを示す明白な証拠が見られる。生命、自由、幸福の追求を含む「絶対的な権利」と、戦略的必然性が要求する全面的な自己放棄は、たがいに相容れないのである。

実際、根本的な社会変革を上から押しつけようとする試みは、現代社会では明らかに困難になっている。さまざまな試み、とくに私有財産権や土地と耕作者との関係を変えようとする試みは、ことごとく水泡に帰した。下から沸き起こった社会変革——改革者たちの宗教的ともいえる諸々の運動の動力因——は、はるかによい結果を残してきた。下から社会を再軍事化しようとした二十世紀の試みの足跡は、きわめて示唆に富んでいる。注目に値するのは、中国の毛沢東とベトナム人の弟子たち、そしてユーゴスラビアのチトーの例である。この二人はともに、避けられない革命を前進させるために「人民軍を創設せよ」というマルクスの指示に深い影響を受けていた。両者ともに驚くほど似たような行動パターンをとった。そしてそれぞれが、目指していた政治的な成果を達成した。しかし、文化的にはともに悲惨な結果以外のなにものをも、もたらしはしなかった。

一九一二年の最後の皇帝の退位後、中国は無政府状態に陥った。名目上は主権をもつ共和国政府は、全土に台頭した軍閥と覇権を求めて争っていた。そしてこの抗争に加わった第三の党は、結成されたばかりの共産党だった。その指導者の一人だった毛沢東がとった路線は中央委員会、およびそのロシア人顧問の路線とは異なっていた。彼らは都市の奪取に取りかかろうとしたのである。ところが部下の兵士を潜り込ませて農村の民衆の本音を事細かに調査した毛沢東は、都市周辺の農村地帯に革命的ゲリラを侵入させるのが都市奪取のための最良の手段であるという決定を下した。このゲリラ勢力から勝利を摑む軍が創設されるに違いないと毛沢東は信じるようになった。一九二九年に書いたメモのなかで、毛沢東はその方法について次のように述べている。

過去三年間の闘争から我々が引き出した戦術は、古代のものであれ近代のものであれ、あるいは中国のものであれ異国のものであれ、いかなるものとも異なっている。我々の戦術は、これまでにないほどの規模で大衆を闘争に立ちあがらせることができる。そしていかに強力な敵であろうとも、我々に立ち向かうことはできない。我々の戦術はゲリラ戦術であり、主として以下に述べる点から成り立っている。大衆を立ちあがらせるために我々の兵力を分かつこと。敵と交渉するために兵力を集中すること……できるだけ短時間で可能なかぎりの最大兵力を立ちあがらせること。[*52]

毛沢東はその戦術が類例がないとした点で、間違っていた。周辺の農村地帯を支配して都市を孤立させることを強調しているが、それは約二千年間、中国に敵対し続けてきた遊牧民の戦術からとられたものだった。しかし毛沢東の方法には新しい点もいくつかあった。第一は、「階級のない」人間たち――「兵士、山賊、泥棒、乞食、売春婦」は革命という製粉機にとっての穀物であり、勇敢に戦い、正しく指導されれば革命勢力になりうる人びとであるという信念である。第二は、敵がはるかに優勢であっても、敵が欲求不満に陥り、消耗して勝利のチャンスを失うまで決戦を避けるだけの忍耐力があれば、戦争には勝てるという考え方である。[*53] この「持久戦」理論は軍事理論に対する毛沢東の第一級の貢献として、今後も記憶されることだろう。中国本土で蔣介石に勝利したあと、この持久戦理論はベトナムが採用するところとなった。最初はフランス軍相手に、次にアメリカ軍に対してである。

一九四二年から一九四四年にかけて、ユーゴスラビア共産党書記長チトーもまた、モンテネグロとボスニア・ヘルツェゴビナの山岳地帯でこの戦法をとった。ユーゴスラビアの枢軸側占領軍は、亡命中の王国政府に忠誠をつくすミハイロヴィチ〔一八九三―一九四六　ナチスのユーゴ侵入で対独義勇軍を組織したが、次第にチトーと対立してナチスに接近。ユーゴ解放後、対独協力のかどで銃殺〕のゲリラ部隊チェトニックと戦闘状態に入っていた。チェトニックの方針は、ユーゴスラビア国外での戦争で国民総蜂起が成功して枢軸軍が充分弱体化するまで、好機をじっと窺うというものだった。チトーは、そんなことはまったく考えてはいなかった。いろいろな理由があったが、ソ連が救援してくれるという期待もあったのだろう。チトーの方針はユーゴスラビア全土に共産党の機関を根づかせることにあったから、チトーのパルチザン部隊は可能なかぎり広い範囲で活発に活動したのである。「パルチザン部隊が……ある地方を占領すると、彼らは必ず……農民委員会を組織して、地方行政を運営し、法と秩序を維持した。パルチザンがある地方の支配権を失っても、これらの政治機関は活発に機能していた」[*54]。当時、チトーとイギリス軍との連絡将校だったウィリアム・ディーキン卿〔一九一三―二〇〇五　イギリスの歴史家〕は、一九四三年のドイツ軍が成功裏に終えたチトー率いる司令部隊の掃討の直後の一連の行動を観察して、次のように記している。「軍が壊滅してくたくたになって退却しているそのさなかに、［ミロヴァン］ジラス［指導的な共産主義者知識人で、ドイツ兵士を殺す戦士でもあった］は少数の仲間とともに荒れ果てた戦場へと南下した。解放区を失っても、最低限の党の活動は継続しなければならず、また将来の帰還に備えて細胞をたて直しておかなければならないというのは、パルチザン戦争の不文律だった」[*55]。

ディーキンのような学者に戻った兵士に深い印象を残したこのパルチザン闘争の「英雄的な」側面は、たしかに読ませるものがある。しかし、実際には、ユーゴスラビア全土にわたって政治・軍事作戦を縦横に展開するというこの方針は、国民に筆舌につくしがたいほどの苦難をなめさせたのだった。ユーゴスラビアの歴史はもともとが憎しみに満ちた暴力と抗争の歴史であり、戦争はそれを再燃させたのである。北方では、カトリック教徒のクロアチア人指導者たちがイタリアの援助を受けて、ギリシア正教徒のセルビア人の排除、強制改宗、皆殺し等好き放題をしていた。ボスニア・ヘルツェゴビナのイスラム教徒は内戦に突入しており、南方ではコソボのセルビア人が隣国アルバニアからの攻撃を受けていた。チェトニックはパルチザンと連合戦線を組むことに失敗していたことで、セルビア人の領土でパルチザンと支配権を争っていたが、ドイツ占領軍とは戦端を開いてはいなかった。これは報復を恐れたからだった。チトーはドイツ軍の報復など、なんとも思ってはいなかった。実際、チトーはドイツ軍の残虐行為は、兵士を集めるよいきっかけになると思っていたのである。チトーが練りあげた作戦はいわゆる七大「攻勢」で、ドイツ軍に彼の跡を追わせることだった。この作戦で、パルチザン軍が通過した農村一帯は不毛の地になった。村民はパルチザンの後について「森のなかに」入るか（これは反トルコ・レジスタンス時代からの根拠地についての伝統的な言いまわしである）、あるいはその地に留まって報復を待つしかなかったのである。チトーの副官カルデリ〔一九一〇―七九　チトー内閣の副首相、外相、国連代表等を歴任〕は、どっちつかずの人間をこのディレンマに直面させた。「指揮官のなかには報復を恐れる者もいる。そして、その恐れがクロアチア人の村落の動員を妨げている。報復はクロアチアの村落をセルビアの村落陣営につかせるうえで有益な結果をもたらすと私は思う。戦争においては、すべての村落が破壊されても怯えてはならない。テロルは武力行動を引き起こすだろう」[*56]。

カルデリの分析は正しかった。すでに大々的に勃発していた民族と宗教の、スパイと反スパイ網の抗争が入り交じったところに汎ユーゴスラブ・親共産主義の反枢軸キャンペーンを重ね合わせるというチトーの戦略は、停戦の可能性はすべて潰してあったから、数多くの散発的な戦闘を一大戦争へと変えるという結果をもたらした。そして、その総司令官になったのがチトーだった。チトーの指令で、大多数のユーゴスラブ男性と数多くのユーゴスラブ女性は自分が属する陣営の選択を迫られた。民衆は実際、下から再武装したのだった。戦争が終結した時点で、陣営の選択を誤った少なくとも一〇万の人びとがパルチザンによって殺害されていた。これに加えて、親イタリアのクロアチア人に殺された三五万のセルビア人がいた。ユーゴスラビア王国軍は一九四一年のたった八日間の戦闘で崩壊してしまっていたから、一九四一年から一九四四年にかけて死んだその他の一二〇万のユーゴスラビア人、全体では一六〇万のユーゴスラビア人は、能動的であれ受動的であれ、パルチザン戦争の犠牲者と目されなければならない。これほどまでの恐ろしい代償を支払って、チトーはその政治的な主張を押しとおしたのである。

　これらの戦争――ユーゴスラビアであれ、ロシア、中国、あるいはベトナムであれ――の様相は、社会主義リアリズム芸術の格好の素材となってきた。ベオグラードのユーゴスラビア軍事博物館の中央ホールには祖国に生命を捧げる反抗的な若者の等身大のブロンズ像がそそり立っているが、これは民衆のレジスタンスの理想を鮮やかに表現したものである。雰囲気こそ違え、セルゲイ・ゲラシモフのキャンバス画『パルチザンの母親』も表現するところは同じである。この作品では、未来の戦士を孕んだ母親が、彼女の家を焼き払ったドイツ兵に敢然と立ち向かっている。タチヤナ・ナザレンコの『パルチザン到着』は、ドイツ軍の残虐行為の現場に遅れて到着した救援のピエタという皮肉な作品である。チトーの戦争のエピソードを描いたイズメット・ムジェシノビッチの『ジャクジェの解放』は、ギリシア独立戦争期に描かれたオスマン・トルコの抑圧へのジェリコー〔一七九一―一八二四　ドラクロワとともにロマン派の祖とされるフランスの画家〕の告発を想い起こさせるものがある。東方諸国に目を転じれば、毛沢東やホー・チ・ミンの戦争にも、まったく同じ特徴が認められる。くたびれてはいるが、きちんとした戦闘服に身を固めた人民解放軍の兵士たちが蔣介石の犠牲者を慰め、戦雲立ち込める農地では貧しい農民たちと手送りで収穫を刈り入れ、あるいはまた真っ赤な夜明けに最終勝利を目指して進軍するというような光景が描かれているのである。[*57]

とはいえ、パルチザン芸術はストップ・モーションの芸術であり、徹底して紋切り型(クリシェ)の芸術である。つまり、まったく相矛盾する現実からある一瞬だけを切り取った上辺だけのリアリズムである。実際、平和を好み、法を遵守する市民に武器を取らせ、無理やり血を吸い取り、民衆の利害等はまったく無視するという民衆闘争の現実は、筆舌につくしがたいほど恐るべきものである。西欧人は第二次世界大戦で、ほとんどの人がこの闘争を経験した。とくにアメリカ人とイギリス人がそうだった。民衆闘争のありのままの姿を目撃したごく少数の人間が、ぞっとするような証言を残している。オックスフォード出身の若き歴史家ウィリアム・ディーキンは一九四三年、パラシュートでユーゴスラビアに潜入し、チトーの部隊に合流した。その彼が、捕虜になった数名のチェトニックのゲリラ兵と遭遇したときの経験を、次のように記した。

その晩の作戦で、パルチザン部隊はチェトニックの指揮官ゴルブ・ミトロビッチとその部下二人を捕らえた。私がこの捕虜の一団に出会ったのは、森林を切り開いたある一角だった。私に、彼らを直接尋問したらどうかという話がもちあがった。このような状況は、これが最初で最後だった。私は拒否した。イギリス兵は内戦の共犯者となることはできなかった。処刑されようとしているチェトニックの捕虜の尋問に巻き込まれるのは、私の責任範囲を越えていたのである。私は木立の間を歩いて戻った。この偶発事件の幕を下ろしたのは、ライフルの発射音だった。数分後、我々は三人の遺体を越えて前進した。このエピソードはパルチザン指導部に悪印象を残した。このような事態に直面するだろうことは、私には前からわかっていたし、私がとるべき態度もわかっていた。我々がパルチザン同盟軍陣営の理解を失うとか、ある種の悪意をもたれるという犠牲を払ったとしても、私はけっしてその姿勢を曲げるつもりはなかった。彼らは、我々はまったく別の戦争を闘っていると感じていた。*58

たしかにディーキンは、そのような行動をとるべきだったのだろう。イギリス軍が理解する法体系のもとでは、ある勢力の手中に落ちた人間であっても、法廷で死刑判決を受けていない非武装の人間の銃殺を正当化する状況は存在しないのである。

ミロヴァン・ジラス〔一九一一―九五　戦後チトーの片腕として副首相になったが、独自の民主化路線を提唱して共産党を除名され、投獄された〕はパルチザン体験をありのまま記録したみごとな手記『戦時下』で、ゲリア戦の掟で彼がどれだけひどく堕落したかを明らかにしたが、その点では正直だった。以下は、ジラスがその手中に落ちた非武装の捕虜をどう扱ったかを記した一節である。

私はライフルで撃たなかった。あえて撃たなかったのは、ドイツ兵たちが四〇ヤード上方にいた――彼らが叫んでいるのが聞こえていた――からである。私はドイツ兵の頭をぶっ叩いた。ライフルの台尻が壊れ、ドイツ兵は仰向けに倒れた。私はナイフを取り出し、一気に喉を掻き切った。そしてナイフをラジャ・ネデジコビッチにわたした。この男は戦争がはじまる前から知っている政治活動家で、ドイツ軍は一九四一年に彼の村で虐殺を働いたのだった。ネデジコビッチは二人目のドイツ兵を刺した。ドイツ兵はもがき苦しんだが、すぐにおとなしくなった。この事件は後に、私が白兵戦でドイツ兵を虐殺したという伝説を作りあげることになった。実際ドイツ兵士は他の捕虜とまったく同じで、まるで麻痺したような状態で、自分を守ろうとも、逃亡しようともしなかった。[*59]

ジラスがユーゴスラビアの山奥で実地体験した残虐行為は、〈人民戦争〉を闘った数千万人への教訓となった。生命の代償はほとんど顧みられることはなかった。中国で、インドシナで、アルジェリアで、数千万の人間が死んでいった。ある者は戦闘員として、そしてもっとも多かったのは、不幸な傍観者としてである。一九三四年から三五年の中国南部から北部に向かった毛沢東の大長征では、出発時の八万人に対して生存者はたったの八千人だけだった。そしてその生存者は、ジラス同様、社会革命の貫徹の程度を死に至らしめた〈階級の敵〉の数によって測る無慈悲な行政官となった。[*60] 一九四八年、共産党が中国で権力を掌握した後、その年だけで約百万の〈地主〉が殺された。手を下したのは地元の村民だったが、尋問にあたったのは党の〈細胞〉で、そのなかには大長征の生き残りも多かった。この種のホロコーストは、人民戦争理論の発端にまつわる固有の性格なのである。

おそらく下からの再武装でもっとも悲劇的な歴史を繰り広げたのは、一九五四年から六二年にかけてのアルジェリアだった。第一次インドシナ戦争の古参兵——一方の旗頭はフランス軍士官であり、もう一方の旗頭はフランス・アルジェリア連隊の元兵士だった——は、いずれの党派も支配下の住民に人民戦争理論を押しつけた。意識的に毛沢東をまねた民族解放戦線は、可能性があるところではどこでも村民たちの反乱を煽った。フランスのエリート士官たち（その多くはベトナムの捕虜収容所で強制的にマルクスを学習させられていた）はその村民たちを反-反乱分子として教育し、フランスは政府支持派をけっして見捨てはしないと請け合って対抗した。アルジェリア放棄の時点で、少なくとも三万人の、そしておそらく一五万人の政府支持派が、勝ち誇った民族解放戦線によって殺された。戦闘で殺されたのは一四万一千人、また戦争が続いた八年間に一万二千人が内部パージで殺され、その他一万六千名のイスラム教徒アルジェリア人とさらに推定五万人におよぶ人たちが「行方不明」と分類されている。今日アルジェリア政府は、人民戦争の犠牲者の数を、九百万イスラム教徒といわれている戦前の人口のうちの百万人としている。*61

アルジェリア、中国、ベトナム、そして旧ユーゴスラビアで誕生した戦士世代は、今日では年老いた。これらの人たちや心ならずも動乱に巻き込まれた人たちが血や死の苦しみという恐るべき代償を支払った革命は、その根本のところで萎んでしまっている。ホー・チ・ミンの長期にわたる戦争の戦利品である南ベトナムは、その資本主義的な習慣の放棄を拒んでいる。大長征を経験した中国の長老たちは、マルクス主義者の教義とはまったく相容れない自由経済路線を容認することでのみ、党の権威をなんとか保っている。アルジェリアでは、数え切れないほどの国民がイスラム原理主義か、あるいは地中海対岸のもっと豊かな世界へ移住することで、経済的な苦境を打開しようとしている。かつてチトーが自らの手を血で濡らしながら闘った反枢軸軍闘争で統一を求めた旧ユーゴスラビアの人びとは、人類学者が部族社会の「原始的な」戦争の基本論理とする「領土転配」を想い起こさせる争いで、おたがいの手を血で濡らしている。解体した旧ソ連の国境地帯でも、似たようなパターンが現れている。新たに独立した「少数派」はロシア支配からの自由につけ込んで、旧来の部族間の憎悪の復活と戦争の再開を目論んでいる。ときとしてそれは部族内部での戦争という形をとるが、部外者の目にはそこに政治的な争点はなんら存在しないように見えるのである。

上からの再武装を押しつけた豊かな国家はその標語とうまく折り合いをつけ、下からの再武装路線をとった貧しい国々はその恩恵を跳ねつけるか呪詛している。このような世紀末世界の現状は、戦争はついにその有効性と人を深く惹きつけてきた魅力とを喪失したといえる状況なのだろうか。近代においては、戦争はたんに国家間の争いの解決手段であるだけでなく、惨めな人びと、略奪された人びと、無防備な人びと、飢えた人びとが自由に呼吸し、その怒り、嫉妬、鬱積した暴力への衝動を掃き出す媒介物だった。五千年の戦争の歴史を経た現在、文化的な、また物質的な変化が、すぐ武力に訴えるという人間の衝動をついに抑制するようになったということを信じさせる理由は、数多く見られる。

物質的な変化は、あらゆる面で見て取れる。熱核兵器と大陸間弾道ミサイル・システムの登場である。とはいえ、一九四五年八月九日以来、核兵器は一人の人間も殺していない。それ以降の戦争で死んだ五千万の人間のほとんどが、世界中にあふれているトランジスタ・ラジオや乾電池程度のコストしかかからない安っぽい大量生産兵器や小口径の弾薬で殺されているのである。その理由は、先進国では麻薬取引や政治テロがはびこっている特種な地域を除けば、安っぽい武器が生命を破壊することはほとんどなく、豊かな国の住民は徐々にこの汚染がもたらす怖さを認識しはじめているからである。少しずつではあるが、脅威への認識は確実に拡まりはじめている。

一九六二年に終結したアルジェリア戦争ではテレビ放送はほとんどなかったが、ベトナム戦争ではテレビ・カメラが戦場へと入り込み、そのメディアの影響力は戦争そのものへの反感を掻き立てるというよりはむしろ、徴兵年齢に達した若者とその家族の抵抗を煽る働きをした。しかし、飢餓に陥ったエチオピア人の脱出、カンボジアでのクメール・ルージュの残虐行為、イラク湿地帯におけるイラン軍少年兵士の虐殺死体、レバノン社会の破壊、その他いくつもの卑劣で残虐、無意味な紛争のテレビ中継は、まったく異なった結果をもたらした。今日では、戦争は正当化しうる行動であるという意見への穏健な支持勢力をつくりあげることは、世界のどこにおいてもほとんど不可能である。湾岸戦争に対する西欧社会の熱狂も、それが引き起こした悲惨な結果を映像で見せつけられると、ほんの数日のうちに消えてしまった。

ラッセル・ワイグリー〔一九三〇―二〇〇四 アメリカの軍事史家〕は最近の重要な研究のなかで、彼がもどかしさと呼んだ状況の発端と「戦争がだらだらと長期化する状態」とは同じであると述べた。その研究の時期としては十七世紀の初期から十九世紀までを扱っているが、この時期はそれぞれの国家が思いのままに信頼しうる軍事兵器を開発し、技術の均衡を図った時代だった。そしてワイグリーは、戦争は「別の手段による効果的な政策の拡大ではなく……政策の破綻」であることを示しているという議論を展開した。決定的な結果を得ることに失敗したことから生ずる欲求不満は、次の世紀には「ますます甚だしくなる卑劣な残虐行為を、故意に、また自然発生的に引き起こす」ようになり、「都市とその周辺地帯を略奪した。それは復讐心と、大々的な残虐行為は敵の闘争意欲を萎えさせるという大体が目論見外れの期待感」[*62]から行なわれたと論じたのである。この議論は、本章で私が展開する議論とほぼ同じ方向を示している。それをまとめると、おおよそ次のようになる。

フランス革命とともにはじまった世紀において、軍事の論理と文化的な潮流は異なった方向をとり、相対立する方向を歩むことになった。発展を続ける産業世界においては、富の増大と自由主義的な価値観の登場は、人類が堪え忍んできた歴史的な困難は減少しはじめているという期待感を育んだ。とはいえ、このような楽観論は国家間の争いを解決する手段を変えるには不充分だった。実際、産業主義が生み出した富の多くは、その利益に与る国民の武装に費やされた。その結果、二十世紀になって戦争が勃発すると、ワイグリーが見て取ったように、「だらだらと続く膠着状態」はさらに強大な武力を求める声となった。富める国々の反応は上からの国民武装化の強力な推進であり、それで行き詰まりを打開することだった。戦争の主潮が貧しい世界へと移行していくと、武装化は下からはじまった。その運動の指導者たちはヨーロッパの帝国、ならびに西欧の経済的な繁栄というその相関物から自由を勝ち取ることに生涯を捧げ、農民を戦士に仕立てた。そして、この運動はともに欲求不満に終わる運命にあった。第二次世界大戦では、産業先進国は大規模な武装化を導入した。その結果としてのゾッとするような人命の代償は、核兵器開発への道を切り拓いた。これは戦場に兵員を送り込むことなく戦争を終結させる試みだったが、ひとたび使用されるや、全面的な破壊の脅威を孕んでいることが明らかになった。他方、貧しい世界における一大武装化がもたらしたのは解放ではなく、抑圧的な政治体制の強化であり、どこまでも続く受難と死という代償を求める権力の増大だった。

この状態が、世界が現在置かれている状況である。そして混乱や不確実性はあるとはいえ、姿を見せつつある戦争なき世界の概略を覗くことは可能であると思われる。戦争は時代遅れになったと論ずれば、かつてなら大胆な人間といわれただろう。バルカン半島や旧ソビエトのトランス・コーカサス地方での民族主義の復活は、憎悪に凝り固まった戦争にその発露を見出しており、戦争時代遅れ論が偽りであることの例のように見える。ところがこれらの戦争は、核以前の時代の似たような紛争がもっていた脅威をもはや孕んではいない。この種の戦争はもはや、かつてのように後盾となっている強国に脅威を掻き立てることはなく、むしろ平和創出のための仲裁という人道主義的な圧力を掻き立てる誘因となっているからである。平和達成という期待は幻想かもしれない。バルカン半島とトランス・コーカサス地方の紛争の原因は古くまで遡り、その目的は「原始的」な戦争を研究する人類学者にはお馴染みの「領土転配」であると思われる。この種の紛争はその本質からいって、外部からの仲裁努力をはねつける。なぜなら、その滋養分は、説得とか抑制といった合理的な尺度にしたがうことのない情熱と憎悪だからである。これはクラウゼヴィッツにはほとんど受け入れがたいほど没政治的な紛争なのである。

しかし、平和創出の努力がなされているという事実は、戦争に対する文明社会の姿勢が大きく変化していることの兆である。そして、この努力を推進しているのは政治的な利害計算ではなく、現実の戦闘シーンへの嫌悪感である。その中心は、人道主義者である。たしかに人道主義者は戦争遂行の古来からの敵であり、今日のアメリカ合衆国のように、人道主義が大国の外交政策の第一原則と宣言されたことはなかった。また最近の国際連合のように、超国家的な組織に実効力を与えるようなことも、以前にはなかったことだった。平和維持軍を派遣することを通じて、国連の原則への賛意を積極的に示す利害関係のない各国からなる広範な組織の支持を得るとか、ましてや紛争の中心地で平和維持軍が活動するなど、以前なら考えられないことだった。ブッシュ大統領の新世界秩序の出現宣言は、やりすぎだったかもしれない。とはいえ、混乱がもたらす残虐行為を鎮圧するための新世界の解決策に必要な要因は、明らかになってきている。その解決策が存続するなら、それは我々が生きてきたこの恐るべき世紀におけるもっとも希望にあふれた出来事となる。

文化的な変質という考え方は、油断すると落とし穴が待ち構えている。人類の福祉に寄与する変化——生活水準の向上、文盲率の減少、科学的な医療の進歩、社会福祉の広まり——が人間の行動を改善するだろうという期待はあまりにもしばしば裏切られてきたので、世界で反戦的な姿勢が影響力を獲得するだろうと予測するのは非現実的と思われるかもしれない。とはいえ、根本的な変化が生じており、それを証言する文献もある。アメリカの政治学者ジョン・ミューラー〔一九三七― アメリカの国際政治学者〕は、次のようにいう。

奴隷制度が考え出されたのは、人種という観念の黎明期だった。そしてかつては多くの人びとが、自らの生存のためにはその制度は欠かせないと感じていた。ところが一七八八年から一八八八年の間に、奴隷制は実質的に廃止された……そして、この制度は永久的に死滅したと思われる。同様に、人間の犠牲、嬰児殺し、決闘といった古色蒼然とした制度も死滅、もしくは消滅していると思われる。戦争も、少なくとも先進世界においては、同じ軌跡を描いているということができるかもしれない。[*63]

ミューラーは、人間は生物学的に暴力を志向するという仮説を信じてはいない人間であるということは、指摘しておかなければならない。これは行動科学においてもっとも熱心に議論が闘わされた問題の一つであり、ほとんどの軍事史家は慎重にこの問題には距離をおいていた。とはいえ、機会あるごとに人間は戦争という制度から身を遠ざけつつあるということの証拠を肌で感じ取ろうとして、この仮説を信じない人の見解に与する必要はない。

私はその証拠を実感している。このテーマに関するさまざまな文献を読み、軍人たちとともに暮らし、戦争の舞台を訪れてその結果を調べることにこれまでの生涯を費やしてきた私には、戦争とは人間の不満を調停するための合理的であるだけでなく、望ましい、もしくは生産的な手段であるというような風潮が消滅しつつあるし、それは当然の結果であるという気がする。これはたんなる理想主義ではない。人間はいつの時代も、大規模で普遍的な事業に必要な犠牲と利益の帳尻を合わせる能力をもっていた。我々が人間の行動記録を所持している時代のほとんどにおいては、戦争の利益はその犠牲に優る、あるいは戦争をしても帳尻が合うと計算したときに人間は開戦という決断を下してきたのは明らかである。しかし、今やその計算の方向は逆向きになっている。明らかに、犠牲が利益を上まわっているのである。この犠牲のなかには、物質的なものもある。増大する一方の武器の調達費用は天文学的な数字に達し、もっとも豊かな国家の予算すら歪めている。そして貧しい国が軍事的に侮れない力を追求しようとするなら、経済力拡大のチャンスを自ら否定することになる。また実際に人間が戦場に向かうことで払う犠牲は、ますます高くつくものになっている。豊かな国家の間では、そのコストは担えるものではないという認識で一致している。豊かな国と戦争に踏み切った貧しい国は散々な目に遭わされ、恥を晒すことになる。貧しい国同士の戦争は、あるいは内戦状態に陥った貧しい国は、自らの安寧を破壊し、さらには戦後の復興を可能にする社会組織までも破壊することになる。人間の全歴史を通じて災害がつねにそうであったように、戦争は本当に人間に対する鞭となっている。災害という鞭は、だいたいがその記憶が残っているうちに克服されている。災害には友人がいないが、戦争には友人があるということはたしかに正しいとはいえ、今日では贋金でしか支払いができないほどの友情が必要となっている。戦争を受け入れる余地がない世界の政治経済は、新たな人間関係の文化を求めているということを認識しなければならない。我々が知っているほとんどの文化は戦士の精神によって鼓舞されてきたが、現在起こりつつある文化上の変質は過去との断絶を求めている。そしてそれには、前例は存在しないのである。とはいえ、将来の戦争が世界と対決するときの脅威にとっても、前例は存在しない。疑問の余地がないほど好戦的だった過去。そして想定される平和な将来。本書のテーマはこのような過去から将来への、人間の文化の移行の構図を作成することである。

付論一　戦争の制約

武力行使が理性的な制約のもとにおかれるだろうという将来への期待は、かつて戦争に制約は存在しなかったなどという偽りの見解に我々を導くものであってはならない。高度に発達した政治制度並びに倫理体系は、昔から武力行使とその慣例の双方に、法律的ならびに道徳的な制約を課そうとしてきた。とはいえ、もっとも重要な戦争の制約はつねに、人間の意志や人力を越えたところにあった。それはソ連の参謀本部が「恒常的な作用因」と呼んでいた領域に属するものであり、その種の要因――気候風土、天候、季節、地勢、植生――はつねに軍事作戦に影響をおよぼし、しばしば制限を加え、ときには禁止したこともあったのである。その他おおまかに「付随的な」要因として分類されるものには、兵站、糧秣、兵舎割当て、装備等の不足が含まれるが、このような要因はいつの時代も、戦争の範囲とか激烈さの度合い、さらには戦争の期間を厳しく制約してきた。富が増大し、技術が発達するとともに、これらの要因のなかには比重が弱まり、ほとんど克服されたものもあった。たとえば、兵士に支給される食料がそうである。今日ではほとんど無期限に、コンパクトな状態で保存が可能になった。とはいえ、これらの問題が全面的に解決したかといえば、そうとはいえない。どのように食料を補給するか、どのように防空壕をつくるか、どのように部隊を戦線に送り込むかというような問題は、今日でもつねに指揮官を悩ます最重要課題なのである。

攻撃、あるいは防衛作戦の範囲と激しさを制限する「恒常的」かつ「付随的」な要因の影響がもっともよく現れるのは、おそらく海戦であろう。人間は陸上なら素手で闘えるかもしれないが、海上の闘いでは足場となる浮き板を必要とする。分解組み立て可能というその性質上、そのような用途で作られた板が人間の歴史に登場するのは、比較的新しい。記録上、最古の浮き板は紀元前六三一五年にまで遡るが、おそらくそれは共同作業でつくった筏、もしくは丸木船だった。人間のもっとも初期の生産活動の証拠である骨格器と石器は、船の建造よりもはるかに昔まで遡ると推定されている。*1

特殊な戦艦、戦争用の船でさえ、その起源は比較的新しい。建造費用が嵩むからであり、またスペシャリストの船員によって運航される必要があったからである。したがって、その建造と運航には相当規模の可処分所得の蓄積、おそらく支配者の余剰所得が必要だった。そして海上戦の原初的な形態は政治的な動機よりも海賊行為だったとするなら、海賊でさえもその仕事をはじめるにあたって資本が必要だったということを想い起こす必要がある。最初の海軍は海賊行為を目的としていたかどうかは別として——軍隊もしくは軍需物資を川や岸辺沿いに移動させる技量がもたらす戦略的優位が、支配者が戦艦を維持する第一の理由だった——海軍は当然ながら個々の船を保有するよりも高くつく。いずれにしても、海上戦ははじめから地上戦よりも高くついたのである。

富、もしくは富の欠如だけが、水上戦の遂行を制限する要因ではない。他の要因としては、天候と船の推進力不足があげられる。現在、我々に残されている水上戦を描写したもっとも古い記録――紀元前一一八六年にナイル・デルタでラムセス三世と「海の民〔ミケーネ文明を滅ぼしたともいわれる地中海東部で活躍した海洋民族〕」との間で行なわれた闘い――は、気紛れな風に翻弄される帆船に乗ったエジプト人を描いている。[*2] とはいえ帆船は、銃の発明以前は、闘いの場としてふさわしい舞台ではなかった。銃の発明以前では、武器がその効力を発揮するのは接近戦だったが、帆船の場合、その帆の操作が接近戦を妨げたのである。乗組員たちが剣と槍を手にして肉弾戦を挑むには、櫂船のほうがはるかに機動力に富んでいた。櫂船には、他にも有利な点があった。舷側に船首を突っ込ませ、全速力で櫂を漕ぐことで、敵船を沈めることができたからである。衝突の衝撃に堪えられるほど頑丈な木製の帆船など、建造できなかった。弱風は必要な速度を与えなかった。そして強風は海上のうねりを起こすから、船を沈没させたくない船長は、悪天候のもとでの出航などというリスクを負おうとはしなかった。

しかし、櫂船にも戦艦としての重大な欠陥があった。紀元前二千年代から地中海の制海権を握ってきたのはありあまる兵力を擁した豊かな国家だったが、このような閉じられた海域では、海戦の季節を限定しなければならなかったのである。やがて銃の時代が到来した。それでも悪天候時には、航海は不可能だった。それに銃火器は本質的に、夏季の武器だった。さらに悪いことに、銃火器は補給港を離れてから数日間しか機能しなかったのである。滑らかな海面での高速航行を可能にした船体――長大ではあるが、浅くて狭かった――には、高速航行を可能にする多数の乗組員に必要な食料と水を積み込むだけのスペースがなかった。事実、この種の櫂船が内海を離れ、外洋で略奪の手段として使われるようになるのは、後にバイキングのようなニヒリストたちが竜骨の深い船体の建造技術と星座を利用した航海技術を獲得してからのことだった。そして彼らの基地から数百マイルも離れた沿岸地帯や河川地帯に、恐怖、略奪、死が拡まった。とはいえ、バイキングが活躍したのは国家が弱体な時期、とくに海上戦に弱かった時期だった。そして、いずれにしても彼らにとって櫂はたんなる補助的な手段でしかなく、風を頼りに無防備な沿岸地帯に到達したのだった。

したがって、ジョン・ギルマーティン〔現代アメリカの軍事史家〕が地中海の海戦についての優れた分析で明らかにしたように、ガレー艦隊は一度として自立した戦略手段となったことはなく、地上軍の延長、もっと正確にいえばパートナーだったのである。[*3] ガレー艦隊の沿岸側の船団は、通常は並走する陸戦隊の海側の部隊に依存し、厳密にいえば、作戦展開の上では水陸両用部隊だった。艦隊はその海軍力で沿岸基地の敵軍の補給を断ち、地上軍は補給物資を運びながら艦隊への補給が可能な地点へと前進した。この共同作戦こそ、紀元前四八〇年のサラミスの海戦から一五七一年のレパントの海戦に至るまでの地中海の大海戦のすべてが陸地近くで闘われた理由を説明するものである。ならばなぜ、大砲を搭載した帆船が制海権を握った後も――つまり十六世紀以降も――ほとんどの海戦が沿岸地帯で闘われているのだろうか。帆船を指揮したもっとも偉大な提督ネルソンが勝ち取った勝利のうちの二つ――ナイルの戦いとコペンハーゲンの戦い――は、沿岸地帯に停泊した艦隊と闘ったものである。三番目のトラファルガーの戦いは遭遇戦で、これはスペインの沿岸からたった二五マイルしか離れていなかった。帆船艦隊が沿岸部で戦うという傾向は、持久力とはなんの関係もない。ガレー船とは異なり、木造の軍艦は充分な物資と水を搭載しており、何か月も海上で保存することができた。それで希望峰を航行した一五〇二年のポルトガル船団は、インド西岸の土豪の船団と戦って屈服させることができたのである。一六五〇年代にはクロムウェルの提督ブレークが地中海に遠征したが、それまでイギリスは地中海には基地を一つも確保してはいなかった。そして次世紀の中頃には、イギリスとフランスは東インドの沖合で何度も海戦を繰り返した。そこは母国から六か月もの航海をして辿り着いた海域だった。これほど基地からはるかに離れたところまで来ているにもかかわらず、これらの艦隊はすべて沿岸地帯で戦い続けた。

　原因は複雑に絡まり合っている。その一つは、帆船による戦いは荒天時には指揮不能に陥った（例外は、一七五九年十一月に大西洋のスコールのなかで行なわれたキベロン湾〔ブルターニュ半島中南部の湾〕の戦いである）からであり、また沿岸部は概して外洋よりも波が静かだからである。もう一つの理由は、海戦の戦略目標――港湾から外洋への自由な出入り、沿岸部での船積みの保護、侵略に対する防衛――の所在地が沿岸地帯にあったということである。第三には、帆船艦隊の情報連絡はもっぱら視覚に頼っており、外洋では相互の通信がきわめて困難になるからである。フリゲート艦を鎖で連結した場合でさえ、それぞれの艦船が交信できる視覚的な限界は、せいぜい二〇マイルだった。だから一七九八年のナイルの戦いでネルソンが経験したように、多くの艦船が簡単におたがいを見失ってしまったのである。したがって滅多にないことが実際に起きた二つの海戦――一七四七年のアシャント島〔仏名ではウエサン島。ブルターニュ半島先端のフィニステール県西端の島）沖合二〇〇マイルでの第二次フィニステール海戦と一七九四年に再度アシャント島沖合の大西洋側四〇〇マイルで戦われた栄光の六月一日の海戦はともに英仏間の海戦だった――において、どちらの場合もフランスの補給船団が作戦展開の邪魔となったという事実は重要である。とくに一七九四年の海戦の場合、補給船団は海上を広範囲に展開しており、そのためこの船団は戦艦の補助というよりも、明確な追撃目標となってしまったのだった。

帆から蒸気への推進力の交代は、戦艦と陸地との結びつきを弱めたと思われるかもしれない。蒸気船の戦艦はまったくの凪の状態でさえ作戦活動に従事することができるし、帆船の戦艦なら帆をたたませ、砲門を閉じるほどの風速でも、安定した砲座となったからである。ところが逆説的だが、蒸気船は実際にはガレー船が頼っていた兵站への依存を復活させ、その活動範囲を帆船よりもかなり縮小させているのである。その理由は、後に燃料を石油に切り換えるまで、蒸気船の戦艦は驚くほどの石炭を必要としたことにあった――一九〇六年に起工した弩級艦は二〇ノットの速度を維持していると、五日間で石炭庫を空にした。それで石炭の備蓄基地に縛られていたのである。[*4] 帆船時代に全世界的な基地のネットワークをつくりあげていた大英帝国のような国家の海軍は、数百もの軍港に石炭を備蓄していたからどこの外洋にも艦隊を派遣することができたが、それでもその活動範囲は地域的なものにとどまり、外洋を縦横無尽にというわけにはいかなかった。そのような基地をもたない国家は海軍を持とうなどとは思わないか、同盟国の善意にすがるしかなかった。ロシアがバルチック艦隊を極東に派遣した一九〇四年から一九〇五年はロシアとイギリスとの関係は悪化していたから、艦隊は甲板に石炭をうず高く積まなければ航海できなかった。だからフランス植民地の港に停泊しているとき以外は、大砲を使用することができなかったのである。

最大のパラドックスは、石炭を動力とした艦隊は、理論上は外洋で海戦を行なう能力があった（二日間で五〇〇マイル、陸地から離れるだけの推力があった）のに、実際は沿岸部で衝突し続けたということである。部分的には戦略的な要因もあったのだろうが、蒸気艦隊は無線が開発されるまでは、事実上、盲目状態だったのである。実際、その視界が本当に拡がるには、無線を装備した艦載機が登場するまで待たなければならなかった。だから、第一次世界大戦時のすべての海戦は、陸地から一〇〇マイル以内で戦われた。そして第二次世界大戦でもレーダー、航空母艦、広範囲にわたる哨戒能力をもった潜水艦が開発され、また海上での燃料補給の技術を習得していたにもかかわらず、海戦のパターンは変わらなかった。これは外洋の広大さに起因するものだった。茫々たる大海原では、艦隊は撃沈距離をあてにすることができなかったのである。アメリカの戦闘機はミッドウェイで日本の航空母艦からなる艦隊を沈めたが（世界史上、きわめてまれな真の外洋海戦の一つだった）、それはかなり穿った推理がもたらした結果だった。一九四一年五月にブレスト〔フランス北西部の軍港都市。第二次大戦中はドイツが占領〕沖合一千マイルでついに撃沈された戦艦ビスマルクは、イギリス国防艦隊を二度も振り切っていた。また連合軍の護衛艦隊が浮上したドイツのUボートと大西洋で戦ったのは、のろのろと進む大輸送船団が珍しいほど目立つ攻撃目標になったからだった。一九四一年十二月に真珠湾に接近する日本軍の動きを覆い隠した気象前線のように、外洋での暴風雨の動きで監視体制が妨害されれば、また攻撃目標の探知につねにまつわる長距離と短距離の目標探知機能の連動不良が続くかぎり、海は今後も長い間、極秘作戦を覆い隠し続けるだろう。

これらの過去の事実をもっと確実、かつ簡潔に述べてみよう。地球の表面の七〇％は海面に覆われており、そのほとんどが広々とした公海である。そしてほとんどの大海戦はそのような海上のほんの片隅で行なわれてきた。ここでたとえば、クリージー〔一八一二―七八 イギリスの歴史家。Fifteen Decisive Battles of the World は一八五一年の出版〕の有名な「十五の決定的な世界の戦闘」を真似て、十五の決定的な海戦のリストを作ってみると、次のようになる。ただし決定的とは、地域的な重要性以上の意味を永続的にもちうるという意味である。

サラミス　前四八〇　ギリシアに侵攻したペルシア軍の敗北
レパント　一五七一　西地中海へのイスラム軍侵攻阻止
アルマダ　一五八八　新教国家イギリスとオランダに対するスペイン軍の攻撃失敗
キベロン湾　一七五九　北米とインド支配をめぐるフランスとの抗争でアングロ・サクソンが勝利を確保
バージニア岬　一七八一　アメリカの植民地開拓者の勝利を保証
カンパーダウン　一七九七　オランダ海軍の対英競争力永久に消滅
ナイル　一七九八　地中海両岸支配とインド獲得戦争再開というナポ

レオンの野望、阻まる

コペンハーゲン　一八〇一　北欧制海権、イギリスに移る

トラファルガー　一八〇五　ナポレオンの海軍、ついに消滅

ナバリノ　一八二七　ヨーロッパにおけるオスマン帝国の解体はじまる

対馬　一九〇五　中国および北太平洋における日本の支配権立

ユトランド　一九一六　海洋艦隊の展開というドイツの野望、潰える

ミッドウェイ　一九四二　西太平洋の日本の制海権消滅

三月輸送海戦　一九四三　ドイツのUボート、大西洋での戦闘から撤退

レイテ湾　一九四四　大日本帝国海軍に対する合衆国の絶対的優位確立

以上は、重要な戦闘を選択して、手短にまとめたものである。このリストで注目すべき点——もっとも専門家のなかには異論を唱える者もいるだろうが——は、海戦がどれほどしばしば近接した海上で繰り返されてきたかということである。たとえば、カンパーダウン、コペンハーゲン、ユトランドの海戦は、それぞれの戦場は三〇〇マイル以内の海上だった。二千三百年という時間を隔てたサラミス、レパント、ナバリノの海戦は、それぞれが一〇〇マイルも離れていないペロポネソス半島の一角で起きていた。アルマダの海戦、キベロン湾、トラファルガーの海戦は、西経五度を挟んで一〇〇マイル以内、北緯三〇度から五〇度という比較的狭い海域が戦場だった。バージニア岬は、一七八一年以降は多くの海戦の舞台とな

った。それは一九〇五年以前の対馬も同様だった。ここはとくに一二七四年と八一年にモンゴルが日本に侵攻したときの舞台となった。ナイル川の戦いの戦場となった沿岸地帯は、ファラオの時代からまるで磁場のように、海戦を引きつけたのだった。十五の決定的な海戦のなかで、陸地から遠く離れ、それ以前に暴力の舞台となったことのない海上で起きた海戦は、ミッドウェイと三月輸送船団の海戦だけだった。

同様に、ほとんどの大地が軍事行動の舞台という歴史をもってはいない。ツンドラ地帯、砂漠、雨林地帯、大山系は、兵士や旅人を寄せつけなかった。これらの地域では、兵士の装備が行軍の邪魔になったのである。軍事マニュアルには、「砂漠」戦や「山岳」戦、あるいは「ジャングル」戦の手引きが含まれているかもしれないが、実情をいえば、水や道のない地形で戦う等は自然の摂理に反しており、またあえてそのような地点で戦われた戦闘は通常、装備過剰で費用ばかりかかるスペシャリストによる小競り合い程度のものでしかなかった。第二次世界大戦で砂漠で戦ったロンメルとモンゴメリーの軍団は、アフリカ北岸沿いを進軍したし、一九四一年十二月から一九四二年一月にかけての日本軍のマラヤ熱帯雨林の征服は、居留地のみごとな道路と沿岸部沿いの半陸生の突出した岬近辺で達成されたものだった。一九六二年の中国軍によるインド山岳地帯の前線の占領は海抜一万六千フィートの高地をよじ登って攻撃したものだが、中国の攻撃部隊はチベット平原で一年間の順応訓練を積んでいた——これに対してインドの守備隊の多くは平地から派遣されたばかりで、高山病で動きが取れなかった。

合計すれば、全世界でおよそ六千万平方マイルの地表のおよそ七〇%が、軍事作戦を展開するには高度が高すぎるか、あまりにも寒冷地過ぎる、もしくは水がなさすぎるのである。北極や南極といった極地地帯は、そのような条件がもたらす結果をまざまざと見せつけている。南極大陸の接近しにくさと極端な気象条件は、何千年もの間、軍事作戦を閉め出してきた。その間、何か国もの国が領土宣言を行なってきたし、またさらに万年雪の下には価値ある資源が埋蔵されているのは、周知の事実だったのである。一九五九年の南極条約の調印以来、領土宣言はすべて廃止され、南極の非武装化が宣言された。これとは対照的に北極は非武装化されておらず、実際、原子力潜水艦が万年雪の下を定期的に航海している。しかし冬季では三か月間という北極の夜の季節の長さ、極端なまでの冬の寒さ、そして価値ある資源が存在しないといった条件が、将来にわたってこの地域での軍事作戦の展開をありえないものにしている。極地地帯で行なわれたもっとも最近の軍事衝突は、一九四〇年から四三年にかけてドイツと連合軍の小隊との間で行なわれた小競り合いで、これは北緯八〇度付近のグリーンランド沿岸のスピッツベルゲンの観測所をめぐる攻防戦だった。ところが両軍が遭難者を出し、また自然が猛威をふるったときには、生き残るためにおたがいに助け合わざるをえないという羽目に陥ったこともあった。[*5] このような例外は別として、集中的な軍事行動が展開されたのは、軍隊の移動と維持に向いたきわめてかぎられた地域でしかなかった。戦争は昔から、たがいに相接近した地域——たとえば「ヨーロッパのコックピット」と呼ばれるベルギー北部とか、マントバ、ベローナ、ペスカーラ、レーニャノに囲まれた方形地帯——

で繰り返し行なわれてきただけでなく、まったく同じ地点で行なわれたのである。たとえば、かつてはアドリアノープルと呼ばれていた現在のエディルネは、その格好の例である。ここでは一五回にわたる戦闘、あるいは攻城戦が記録に残されている。その最初の戦闘は三二三年であり、また最後の戦闘は一九一三年七月であった。[*6]

※　アドリアノープルをめぐるはじめての戦争は、ローマ皇帝コンスタンティヌスと僭称帝リキニウスがそれぞれ東西から軍を率いて戦った。二度目の戦いは三七八年、史上まれに見る破局の一つだった。ヴァレンス帝とローマに残された最後の大軍団が、ドナウ川を越えてローマ帝国に侵入してきたゴート族に大敗北を喫したのである（ゴート族はステップを走破して押し寄せてきた騎馬民族、フン族に追われたのだった）。第三回目の戦いは七一八年、背後からコンスタンティノープルを奪取しようとしたイスラム軍を急遽駆けつけたブルガリア軍が破った戦い――これはキリスト教ヨーロッパにとって決定的に重要な結果をもたらした――である。第四回、五回、六回の戦いは、コンスタンティノープルを攻撃しようとしたブルガリア軍が、八一三年、九一四年、一〇〇三年に戦っている。第七回の戦いは一〇九四年、ビザンティン帝国皇帝と皇帝僭称者が戦った。第八回目の戦いは一二〇五年、ビザンティン皇帝位に就いた十字軍騎士ボードワンとベネツィア元首ダンドロ（今日、ベネツィアでもっとも高価なホテルは、このダンドロ一族の屋敷である）をブルガリア軍が破った戦いである。第九回目は一二二四年、帝位を回復したビザンティン皇帝がブ

ルガリア軍を敗北させた。第十回目は一二五五年、これはビザンティン帝国の内紛である。第十一回目は一三五五年、ビザンティン帝国がバルカン半島で急速に軍事勢力として台頭してきたセルビア人を破った戦いである。第十二回目は一三六五年、オスマン勢力が小アジアからヨーロッパに進攻するにあたって決定的な局面となった。以後のオスマン帝国のヨーロッパ領土の地固めで戦闘は途絶えたが、第十三回目の戦いとなった一八二九年、ロシア軍がオスマン帝国からこの都市を奪取した。一九一三年の最後の二度にわたる戦いでは、はじめにオスマン帝国がこの都市を失ったが、やがてセルビア人とブルガリア人からアドリアノープルを奪回している。

エディルネは一度も大都市であったことはなかった。人口はつねに十万以下である。地球上でもっとも激しい争奪戦の舞台となった都市としてのその特質は、富とか規模ではなく、その特異な地理的条件だった。エディルネは三本の川の合流地点にあり、その渓谷はマケドニア山系から西方へと、ブルガリアから北西へと、さらに黒海沿岸から北方へと抜ける通り道になっている。そしてエディルネからはその流れは、広大な平原を抜け、ヨーロッパの最南東端を経て、海へと注いでいる。この平原の反対側には、コンスタンティヌス帝が帝都とした大都市コンスタンティノープル（イスタンブール）があった。この皇帝がこの地を帝都として選んだのは、ヨーロッパとアジアを分けるボスフォラス海峡に臨み、もっとも要塞化しやすい位置にあったからだった。したがってアドリアノープルとコンスタンティノープルは、戦略的には双子の都市であり、この二都市が連合することで黒海から地中海方面への、また南ヨーロッパから小アジア方面への進攻の防衛線を形成していたし、また当然その逆の役割をも果たしていたのである。コンスタンティノープルは海側からの攻撃を寄せつけなかったし、とくに五世紀初頭のテオドシウスの城壁の建設以後はますます海側が堅固になったから、南欧方面に侵略しようとする小アジアの勢力はすべて、コンスタンティノープルの背後に上陸せざるをえなかった。黒海北岸を出発した侵略者はカルパチア山脈という天然の障壁により、黒海西岸沿いに進まざるをえず、そのためアドリアノープルの平原に上陸したのだった。ローマ没落以降、一二〇四年の十字軍による略奪までの期間は、コンスタンティノープルはまぎれもなく西欧世界でもっとも豊かな都市だったから、その富に魅せられたヨーロッパの侵略者はこの同じ平原を進まざるをえなかった。簡単にいえば、アドリアノープルはヨーロッパの果てであり、この都市を通過することでアジアはヨーロッパに通じていたのである。つまりアドリアノープルは、西から東、あるいは東から西への軍事力の大攻勢が生じたときはつねに戦いの舞台となる運命にあった。この都市が大都市にならなかったのは不思議ではない。

戦争の行方を左右する恒常的要因、あるいは付随的な要因がもたらす影響を見るうえで、アドリアノープルほどの格好の例は滅多にない。とはいえ、軍事活動が活発な地域では、その歴史の歩みのなかにこれらの要因の影響を見て取ることができる。大河川、山岳地帯の障壁、密集した森林が「自然の前線」を形成し、それが政治的な境界線と一致する傾向が強い。

←ユリアナ・アルプスの頂上目指してよじ登るオーストリア・ハンガリー軍の山岳歩兵。この一帯とカルパチア山脈、ボージュ山脈では長期戦が戦われた（1914―18）。

↓ドイツ・アフリカ軍団の戦車（エル・アルジェリアの戦い、1941年4月）。広大な砂漠での自由な展開を制限したのは、兵站の問題だった。

↑道なき春のステップで、幕僚車を人力移送中のドイツ歩兵部隊（1942）。季節的なラスプティツァ rasputitsa は年に二度、ロシア西部での軍事行動を中断させた。

そしてこれらの前線を穿つ間隙が、軍団が進撃する抜け道になる。とはいえ、この間隙を抜けた後、軍団の前方になんの障害物もないときでさえ、自由に作戦が展開できるのはきわめてまれである。油断ならない地理的条件に加えて、気象条件、季節が複雑に絡まり合い、さらには城砦建設の土木技師とまではいわないにしても、道路工夫や橋をかける工夫が必要とされるのである。だから戦車がアルデンヌの森とムーズ川という障壁を突破して、広々とした大地を突っ走った一九四〇年のドイツの電撃作戦は、国道四三号線沿いに進軍したのである。そして、この国道のほとんどは、紀元前一世紀にカエサルがガリアを征服した直後に建設されたローマ街道だった。[*7] ローマ人もこの国道をつくった人間も、地理的条件と闘ってこの道路をつくったわけではなかった。つまり、ドイツ戦車部隊の指揮官がどれほど自由な進軍という幻想を抱いていたとしても、実際には彼らは地形に刻まれた命令にしたがっていたのだった。そしてそれは、一万年前に氷河が後退して北フランスの大地が再形成された時期にまで遡る太古の命令なのである。

同種の自然法則への従属は、電撃作戦の翌年にはじまったドイツ軍のロシア遠征にも見て取れる。ロシア西部は侵略者には、とくに機甲部隊を擁する侵略者には、思うままに作戦展開ができる舞台であるようにみえる。一九四一年の前線とレニングラード（セント・ペテルスブルグ）、モスクワ、キエフの三都市の間の六〇〇マイルにおよぶ地域には、標高五百フィートを超える大地は存在せず、この広大でほとんど木も生えていない平原を横切る河川は横断線というより、前進線となっている。侵略者の攻撃を妨害する堅固な障害物は存在しない。何一つないのである。とはいえ、その中央部からはロシア最大級の大河、ドニエプル川とネマン川が発し、それぞれ黒海とバルト海に注いでいるが、その水源付近にはプリピャチ沼沢地がある。これはおよそ四万平方マイルの湿地帯で、軍事作戦の展開にはじつに邪魔な存在だった。戦略地図におけるこの湿地帯の位置は、ドイツの幕僚将校の間では「国防軍の風穴 Wehrmachtloch」として知られるようになった。ここにはそれ相応のドイツ軍団が配置されていなかったのである。その結果、当然、ここはドイツ国防軍の背後を脅かすソ連のパルチザン部隊の根拠地となった。ここから発したゲリラ活動は多大な戦果をあげており、ロシアにおける前線が東へと進むかぎり、この湿地帯はドイツ軍をつねに脅かす存在であり続けたのである。

「国防軍の風穴」はロシアを舞台にした戦争の主役の一つではあったが、ドイツ軍の作戦展開に与えた影響はたいしたものではなかった。繰り返し出現する重大な阻害要因は、春の雪解けと秋の雨で出現する湿地帯の存在だった。これは全前線を覆う阻害要因だった。ロシア人がラスプティツァ rasputitsa と呼ぶ年二回のステップの液状化は、一か月間の軍事活動中断の原因となったのである。ボロネジ戦線のソ連軍司令官ゴリコフは、一九四三年三月の反攻作戦でドニエプル川に到達するかどうかを問合わせてきた部下に、信号で次のように答えた。「ドニエプル川まで二〇〇から二三〇マイル、春のラスプティツァまで三〇から三五日。結論は自分で出せ」[*8]。結論は、雪解け水の襲来はソ連軍の進軍速度よりも速く、ドニエプル戦線をドイツ軍の手に残すということだった。そして、事実そうなった。とはいえ、ラスプティッァはドイツ軍に不利に働く方が多かった。一九四一年春のラスプティッァは長く、ロシアへの侵攻開始を数週間遅らせることになった。これは決定的な数週間だった。秋のモスクワ侵攻の延期を余儀なくされたからである。その年の冬、霜の到来は例年よりも遅かった。つまりステップ表面が凍結し、戦車の荷重に耐えられるようになる季節の到来が遅れたのである。国防軍の戦車はモスクワからはるか離れた地点で、文字どおり泥沼にはまりこんだ。これで首都攻略のスケジュールが狂った。ロシアのツァーリ、ニコライ一世は、一月と二月を「ロシアを託すにたる二人の将軍」と呼んだ。[*9] 一九四一年のロシアでは、三月と十月のラスプティッァはそれ以上に有能な将軍であることを証明した。事実上、その年の破局からロシアを救ったといえるからである。

ここまでの議論をまとめると、どういうことになるのだろうか。明らかな点は、「恒常的な作用因」と付随的な要因――天候、植生、地勢、人間が自然の地形に加えた改造――が合わさって、メルカトール世界地図に軍事ゾーンと非軍事ゾーンという明確な区分が加わるということである。そして、非軍事ゾーンの方がはるかに広いのである。組織的かつ意図的な戦闘行為は、はるか昔から不規則ながらも帯状に連なった地表の一帯で行なわれてきた。北半球の北緯一〇度から五五度まで、また北アメリカのミシシッピ渓谷から西太平洋のフィリピンとその周辺地域、あるいは西経九〇度から東経一三五度までの一帯である。『タイムズ・アトラス The Times Atlas of the World』は、植生を十六のカテゴリーに分類している。[*10] そして混合樹林帯、広葉樹林帯、地中海性硬葉樹林帯、乾燥熱帯樹林帯という北半球のこの

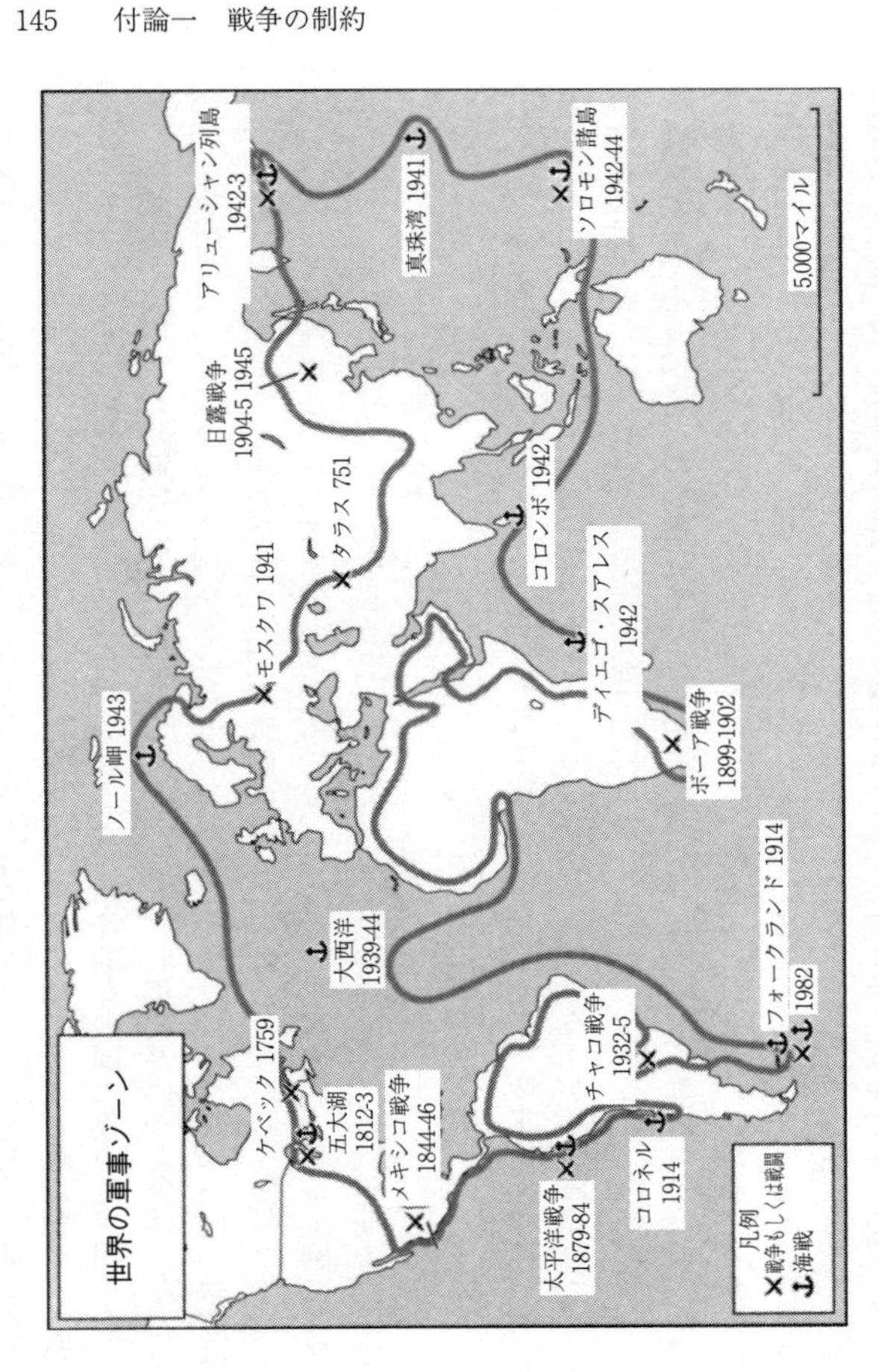
世界の軍事ゾーン
ケベック 1759
五大湖
1812-3
メキシコ戦争
1844-46
大西洋
1939-44
ノール岬 1943
モスクワ 1941
タラス 751
日露戦争
1904-5 1945
アリューシャン列島
1942-3
真珠湾 1941
ソロモン諸島
1942-44
コロンボ 1942
ディエゴ・スアレス
1942
ボーア戦争
1899-1902
フォークランド 1914
1982
チャコ戦争
1932-5
コロネル
1914
太平洋戦争
1879-84
凡例
戦争もしくは戦闘
海戦
5,000マイル

四つの植生ゾーンと、その間の陸上および海上ルートを線で囲むと、歴史上の戦闘のほとんどがこの線の内側で行なわれたことがすぐにわかる。その外側で行なわれた例は、きわめてわずかなのである。戦場に月単位で日付を入れると、季節的な戦闘の集中度が明らかになる。そして戦闘が集中する時期は、温度の高低、雨量の多寡、収穫期といった条件に左右されるので、場所によって異なる。実例をあげれば、アドリアノープルの最初の三回の戦闘は、七月、八月、七月だった。また最後の三回の戦闘は、それぞれ八月、三月、七月だった。三月というのは、雪解け水で河川の水位があがるので、バルカン半島南部でさえ戦闘には異常に早い時期であるが、それ以外の戦闘が行なわれた月は、地中海沿岸では収穫期の直後であり、まさしく望ましい時期だった。

組織だった戦闘が行なわれたゾーンは、季節的なばらつきはあるとしても、地理学者が「最初の選択地」と呼ぶゾーン、つまり森林が切り払いやすく、耕作すれば穀物のもっとも豊かな産出地になるゾーンと一致するというのは、正しいのだろうか。一言でいえば、地図製作者の目でみれば、戦争とは農夫間の争いにほかならないのだろうか。激烈な戦闘とは富の獲得要求であり、またつい最近までは集約農業はつねに人間の活動に対する最大かつ最も変わることのない見返りだったという意味では、この見解にはなにがしか納得させるところがある。ところが、土地の線引きや水利権をめぐる争いで農民が武器をとると彼らは執念深い不屈の闘士になるが、家畜や土地を手放すとなると最後まで抵抗する頑迷なまでの個人主義者にもなる。マルクスは農民を「度しがたい」者と見ており、資本主義の秩序を覆す革命軍の戦士になる見込みはまったくないと思っていた。[11] 毛沢東は異なった考え方をもっていた。古代ギリシアの戦争について驚くほど独創的な研究を行なったビクター・デイビス・ハンソン〔一九五三―　アメリカの軍事史家〕の、「決戦」という観念を生み出したのはギリシア都市国家の小土地所有者であり、以後これが西欧人の戦闘形態になったという議論には説得力がある。にもかかわらず、マルクスは問題のポイントを摑んでいた。農民はその耕作地、村、不満の種に縛られており、どんなに好条件であっても、最初の選択地と耕作不能地との間にひろがる境界線への侵攻に徴発されることには、当然ながら抵抗するのである。

強調すべき点は、言語と宗教を同じくする農耕民同士は、滅多に大規模な戦いを起こさないということである。ところが農耕地と未開墾の土地との境界線は、温帯地方全体を通じて、しばしば城砦という時間も費用もかかる土木作業によって明確に線引きされている。スコットランドのローマ人が造ったハドリアヌスの城壁や、それよりもわずかに短いアントニヌスの城壁。ローマ人が住むゲルマンの地で、農耕地と森林との境界線を線引きしている城砦。肥沃なマグレブをサハラの略奪者から守るアフリカの堀 fossatum Africae。ヨルダン川とチグリス・ユーフラテス川の源流沿いに拡がり、砂漠と耕作地とを分ける「シリア」辺境地帯のローマ人の砦と軍事道路。ステップの略奪者に対する防衛線とした、カスピ海からアルタイ山脈までの二千マイルのロシアのチェルタ cherta。オスマン・トルコ支配下の山岳地帯とサーバ川とドラーバ川沿いの平原とを分けるクロアチア地方のハプスブルグの軍事境界線。そしてなによりもまず、揚子江と黄河沿いの灌漑地からステップの遊牧民を閉め出すために築かれた万里の長城である。これはスケールがあまりに大きく、また長期間にわたって建造されたために、考古学者といえどもその複雑な全容を精確に記せないでいる。[*12]

これらの要塞化された境界線の存在は、耕作地を持つ者と、大地があまりに痩せ細っているか寒冷地、あるいは乾燥していて開墾が不可能な持たざる者との間に、根本的な緊張関係があったことを示唆している。この緊張の存在を認識したからといって、戦争を引き起こす主要な動機はたんなる収奪であるといった誤った考え方に陥るべきではない。戦士でもある人間は、もっともっと複雑な存在である。民族的に近親関係にある耕作者同士は戦うこともある。ときには凄まじいまでに激烈な戦いを演ずることもあるのである。また肥沃な大地の彼方の痩せた大地に生まれた持たざる者は、理念だけのために戦うこともある。例をあげればマホメットにしたがったアラブの兵士は意図的に収奪を行なったが、それは「従属の家」の版図を拡張するという衝動に駆られたのであって、彼らをとてつもない冒険に駆り立てたのはさもしい物欲ではなかった。偉大な征服者であるマケドニアの大王アレクサンドロスは、地の果てに出発する前にギリシアの都市国家の支配者としての地位を確立していた。この男がペルシア帝国を略奪したのは、略奪の楽しみのためだったように思われる。アレクサンドロス以上に広大な地域を略奪したモンゴル人は、勝利の果実を統合する能力をまったくといってよいほど示さなかった。アレクサンドロス配下の将軍たちの末裔のなかには大王の死後三百年もバクトリアの地で支配権を握っていた者もあったが、チンギス・ハーン、もしくはその直系の後継者によって建設された王朝で一世紀以上存続したものは一つとしてなかった。

モンゴル人の末裔と称したタタール人ティムールは、彼が侵略した肥沃な大地にまったく価値をおかず、焼き畑耕作者のように、荒らした大地が消耗するとすぐ次の目標を目指して移動した。

とはいえ、持たざる者はしばしば彼らが収奪したものを誤用するという点を強調することは、戦争の流れは一方通行――貧しい土地から豊かな土地へ、その逆はきわめて稀である――であるという一般論を無効にするものではない。その理由は、貧しい土地には戦いを挑むに足るほどの価値ある物がほとんど存在しないというだけでなく、貧しい土地での戦いは困難であり、ときには不可能だからでもある。ウィリアム・マクニール〔一九一七―　カナダ出身の歴史家〕が「食料欠乏地帯」と呼んだ地域――砂漠、ステップ、森林、山岳地帯――出身の貧しい人びとはおたがいに戦うこともあったし、また彼らの獰猛なまでの戦闘能力は、組織だった戦争の記録から見るかぎり、豊かな者が購入するところとなった。かくて風変わりな名称――軽騎兵、槍騎兵、狙撃兵――が今日に至るまでヨーロッパの連隊の誇りとなり、また輪をかけて風変わりな蛮族の衣服の切れっ端――近衛連隊の黒毛皮高帽、モールや飾りボタンつきの軍服、キルト、ライオンの毛皮の前垂れ――が、儀式のために着用され続けているのである。ところが貧しい人びとの戦争は、まさにその貧しさのためにその範囲と激しさの点で制約を受けている。彼らが飼い葉をため込めるのは、豊かな土地に押し入ったときだけであり、それで奥深くまで侵入が可能になり、やがては征服ということになるのである。これらの理由から、境界線を要塞化するために耕作民が注ぎ込んだ富と労力は、略奪者が深刻な問題を引き起こす前に彼らを閉め出すためのものだったのである。

戦争における「恒常的」ならびに「付随的」な要因を作用させる原因は、したがってきわめて複雑なものと見なされよう。戦争の張本人である人間は、たとえ慣習や物質的な欠乏が人間の行動に課す通常の制約を戦闘開始とともに取り払ったとしても、完全に自由意志で動いているのではない。戦争はつねに制約を受けている。それは人間が制約を選択するからではなく、自然が制約を決定しているからである。敵を罵るリア王は、「どんなことでもしてやる。大地に恐怖——それがどんなことであるかは私にはわからないが——を撒き散らしてやる」と脅しつけたかもしれないが、窮状に陥った他の有力諸侯たちは、呪いでは大地に恐怖を撒き散らすことなどできないことを知っていた。富の欠乏、天候の悪化、季節の循環、友邦同盟軍の意気阻喪、人間の本性それ自身が、抗争が要求する困難に対して反乱を起こすこともあるのである。

人間の性を分けあう他の半分——女性——はどのようなときも、戦争については相反する感情に引き裂かれてきた。女性は戦争の原因、もしくは口実となってきた——原始社会における争いで最大の原因となったのは人妻強奪だった——し、また極端なまでに暴力を唆す扇動者でもありえた。マクベス夫人は、だれの胸をも打つタイプの女性である。きわめつきの冷酷な戦士の母でありうるし、また祖国に戻って臆病者の誇りを受けるくらいなら死別の苦しみを選ぶといったタイプの女性である。[*13] それどころか、女性は積極的に救世主的な戦争の指導者になることもできる。この場合、女性指導者は雌が雄の感応を掻き立てるという複雑な化学反応により、男にはおよびもつかないほどの忠誠心と自己犠牲を男の崇拝者に呼び起こすのである。[*14]にもかかわらず、戦争とは人間の性の一方による活動であり、ごくわずかな例外はあるにせよ、女性はつねにどこでも戦争からは一歩身を引いている。男の役割は女を危険から守るものと女性は見ており、だから守ることに失敗したとき、女性は男を痛烈に責める。女性は軍楽隊のドラムにつきしたがい、負傷兵を看護し、一族の男が出征すれば畑に出て家畜を養い、さらには男たちを守るために塹壕を掘ったり、武器を送るために工場で働きもする。しかし、女性は戦うことはない。女性同士で戦うことは滅多にないし、軍事的な意味では一度として男と戦ったことはない。戦争が歴史と同じくらい古く、人類と同じくらい普遍的であるとするなら、我々はここでもっとも重要な制約に触れざるをえない。すなわち、戦争はまったく男だけの活動形態であるということである。

第二章　石

人間はなぜ戦うか

人間はなぜ戦うのか。石器時代の人間は戦争をしたのだろうか。あるいは昔の人間は非攻撃的だったのだろうか。この問題をめぐって、男たちは――女たちもまた――紙とインクで猛烈に戦っている。これらの人たちは軍事史家ではなく、したがって記録に残されている諸々の行動の源泉に関心をもつことは滅多にない。彼らは社会科学者であり、行動科学者なのである。おそらく軍事史家は、人間をたがいに殺し合うようにしむけるものは何であるのかということについてもっと時間をかけて考えるようになれば、優れた歴史家になるだろう。社会科学者や行動科学者たちは、その種の考察をせざるをえない。彼らの研究テーマは人間と社会だからである。しかし、大多数の人間は、公共の利益となる共同作業にそのほとんどの時間をあてている。この共同という行動形態は、ごく普通の基準として受け止められなければならない。そしてどのような観察も、共同作業は公共の利益という点において成り立つということを証明するのなら、なぜこれらの基準になんらかの説明が必要なのだろうか。もし共同作業という原則が出発点にならなければ、社会科学者や行動科学者たちはほとんどなにもすることがなくなるだろう。彼らはなんら報われたこともなければ報われることもない、変わり映えのしない説明をし続けることだろう。個人でもグループでも、人間の行動の予測不可能な点こそ、彼らに説明を要求しているのである。とくに、暴力的な行動という予測不可能な性質の説明を要求しているのである。暴力的な個人はグループ内における共同性という基準に対する最大の脅威であり、もっと広い社会においては暴力的なグループはその崩壊の最大の原因なのである。

個人およびグループの行動の研究は、さまざまな方向を目指している。とはいえ、研究者たちは共通の基盤を分かち合っており、議論は結局、もとの基盤に戻ってくる。つまり、人間は本性上暴力的なのか、あるいは暴力へと向かう潜在的な指向性――この指向性の存在については、人間が蹴とばしたり嚙みついたりすることだけを見ても議論の余地はない――が物質的な因子の作用によって習慣へと変わっていくのかという問題である。大雑把に「唯物論者」として分類される後者の見解を抱く人びとは、彼らの考え方は本性を強調する研究者の立場を覆すものと思っている。本性を強調する研究者たちは団結して唯物論者に対抗しているが、彼ら自身が内部分裂している。人間は本性上、暴力的であると主張する少数派の人びとがいる。そして、そのほとんどの人は類比を受け入れようとはしないだろうが、彼らの議論は楽園追放の物語と原罪教義を奉じるキリスト教神学者の議論である。多数派はそのような決めつけを拒否している。この人びとは、暴力的な行動を欠陥をもった人間の常軌を逸した行動と見なすか、挑発、あるいは刺激に対する特殊な反応と見なしている。そして、この見解を支える推論は、暴力への引き金となる要因が特定され、一時的に和らげられるか取り除かれれば、暴力は人間の相互関係から取り除くことができるというものである。本性を強調するこの二グループ間では、活発な議論が盛りあがっている。一九八六年五月、セビーリャ大学で開催された会議で、出席者の多数派は一つの声明を発表した。それはユネスコの人種問題についての声明をモデルにしたもので、人間の暴力的な本性を絶対的なものとする信念を非難した。このセビーリャ声明は五つの条項を含んでおり、それぞれの条項は「以下の事柄は科学的に不正確である」という文面ではじまっていた。この条項はことごとく、人間は本性上暴力的であるとする決めつけを非難するものだった。引き続いて声明は、「我々は我々の祖先である動物から戦争を引き起こす傾向を受け継いでいる」とか、「戦争、もしくはその他の暴力行為は遺伝学的に我々の本性にプログラム化されている」、もしくは「人間の進化の過程で、攻撃的な行動が優先的に選択されてきた」、「人間は『暴力的』な脳をもっている」、「戦争は『本能』もしくはなんらかの単一の動機によって引き起こされる」といった考え方を否定したのだった。[*1]

セビーリャ声明は有力な支持を得た。アメリカ人類学協会に受け入れられたのは、その一例である。とはいえ戦争の起源は古代にあり、ニューギニアの山岳部族のような「新石器時代」の生き残りともいえるような人びとが好戦的なのは疑いようもないということを知っており、また自分自身のなかに暴力的な衝動があることを意識しているが、遺伝学や神経学についての専門的な知識を欠いている人びとを味方につける手助けとはなってはいない。しかし、本性論者の二グループ間の論争の重要性は、本性論者と唯物論者間の議論に匹敵するほど根本的なものなのである。人類の歴史における希望の時代、つまり軍縮が実現し、また国際交渉の原則として人道主義が受け入れられている時代において、当然のことながら一般人はセビーリャ声明の起草者たちの正当性を裏づける根拠を捜し求めている。過去二世紀、人類は物理的な生活条件の改善に成功してきたという事実は、組織的な人間の暴力についての唯物論者の説明への支持を促すものであり、また病気、貧困、無知、過酷な労働条件のほとんどを克服してきた人間の努力がこのまま継続されれば、戦争は消滅するかもしれないという予感を抱かせている。もしそうなれば、石器時代以降の人間のこの種の努力の歴史は、世界探検やニュートン以前の科学への興味と同類の、日常生活とはなんの関連もない好事家的な興味の対象となることだろう。しかし、もしセビーリャ声明が間違っているとするなら、もし人間の暴力性についての本性論者の解釈への非難がたんなる楽観論の表明でしかないとするなら、唯物論的な解釈は間違いであると同時に、戦争の終焉という我々世紀末に生きる人間たちの期待はまったく見込み違いということになる。したがって本性論者のグループに属する楽観論者と悲観論者がそれぞれ何を言おうとしているかを知るのが重要になる。

戦争と人間の本性

暴力と人間の本性についての科学的な研究は、おそらくは予断から、科学者たちが「攻撃域」として示す大脳辺縁系の領域に集中している。この大脳の中央下部の領域には三つの細胞群があり、それぞれ視床下部、隔膜、扁桃核と呼ばれている。この三つは損傷を被ったり、電気的な刺激を受けたりすると、主体の行動に変化をもたらす。たとえば視床下部に損傷を受けた雄兎は攻撃的な行動が減少し、また生殖能力が失われるが、電気刺激を受けると攻撃的な行動が増大する――「刺激を受けた動物は［あまり］強くない動物だけを攻撃するが、これは攻撃の指示は大脳の別の部分からきていることを示している。あまり強くない動物へ、というこの一節は重要である」[*2]。なぜなら、太古の昔から群生動物の群れは家禽のヒエラルキーと同様、攻撃されやすい配置となっており、このヒエラルキーに応じた配置が見た目に明らかになっているのである。猿の扁桃核を損傷すると恐怖心がなくなり、したがって「目新しい、もしくは見慣れない対象物」に対する攻撃行動もなくなるが、同類の猿に対する恐怖心は増加する。したがって損傷を受けた動物は、群れの内部での序列を喪失することになる。

神経学者の結論はもっと慎重である。恐怖、嫌悪、あるいは威嚇への反応が攻撃――それはまた、防衛でもある――という形をとるが、その種の行動をつかさどるのが大脳の辺縁系だというのである。ところが彼らはまた、この辺縁系と感覚情報を最初に、かつもっとも巧妙に処理する前頭葉のような「より高度な」大脳の部分との複雑な関連性をも強調する。A・J・ハーバート〔現代アメリカの神経学者〕によれば、前頭葉は「攻撃的な行動の採用と調整」を行なっているところらしく、前頭葉に損傷を受けると、多くの場合、「自責の念を伴わない……手に負えないほどの爆発的な攻撃」[*3]を引き起こす。はっきりいえば、神経学者の見解では、攻撃とは低次の脳の働きであり、より高度な脳の支配を受けているということなのである。しかし、大脳の異なった領域間の連絡はどうなっているのだろうか。化学的な伝達物質とホルモンという二つの手段を通して、ということが明らかになっている。科学者はセロトニンと呼ばれる化学物質の減少が攻撃性を高めることを発見したが、この物質を流出させるペプチッドが存在するかどうかについては懐疑的である。ペプチッドはまだ発見されてはいないとはいえ、セロトニンのレベルでは変種は滅多に存在しない。内分泌腺から分泌されるホルモンは、これとは対照的に容易に確認ができる。その一つで、男性の睾丸の内部で作られ、攻撃行動と密接な関連をもつことが明らかになっているテストステロンは、その濃度がさまざまに異なっている。このテストステロンの機能は、人間――男女どちらに対しても――の攻撃性を管理することである。ところが、子どもを育てている雌兎にとってのこのホルモンの機能は、雄兎に対する攻撃性を減少させることである。これはおそらく母性的な保護感情が別のホルモンの刺激によって発生するからだろう。一般に、男性においてはテストステロンの濃度が高いと男っぽさが増し、攻撃性がその一つの特徴となる。とはいえ、濃度の低さは勇気や闘争心の欠如と相関関係があるわけではない。たとえば、有名なビザンティン帝国の去勢された近衛兵や宦官の将軍ナルセス〔四七八頃―五七三頃　皇帝ユスティニアヌスに仕えた東ローマ帝国の将軍〕の成功が、その証拠である。最後に科学者が強調するのは、ホルモンの効果は状況によって抑制される傾向があるということである。つまり人間においても動物においても、リスク計算が本能と呼ばれる働きを相殺するのである。

神経学はまだ、大脳内部における攻撃行動の発生やコントロールのメカニズムの解明に成功してはいない。ところが遺伝学は、環境と「攻撃選択」の相関関係を示すことに多少は成功している。一八五八年にダーウィンがはじめて自然淘汰という考え方を提唱して以来、多くの学者たちはその考え方を揺るぎない科学的な基盤のうえに打ちたてようとしてきた。ダーウィンの研究自体は、外から見た種の観察に基づくものでしかない。そしてその観察からダーウィンは、環境にもっとも適応した個体が生き残って完全な発達をとげる傾向が強く、そのような個体の子孫はその両親の形質を受け継ぐことで、環境にあまりうまく適応していない種よりも生き残る確率が高く、やがてはその遺伝形質が種全体を支配することになるという考え方を引き出したのである。ダーウィンの考え方を革命的なものにしたのは、その過程は機械的なものであるという議論だった。両親は遺伝で受け継いだ形質だけを伝えることができるのであり、獲得した形質——論争相手のラマルクがいうように——を伝えることはできないと述べている。ならば、どのようにしてそのような形質がもっとよい適応力をつける——我々が「突然変異」と呼ぶプロセスによって——という変化を被るのかについては、説明してはいない。事実、最初の有機体にどのようにして突然変異が生じ、そこから無数の種が生み出されてきたかという点については、相変わらず説明はないのである。

とはいえ、突然変異は注目すべき現象である。攻撃性という突然変異はその一つの形態であり、攻撃性は明らかに生き残るチャンスを増大させる遺伝形質である。生存が闘争なら、敵対する環境にもっとも巧みに抵抗する者がもっとも長い寿命を保つだろうし、また抵抗力のある子孫をもっとも多く産出するだろう。近年、非常に人気が高いリチャード・ドーキンス〔一九四一―　イギリスの動物行動学者〕の『利己的な遺伝子』はこの過程を、たんに遺伝継承の産物に帰するだけでなく、遺伝子そのものに帰している。[*4] それどころか遺伝子の実験は、ある種の実験動物は明らかに他の動物よりも攻撃的であり、またその攻撃性は次世代で固定するということを証明している。遺伝学者はまた、病的な攻撃性に関連した遺伝組織という、きわめてまれな形質も特定している。もっともよく知られているのは、人間男性に見られるXYY染色体の組み合わせである。男性染色体は約千分の一の割合で、普通の一つの染色体ではなくむしろ二つのY染色体を遺伝継承しており、XYY染色体のグループは、いささか不釣り合いな数の暴力犯罪者を生み出しているのである。[*5]

しかしながら、遺伝上の例外からとられた、また実験室で育てられた動物からとられたそれ以上の証拠は、人間をはじめとする現存する生物がそれぞれの生存環境において発揮する暴力的な傾向についての疑問に答えを与えてはいない。どのようにして突然変異が起きようとも、突然変異による適応の成功は、環境あるいは状況への対応なのである。遺伝工学という新しい科学によって遺伝形質内に突然変異点をつくることが可能であることが明らかになり、まったく攻撃的な反射行動をとらない生物を飼育するのが可能とはなるかもしれないが、そういった生物が生き残るには脅威がまったく存在しない環境のなかに置くことが必要なのである。自然世界にはそのような環境は存在しないし、創り出すこともできない。まったく攻撃性を欠いた種類の人間が進化して、みごとに博愛に満ちた環境のなかで生存できるようになったとしても、それでもなお、病気の原因となる低次の有機物、害虫、害虫をもつ小動物、植生という点から見て、食物供給で相争うそれより大きな動物を人間は殺さざるをえないだろう。環境の支配という必要欠くべからざるシステムが、攻撃的な反射行動をまったく欠いた動物によってどのようにして維持されるかを理解するのはむずかしいのである。

問題は、「人間は本性上、攻撃的である」という命題に対して、反対者も提唱者もあまりにも強くその根拠を押し出しすぎるところにある。反対者の側は、常識の世界を上滑りしている。観察結果からは、動物は他種に属する生物を殺害しており、また自らの種の内部でも争うということが明らかになっている。種族によっては、雄は死ぬまで戦うのである。攻撃性は人間の遺伝形質の一部という可能性を低下させるためには、人間と他の動物世界の遺伝的な関係のすべてを否定する――今日では特殊創造説〔種の起源および物質の発生は造物主の特種の創造によるとして、進化論に反対する立場〕の信奉者だけが支持している立場――必要がある。提唱者たちもまた、さまざまな理由があるのだろうが、あまりにも先走りすぎている。その一つは、攻撃性の境界線をあまりにも広く引きすぎていることである。だから、「個々の目標となる対象、地位、望ましい行動を取らせる手段を獲得する、または保持することに関係するもの」と定義された「補助的な、あるいは特殊な攻撃」と、「そもそも他の個体を悩ます、あるいは傷つける狙い」の「敵意、つまり悩害攻撃」とを議論の余地なく区別する多数派のグループも、「他者の行動によって引き起こされた」「防衛、あるいは反作用的な攻撃」を含めてしまうのである。[*6] もちろん攻撃と自己防衛との間には論理的な区別がある。そしてその区別は、これらの人たちが分類した三種類の行動が大脳の同じ領域から発生するということが証明できたとしても、無効にはならない。このような区別を無視した議論は、人間は本性上攻撃的であるという考えの提唱者たちは、大脳のある部分が辺縁系に宥めるという形でおよぼす影響力を過小評価しすぎているということを示している。これまでに見てきたように、「攻撃行動を示すすべての動物は、その範囲を限定する一群の遺伝子をもつ」——その結果、攻撃衝動はリスク計算によって、あるいは逃亡のチャンスと脅威とを釣り合わせることによって相殺され、「闘争／逃走」というよく知られた行動パターンとなる——のであり、攻撃の範囲を限定する能力は、とくに人間の特徴となっている。[*7] したがって科学者たちは、昔から類縁関係とされてきた諸々の感情とその反応の同一化、および分類作業以上のことはしていないのである。たしかに私たちは現在、恐怖と怒りを支配するのは大脳下部の神経座であり、大脳上部で脅威と同一化されることで興奮が発生するが、この二つの神経領域は化学的、もしくはホルモンの連接環を通してつながり、ある種の遺伝形質がその反応の大小を決定するということを知っている。とはいえ科学は、どのような人間がいつ暴力的な衝動を見せるかを予測することはできない。なぜ個人がグループとなって、共同して他のグループと戦うのかということを、結局、科学は説明してはいない。戦争のルーツとなっているこういった現象を説明するには、ここで心理学、生態学、人類学といった他の領域に向かわなければならない。

戦争と人類学者

攻撃についての理論の心理学的な基盤を前進させたのは、フロイトだった。フロイトはもともと攻撃を、自我が性衝動の欲求不満に陥った状態とみなしていた。第一次世界大戦でフロイトの二人の息子は殊勲を立てたが、その悲劇が彼を深く傷つけ、その後、フロイトはもっと暗い考え方をするようになった。[*8] アインシュタインとの有名な往復書簡は『なぜ戦争するのか』というタイトルで出版されたが、そのなかでフロイトは「人間は自身の内部に憎悪と破壊願望をもっている」とぶっきらぼうに述べ、それを鎮めるための唯一の希望は、「将来の戦争形態がもたらす充分根拠のある恐怖心」を発展させるしかないだろうと述べている。フロイト主義者たちによって「死への衝動」理論として受け入れられているこの観察は、もともとは個人についてのものだった。『トーテムとタブー（一九一三年）』のなかで、フロイトはきわめて人類学に接近した集団攻撃についての理論を提唱した。族長制家族はもともと社会の単位であり、それが細分化したのは家族内の性的緊張がもたらした結果であると述べたのである。族長制家族では、家長たる父親が家族の女性に対する性的権利を独占しており、かくしてセックスを剝奪された息子は、父親を殺害し食べてしまうように駆り立てられたと推測したのだった。罪悪感に苛まれた彼らは、やがて近親相姦を禁止、あるいはタブーとし、異族間結婚――同族を越えた結婚――を制度化したが、それと同時に人妻強奪、強姦、その結果としての家族間、そして部族間の不和など、原始社会の研究では数多くの例が見られる不和をも抱え込んだというのである。

『トーテムとタブー』は、想像力の産物である。さらに時代が下ると、心理学的な理論と動物の行動研究が組み合わさった生態学の新たな学問分野が、集団攻撃についてははるかに精緻な説明を行なうようになった。ノーベル賞受賞者のコンラート・ローレンツ〔一九〇三―八九 オーストリアの動物行動学者。一九七三年にノーベル生理・医学賞受賞〕の研究から、「テリトリー」という観念が引き出されたのである。ローレンツは野生動物と特定の環境下にある動物の観察から、攻撃行動は自然の「衝動」であり、そのエネルギーは有機体それ自身に由来し、適当な「解放者」によって刺激を受けると「放出」されるという議論を展開した。とはいえ、ローレンツの見解では、同じ種に属する動物のほとんどは同じ種の他者には攻撃衝動の放出を和らげる能力をもっており、それは通常、屈服の合図か退却で表されるという。もともとは人間も同じような行動をとっていたが、狩猟用の武器の製造を学ぶことによって、人間はテリトリーを越えた個体群を生み出すことに成功したとローレンツはいう。やがて個人はわずかばかりの物を守るために他人を殺さなければならず、また心理的に殺害者と犠牲者との距離を隔てる武器の使用は、柔順な反応という機能を退化させたという。人間が生存のために他種属への狩人から同種族に対する攻撃的な殺人者へと転換した過程は、このようなものだったとローレンツは信じている。*9

ロバート・アードレイ〔一九〇八―八〇 アメリカの人類学者・動物行動学者〕はローレンツのテリトリーという観念を精密に展開し、個人の攻撃行動がどのようにして集団の攻撃行動へと移行していったかを示した。個人でいるよりも狩人の集団でいる方が得る結果も大きいので、人間の集団は狩猟動物と同じように、共通のテリトリーでは共同で狩りをするようになったとアードレイは述べる。その結果、共同で行なう狩りは社会組織の基盤となり、外敵と戦うという衝動を与えたという。[*10] アードレイのハンティング理論から、ロビン・フォックス〔一九三四―　アメリカの人類学者〕とライオネル・タイガー〔一九三七―　カナダ生れのアメリカの人類学者〕はさらに進み、なぜ男が社会の指導者を輩出するかについて説明した。狩人の一団は男だけで構成されなければならないが、それは男の方が強いからではなく、女が一緒にいると生物の本性からして注意力散漫になるからだとこの二人は説く。狩人の一団は効率性という観点から指導力を受け入れなければならず、また何千年もの間、この指導者たちが食物供給の中心になっていた。以来、攻撃的な男の指導力はあらゆる形態の社会組織の特質を決定したというのである。[*11]

ローレンツ、アードレイ、タイガー、フォックスの理論は、人間および動物についての行動科学者たちの研究に多くを負っているが、社会科学でもっとも古い専門家、つまり人類学者には歓迎されなかった。人類学は民族学の延長線上にあり、生き残っている「原始」人をその居住地で研究するものである。人類学はこの民族学から、文明社会の起源と本性を説明しようとしている。十八世紀のラティフォー〔一六八一―一七四六　フランスの民族学者・博物学者〕やデムーニエ〔十八世紀フランスの民族学者〕のような初期の民族学者は、戦争は彼らが研究した社会の本質的な特徴であるという認識に達していた。たとえば、彼らがネイティブ・アメリカンに関する研究のなかで展開した「原始的な」戦争についての記述は、きわめて貴重なものである。[*12] 記述民族学は人類学になった。その理由は、この分野が十九世紀になるとダーウィン理論への敵対者と賛同者によって侵略されたからだった。そして生まれたのが、「自然対養育」という大論争であり、それは今日まで社会科学者を分裂させ続けている。自然対養育論争——これは一八七四年にダーウィンの従兄弟のフランシス・ゴルトン〔一八二二—一九一一 イギリスの人類学者・統計学者〕が口火を切ったものだった——の過程で、戦争はすぐに中心的な研究課題になった。養育派の業績は、典型的な十九世紀的な考え方、つまり、人間のより高次な能力がより低次元の自然を支配するのであり、したがって理性がより協調的な社会形態を促進させたということを証明しようとして、人類学の探究の焦点を政治制度の起源に絞り込んだことにあった。そしてその起源は、家族、氏族、部族の内部に見出されるべきであり、外的な関係（戦争もその一形態）にではないと主張した。自然派のなかには、闘争を変革の一形態とする社会的ダーウィン主義者として知られる者もいたが、養育派の方向には同意しなかった。しかし、これらの人びとの抵抗は無視された。[*13] 養育派はなんとかして議論を彼らが本質的な問題と見なしている論点に引きずり込もうとした。それは、原始社会における親族関係の問題である。この親族関係から、はるかに高次でより複雑な非血族関係がどのようにして生まれてくるかを示すことができると彼らは思ったのである。

親族関係とは、両親と子ども、そして子ども同士の関係、さらにはもっと遠縁との関係にかかわるものだが、この関係が国家の形成以前に遡るということが問題となったのではない。家族と国家とは異なった組織であるという点も、問題とはなっていなかった。問題は、どのようにして国家が家族から発展したのか、家族関係は国家がとり入れた諸々の関係を決定したのかどうかということを示すことだった。養育派の根本的にリベラルな哲学は、国家内の諸関係が合理的な選択によって確立され、法という形態によって固定されうることの証拠を要求した。こうした圧力に晒された人類学は、近代のリベラルな国家の政治形態の先取りの例となるような親族関係の型が見られる原始社会をつくりだす必要に迫られたのだった。拡大解釈すれば役立ちそうな例なら、いくらでもあった。とくに神話や儀式がそうだった。これらはかつては血族間の結束を強化し、暴力への依存を取り除くという意味合いをもっていたのである。そして養育派は、これらの例をフルに活用した。実際十九世紀末までには、人類学者のエネルギーのほとんどは親族関係が人間関係のルーツであるかどうかという議論にではなく、彼らが人間組織のモデルと見なす創造的な文化がいくつかの離れた地域で自然発生的に発展したのか、あるいは起源となる中心地域から他へと拡散した――これは「拡散主義」の議論と呼ばれた――のかというような議論に注ぎ込まれたのだった。

この種の起源の探究は、結局自滅の道を辿るしかなかった。太古の国家においてすら、研究に役立ちそうなもっとも原始的な社会など存在しなかったことを認めざるをえなかったからである。どのような社会もすべてなんらかの形で進化したか、あるいは他との接触でかすかながらも変化していたに違いないのである。人類学者たちのエネルギーを浪費するだけで、根本的に不毛な議論が終わりを告げたのは二十世紀初頭のことで、ドイツ系移民のアメリカ人、フランツ・ボアズ〔一八五八―一九四二　アメリカの人類学者〕がこの種の起源の探究が生産的であるという議論をあっさり否定したときだった。ボアズは、人類学者がいくら世界中を広く漁っても、発見できるのは文化はたんに永続しているという事実だけだと述べたのだった。永続化は合理的ではないし、したがって望ましく思う近代の政治形態の歴史的な裏づけを探るためにそれぞれの文化をふるいにかけても、それは無意味なのである。人間はありとあらゆる文化形態のなかで選択し、自分にもっとも相応しい形態を受け入れる自由があるはずなのである。*14

文化決定論として知られているこの学説は、弟子のルース・ベネディクト〔一八八七—一九四八 日本では『菊と刀』の著者として知られている〕の仕事を通じて、たちまちのうちに驚くほどの人気を得ることになった。一九三四年に出版された彼女の『文化の型』は、その関心の幅をジェームズ・フレーザー卿〔一八五四—一九四一 イギリスの人類学者〕の『金枝篇』（十一巻、一八九〇〜一九一五年）による人間の神話の普遍性にまで広げる余裕を見せて、人類学の歴史上、もっとも影響力のある作品となったのである。*15 ベネディクトは、二つの主要な文化形態を提唱した。それはアポロン的な文化形態とディオニソス的な文化形態である。前者は権威主義的であり、後者は寛容な文化形態である。ところがディオニソス的な文化形態という観念はすでに、広い関心を集めていた。それは一九二五年に学術探険で南洋諸島を訪れたボアズの若き弟子、マーガレット・ミード〔一九〇一—一九七八 アメリカの女流人類学者〕がもたらしたものだった。『サモアの思春期』でミードが報告したのは、完璧なハーモニーのうちに存在する社会が現存し、そこでは親族関係の拘束はほとんど見えなくなるまでに希薄化し、両親の権威は拡大した家族関係のなかで消滅してしまい、子どもたちは優秀さを競い合うことなく、暴力は事実上知られていないという社会だった。

　フェミニストや進歩的な教育学者、道徳相対論者たちにとってこの『サモアの思春期』は、自覚しているかいないかは別として、今日もなお福音書のような役割を担っている。文化決定論者はまたアングロ・サクソン世界のボアズの同僚の人類学者に深い影響を与えたが、しかしそれは別の理由からだった。とくにイギリスの民族学の指導者たちには広大な大英帝国の領土がフィールドワークにふんだんな機会を与えていたこともあって、その鋭い批評の重要性を認めてはいたが、その知的な不正確さには反発した。最大の不満の種は、人類の本性と人間の物質的欲求も重要であるが、どの文化で生活するかを決定する選択の自由もそれに劣らず重要であるということを認めるのを文化決定論者たちが拒否したことだった。だからマーガレット・ミードよりも十年以上も前に南洋諸島ではじめてフィールドワークを行なったブロニスラフ・マリノフスキー〔一八八四―一九四二　ポーランド生まれのイギリスの人類学者〕の影響下で、やがて構造的機能主義として知られることになるもう一つの方向をイギリスの民族学者が打ち出したのだった[＊16]。このぎこちない名称は、二つの哲学の合成という経過の反映である。その一つは進化論的かつダーウィン主義的なもので、社会形態とはいかなるものであれ、環境への「適応」――この用語はまったくダーウィン主義的である――機能であると主張する。したがって、大雑把な例でいえば、焼畑耕作という明らかに無気力な生活様式のなかで暮らす人びとは、彼らの生活の場は地味は低く、人もまばらな森林地帯であることに気づいた人たちなのだということになる。したがって森林のなかの開拓地を季節ごとに叩きこわし、ヤマイモを育て、豚を太らせ、やがて移動するのは、道理に適っているのである。ところが、そのような社会がその周辺環境に「適応」し続ける能力は、その文化構造に支えられている。一見したところ単純そうに見えるその文化構造は、充分な時間をかけて生活をともにする民族学者には、驚くほど精巧な姿を見せる。

　構造的機能主義者は、文化決定論者が必要と考える以上に詳細な社会分析へと進んだ。ところが、構造がどのようにして機能を支えているかを示すために収集した事例は、今や我々にはお馴染みの神話と親族関係という二つのカテゴリーに収斂されたのだった。このカテゴリーの相互関係については、第二次世界大戦およびそれ以降に至るまで、ますます複雑で内輪だけにしか通じない議論となっていった。そして大戦後、卓越したフランス人クロード・レヴィ＝ストロース〔一九〇八―二〇〇九　現代を代表するフランスの構造人類学者〕の登場で、この議論はますます沸騰した。レヴィ＝ストロースは、構造の方が機能よりも重要であると思わせることに成功したのである。フロイトが得意としていたタブーという概念から出発したレヴィ＝ストロースは、この概念に人類学的な基礎づけを与えたが、それは精神分析学者たちがつねに失敗していた試みだった。原始社会には近親相姦を禁ずるタブーはたしかに存在し、それは神話に支えられているとレヴィ＝ストロースはいう。その調節は、家族間、あるいは部族間の交換メカニズムで取り決められており、その交換のなかで女性はもっとも価値のある商品だったというのである。交換システムが怨恨や怒りを均等化する。近親相姦を避けるうえで、女性の交換は究極の緩和剤だったとレヴィ＝ストロースは主張するのである。[*17]

　人類学は、なによりもまず社会はいかにして安定し、自立するかということについての説明が優先するという状況に突入した。女性をめぐる争いは原始社会の揉め事の原因の筆頭であったことを人類学者は知ったが、そのもたらす帰結についての研究は拒否した。つまり、戦争についての研究である。これは、へそ曲りでしかなかった。レヴィ＝ストロースが執筆したのは史上最悪の戦争の余波がまだ残っており、同世代の卓越したイギリスの人類学者エドワード・エバンズ・プリチャード〔一九〇二―七三　イギリスの人類学者。王立人類学協会会長〕をはじめとして何人もの指導的な人類学者がその戦争を戦ったという経緯もあった。エバンズ・プリチャードは一九四一年には実際に獰猛な部族を率いてエチオピアで反イタリア人闘争を率いたが、かつての支配者に対する復讐の凄まじさは、エバンズ・プリチャードの後半生の苦悩の種となったのだった。[*18]いずれにしても、二つの大戦の性質は、とくに第一次世界大戦の塹壕戦という凄まじくも儀式的な性格は、人類学的な探究を是が非でも要求するものなのである。しかし、それは人類学者が知らん顔を決め込むことを選択した要求だった。

その原因の一端には、戦争の重要性を認めることを集団で拒否する同僚研究者に我慢できなくなった最初の人類学者が、知的な攻撃を周到に仕組んだ書物を出版していたことにあったのかもしれない。一九四九年に出版された『原始の戦争』は、アメリカの人類学者ハリー・ターニー・ハイ〔一八九九―　アメリカの人類学者〕が民族学者の間でもっとも好戦的な部族として知られているアメリカ原住民の社会のなかで行なったフィールドワークの報告だった。ところがターニー・ハイは一九四二年に大学を去っていた。彼は軍隊に入り、幸運にも、これを最後に永久に消え去ろうとする騎兵隊に配属されたのだった。軍馬と騎兵隊の武器は一人の教育ある人間の思考と想像力を、人間と動物世界とのかかわりのはじまりへと駆り立てたに違いない。「馬の魅力を一気に理解しようとするなら、騎兵大隊とともに馬を駆らなければならない。なぜなら馬とは本能的に群れをなす動物なのである」とは、アレクサンダー・シュタールベルク〔一九一二—九五　反ヒトラー派将校・軍事史家〕の言葉だが、この男はターニー・ハイの同時代人で、ドイツ最後の騎兵連隊に所属する兵士だった。[*19] ターニー・ハイは剣を手にして演習に加わったとき、初期の戦争についての民族学者の専門的な記述のほとんどが不充分なことに目を開かされた。

> 社会科学者たちは戦争と戦争の手段とをつねに混同してきたが、その執拗さはなんら驚くべきことではない（彼はその書の巻頭を、こう書き出した）彼らの書いた物は……軍事史のきわめて単純な視点についてまったく無知であることをさらけ出している……二級の戦力しかない軍隊でも、大多数の人間社会の分析者たちのような頭の混乱した下士官を見つけるのはむずかしいことだろう。[*20]

ターニー・ハイは正しかった。世界最大の武器と甲冑コレクションを管理する人品卑しからぬ理事に、火薬の時代では軍医が傷病兵の肉体から摘出する破片は、隣りにいた兵士の砕けた骨や歯なんてことがざらなんですと私が何気なくいったことがあったが、そのときの彼の顔をよぎった嫌悪の表情を私はいつも思い出す。この理事は、工芸品としてよく知っている武器が兵士の肉体にもたらす結果については、一度も考えたことがなかったのである。ターニー・ハイは記している。「この民間人の姿勢が、世界中から集められ、分類され、目録番号を振られ、理解されないまま博物館のショウケースに納められた武器ということになる」[21]。ターニー・ハイは、弟妹を人類学者にしようと決心した。それも、彼らの研究対象となる人びとの醜い面、暴力的な面に通暁し、儀式で使われる武器の目的は、骨を砕き、肉に突き刺すことであり、親族関係の永続的な均衡を支えるとされてきた交換メカニズムの崩壊がもたらす致命的な結果についても通暁した人類学者にしようとしたのである。

ターニー・ハイは、原始的な人びとのなかには「前軍事的」といった人びともいることを否定してはいない。放っておけばマーガレット・ミードがサモア人のなかに見出したような、平和で生産的な生活を選ぶという幸福な人びとがいることを受け入れるつもりでさえいた[22]。とはいえ、戦争は時代には関係のない普遍的な行動であるということを一貫して主張し、同僚の人類学者の鼻面にこの事実を冷酷に突きつけた。

民族学者は、物質的なものであれ、非物質的なものであれ、あらゆる文化について全力を振り絞って記述、分類し、整理することをためらわない。そして、ようやくためらわずに戦争について議論するようになった。というのも、戦争は人間のもっとも重要な非物質的な複合行動の一つだからである。ところが「このグループはどのように戦うか」という核心だけは除外している。野外研究者はケーキのデコレーションにはうるさいくせに、その本体を見すごしているのである[23]。

人類学者出身の騎兵隊員は、人びとはどのように戦ったかということについての等身大の民族学的な記録を食卓に供したのだった。ポリネシアからアマゾン流域へ、ズールーランドからアメリカのプレーンズ・インディアンのもとへ、極北のツンドラ地帯から西アフリカの森林へと縦横無尽に駆けめぐったターニー・ハイは、捕虜の拷問、人肉嗜好、頭皮の剝ぎ取り、首狩り、臓物の抜き取り儀式などの血なまぐさい慣習を事細かに記述した。ターニー・ハイは十以上もの異なった社会の戦闘の真の性格を分析し、ニュー・ヘブリディズ諸島の人びとが儀式に集まった戦士を前にしてどのように決闘の戦士を指名するか、またどのようにして北アメリカのパパゴ族の首長が何人かを「殺し屋」に任命し、他の人びとが戦闘でこの殺し屋たちを守るか、さらにはアシニボイン族がどのようにして仇敵に勝利する夢を見た男たちを戦争指導者として受け入れたか、イロクォイ族が好戦派のなかに戦闘忌避者を確保するのを義務としたのはどのような理由があったのかを説明した。そして、槍、矢、こん棒、剣の人肉に与える精確な効果を容赦なく一覧表にし、また臆病な同僚が燧石の弾頭とはどのようなものであったかを想像してひるまないようにさせるために、その直系の子孫が銃剣であり、それは歴史上のいかなる手製の武器よりも人間の生活の破壊に責任がある兵器の体系であると断言したのだった。[*24]

とはいえターニー・ハイの目的は、原始人の手は血にまみれていたという証拠を人類学に突きつけるよりももっと大きなものだった。それまでに提出した証拠からターニー・ハイが突きつけた自明の前提は、苦悶に満ちたものだった。民族学者が好んで研究の対象としてきた社会のほとんどは、「軍事的な地平線下で」存在しており、将来の太陽がその地平線のうえに上昇してはじめて、これらの社会が近代的な姿を見せるという前提だったのである。これで一挙にターニー・ハイは文化決定論者や構造的機能主義者、さらにはレヴィ＝ストロースの弟子たち（そのもととなった『親族の基本構造』も一九四九年に出版された）の理論と対決することになった。ターニー・ハイの主張で大胆な点は、自由な国家の起源を役立ちそうな文化体系間の選択の自由に求めても無意味であるとした点だった。つまり交換体系の場、もしくはその神話的な運営を自由な国家の起源として構造的にあてはめても無意味だということだった。そのレベルで足踏みしている社会はすべて、王国になるまでは原始的な状態に留まっているとターニー・ハイはいう。社会が原始的な戦争の段階から真の戦争（これをターニー・ハイは文明化された戦争と呼ぶときもある）へと移行したときになってはじめて、国家が姿を現し、国家として存在してはじめて、神権制、君主制、貴族制、民主制といった国家形態についての選択がなされうるというのである。原始社会から近代社会への移行の鍵を握るのは、「士官を擁する軍団の登場」であるとターニー・ハイは結論を下した。[*25]

ターニー・ハイがその著作の巻頭で同僚人類学者たちを知的に下士官クラス以下へと降格させた以上、彼らがその著作をまったく無視して仕返しをしたのも驚くにはあたらない。第二版（一九七一年）の序言を書いた政治学者デイビッド・ラパポート（一九二九－　アメリカの政治学者）は、そのような反応を解説して「独創的な仕事を認識できない〈鍛えあげられた〉無能力」と書いた。[*26] しかし、この解説は単純すぎた。彼らは侮辱されているのを知っていたから、侮辱する人間には集団で背を向けた。今日でもターニー・ハイの著作が出版されたなら、このような反応はそれなりに理由のある反応といえるだろう。ターニー・ハイは改心しないクラウゼヴィッツ主義者であり、ある社会の軍事的な立場の試金石は勝利へと導く戦争形態、すなわち領土占領と敵の武装解除というような戦争形態を取るか否かであると考えているのである。核時代におけるクラウゼヴィッツ的な勝利（ターニー・ハイが書いたのは、ソ連がはじめて原子爆弾を爆発させる以前だった）は、戦略分析家の心情からみてもきわめて曖昧な目標と思われており、四〇年前にターニー・ハイが述べたような意味での「文明化された戦争」という概念が彼らの多くに受け容れられるかどうかは疑わしい。にもかかわらず、ターニー・ハイはその生存中に、その専門的立場を危険に晒したのだった。彼の要求は、戦争は愛にあふれた国家なき社会を野外研究費を支払う国家へとどのようにして変えたのかを考察することであり、いかなる解答拒否も許さなかったのである。

やがて一つの解答が現れた。目に見える出来事が圧力となって、人類学者たちに彼らの研究対象である原始人を天賦の才をもつ者、あるいは神話作者としてだけでなく、戦士として見るように仕向けたのである。この圧力がもっとも強く感じられたのは、アメリカ合衆国だった。なにもそれはアメリカが原子力で世界のトップを走っていたからでも、ベトナム戦争を推進していたからでもなかった。一九四五年以降、アメリカが人類学の中心となっていたからだった。ますます科学的な装いを纏うようになった民族学のフィールドワークはとてつもなく費用がかかり、ほとんどの学者は豊かなアメリカの大学に研究基金を求めざるをえなくなったのである。さらに、人間の行動のもっとも深奥かつ最古の秘密を突き止めるのが仕事の学者たちに対して、核軍備競争とベトナム戦争に対する反対運動がもっとも盛んだったアメリカの大学生たちは、永遠の疑問を突きつけはじめたのだった。なにが人間を戦争に駆り立てるのか。人間は本性上、攻撃的なのか。現代社会は永久平和を手に入れることができるのか。もしだめだとするなら、それはなぜか、というような疑問である。

戦争について人類学的立場から書かれた論文は、一九五〇年代の学術雑誌では、たったの五本だけだった。[*27] 一九六〇年代以降、それがずっしりと分厚いものになる。一九六四年、第一線を退いていたマーガレット・ミードは文化決定論のために一つの標語を掲げた。それは論文のタイトルとなった『戦争とは作りごとでしかない』というものだった。[*28] 新しい世代の人類学者たちは、そんなに単純なものではないと思っていた。新理論がこの領域に入り込んできたのだった。数学的なゲーム理論はその一つである。これは、ある一定の利害の衝突において想定される選択肢にそれぞれ得点を割り当て、最高得点をあげる「戦略」がもっとも成功するとするものだった。この理論の提唱者たちの主張は、ゲーム理論は無意識のレベルで行なわれているので、人間はゲームをしているということを必ずしも知っている必要はないというものだった。したがって数多くの正しい選択を積み重ねて生き残った者が払い戻しを受けるのである。[*29] これは、ダーウィンの自然淘汰説に量的な基礎づけを与えようとする試みでしかなかった。とはいえ、その知的な精巧さが支持者を惹きつけた。他の人びとはエコロジーの進歩に熱中した。これは個体群とその生息地との関係について研究するものだった。若い人類学者たちは、個体群をその消費量を支えるに足る一定の地域に制限する扶養能力のような、ある種のエコロジー的な概念が彼らにとって非常に大きな価値をもつことをただちに見て取った。消費量は個体群の増加を意味しており、個体群の増加は競争へと至り、競争は闘争へと駆り立てる、云々というわけである。競争それ自身が戦争の原因だったのか。あるいは戦争とは、個体群の減少もしくは敗北者を係争地から移すという「機能」をつうじて、それ自身のうちに原因をもつものなのか。

「起源」と「機能」をめぐるまったく消耗する道筋で演じられるダンスは、その後しばらく続いた。その歩調と方向が変わったのは、二つの出来事がきっかけとなった。その一つは、一九六七年にアメリカ人類学協会が戦争に関するシンポジウムを開催したことだった。ここでターニー・ハイの「原始的な」戦争と「真の」もしくは「文明化された」戦争、当時の用語でいえば「近代的な」戦争との区別が、十八年という時を経て、ようやく受け入れられたのである。[*30] 第二には、一九六〇年代以降、ターニー・ハイの見解を暗黙のうちに受け入れ、自らの眼で未開の戦士を見てきた人類学者たちが野外研究から戻り、その調査結果をまとめはじめたことだった。もちろん、彼らは自分たちが見てきたことをどのように説明するかについて示し合わせたわけではなかった。にもかかわらず、彼らはたしかに原始的な武器を使用する戦士たちを研究し、戦争がはじめて行なわれたときの武器は、槍、こん棒、矢のような原始的な武器であったという調査結果を明らかにしたのである。それがたんなる木製の武器だったか、あるいはその先端に骨とか石がつけられていたかどうかは議論が分かれるところであり、また戦闘行為とみなされるような人間同士の戦いは冶金の技術が発達するまで待たねばならないのかどうかという点でも議論が分かれていた。とはいえ、技術が人間の社会形態の本性を決定するという考え方に対するもっとも強硬な反対論者でさえ、槍やこん棒、さらには弓と矢は人間同士の戦いでは、とくに危害を加える範囲を制限することで、おたがいへの危害を限定しているということを否定できなかった。したがって今日もなお、槍や弓を使って戦う部族の戦闘行為は初期の戦いの性格を知るうえで最低限、なんらかの洞察を与えてくれるのである。戦闘は戦争の核心であり、多くの人間が重傷を負い、殺される行為であると同時に、戦争をたんなる敵愾心から分ける活動である。そして道徳上の難問はここから生じている。すなわち人間は善か、あるいは悪なのか。人間が戦争を選ぶのか、あるいは人間のために戦争が選ばれているのか。「このグループはどのように戦うか」というターニー・ハイの根本問題に答えようとしてきた若き人類学者たちは、原始的な武器で繰り広げられる戦闘の本性について、はじめてしっかりとした観察結果をもたらし、少なくともどのようにして戦争がはじまったのかという問題に迫る見解を得た。以下は、若き人類学者の報告の核心部である。ケース・スタディは話の進行に合わせて配列されている。したがって、もっとも原始的な戦争形態が最初になる。

原始的な種族と戦争

ヤノマモ族

ヤノマモ族は推定一万人、オリノコ川上流のブラジルとベネズエラの国境線をまたぐ鬱蒼とした熱帯のジャングルで暮らしている。生活圏は約四万平方マイル。一九六四年にナポレオン・シャノン〔一九三八ー アメリカの人類学者〕はここで十六か月を過ごし、この部族と接触をもったはじめての外部世界の人間の一人となった。当時、ヤノマモ族は現代社会の人工品をほとんど手にしていなかったのである。ヤノマモ族は焼き畑耕作を行なっている。森林を切り拓いて一時的な庭をつくり、バナナの木を育て、地味が衰えると新しい開拓地を作る。四〇人から二五〇人の近親グループからなる部落間の距離はおよそ一日の行程で、隣接する部落が敵のときはもっと距離をとる。敵対行為は頻繁に発生するが、これがしばしば移動の原因となる。群小部落が自分たちよりも大きな敵意を抱く部落から離れて、強固な同盟関係を結んでいる部落の方へ移動するのが、典型的なパターンである。

ヤノマモ族は「獰猛な種族」といわれてきた。たしかに彼らの行動はきわめて獰猛である。そして、この部族は獰猛さの基準 waiteri をもっており、個々人はこの基準に則してその攻撃性を誇示し、また部落全体としては、他の部落に攻撃の危険性を悟らせようとしている。少年には暴力が奨励されており、幼い頃から獰猛な競技に参加する。成長すると女に対して非常に暴力的になる。女は交換と戦闘の目玉賞品であり、女を所有した男は彼女たちを虐待する。男がカッとなると、女を叩く、焼き印を入れる、果ては弓矢で射ることさえする。獰猛さの基準を見せつけるために、怒りが演出されることもしばしばある。妻たちが保護されるための唯一の希望は、部落内の兄弟の獰猛さの評判が虐待者よりもはるかに高いときだけである。

このような獰猛さにもかかわらず、ヤノマモ族の部落中が待ち望んでいる年中行事は、周辺の部落を巻き込んだ祝祭の季節である。雨季は、村人たちは庭の手入れをする。乾季になると、近隣の部落とともに祝祭の準備に入る。信頼の基盤となるのは交換関係であり、祝祭をともにするという合意はここから生まれる。ヤノマモ族の物質文化はみごとなまでに自然のままで——彼らが作る物といえば、ハンモック、土器、矢、籠ぐらいなものである——必ずしもすべての部落が同じ物を作るとはかぎらない。だから不足する物は他の部落に頼るのである。祝祭が成功裏に進むと、もっとも重要な交換ということになる。女の交換である。

女の交換はヤノマモ族の村人たちが見せつける獰猛さを一時的に和らげはするが、暴力の勃発を未然に防ぐものではない。男たちは虎視眈々と他人の妻を誘惑しようと狙っており、それが部落内の暴力沙汰へと発展することになる。おそらく、あるグループが部落を去って、独立した部落、敵意を抱いた部落を作るのも、これが原因となっているのだろう。大きな部落は小さな部落との女の交換で、不公平な割り当てを要求する場合もあろう。夫にこっぴどく虐待されてきた女のなかには、出身部落の近親者に取り戻される者もあるだろう。

「獰猛な種族」が暴力的になるのは、このようなときである。そして、ヤノマモ族の暴力は通常、様式化された形を取る。原始的な人びとの戦いが非常に儀式的であることは広く信じられているが、誇張された部分もあり、慎重な限定が必要である。とはいえ、ヤノマモ族の暴力行動は徐々に段階を追ってエスカレートしていく傾向がある。胸を叩き合う決闘、こん棒での戦い、槍を使った戦い、おたがいの村の急襲である。

胸を叩き合う決闘は、通常、部落間の共同の祝祭で行なわれるが、「つねに異なった部落の人間によって行なわれる。この決闘は、臆病者とそしることから、あるいは交換品、食料、女の要求のしすぎからはじまる」[*31]。その進行経過は決まっている。参加者が幻覚剤を飲んで、戦いのムードを盛りあげる。一人の男が前に出て、胸をぐっと突き出す。この挑戦を受けた別の部落の代表が前に出て、男を捕まえ、胸に強力な一発をお見舞いする。このとき普通、一発見舞われた男は反撃しない。そのタフさを見せつけようとするからである。四発くらいは喰らってから、男はお返しをする。そして交互に一撃をお見舞いし合うことになる。やがて片方が反撃できなくなるか、あるいは双方が痛みで継続不能になる。どちらの場合でも、二人は今度は平手打ちで決闘を続ける。そして突然、敗者がもたれかかって決闘は終わる。その後、決闘があらかじめ仕組まれたものである場合は、双方が架台のうえに横たわり、おたがいに称えあい、永遠の友情を誓いあう。

こん棒による戦いはたいてい自然発生的で、ぞっとするような光景になるが、それでも儀式化されている。「この戦いは普通、姦通、もしくは姦通の疑いの結果である」[*32]。訴えを起こ

→未来のヤノマモ族戦士。この子どもが手にしているのは「単純な」弓であるが、石器時代から発展したものではない。

↑新石器時代の狩猟シーン（スペイン南部アルペラ出土）。弓が武器として登場したのは紀元前12,000年頃と思われる。

←戦争に臨むアズテック戦士。征服後のリエンツォ・デ・トラスカラの原住民の作。羽飾りのヘッドバンドは、戦闘時の武勇を示す。

→エジプト射手隊。中王国(紀元前1938―1600頃）のアシュートのメセフティ墳墓出土。胴具の欠如は初期エジプトの戦争の曖昧な性格を示している。

↑セティ一世のリビア人との戦闘。カルナック出土（紀元前14世紀）。戦車の到来はエジプトの戦争を激烈なものにした。

→エジプトの統一者を描いたナルメルのパレット。初代ファラオ（紀元前3100頃）が捕虜を殺害している。

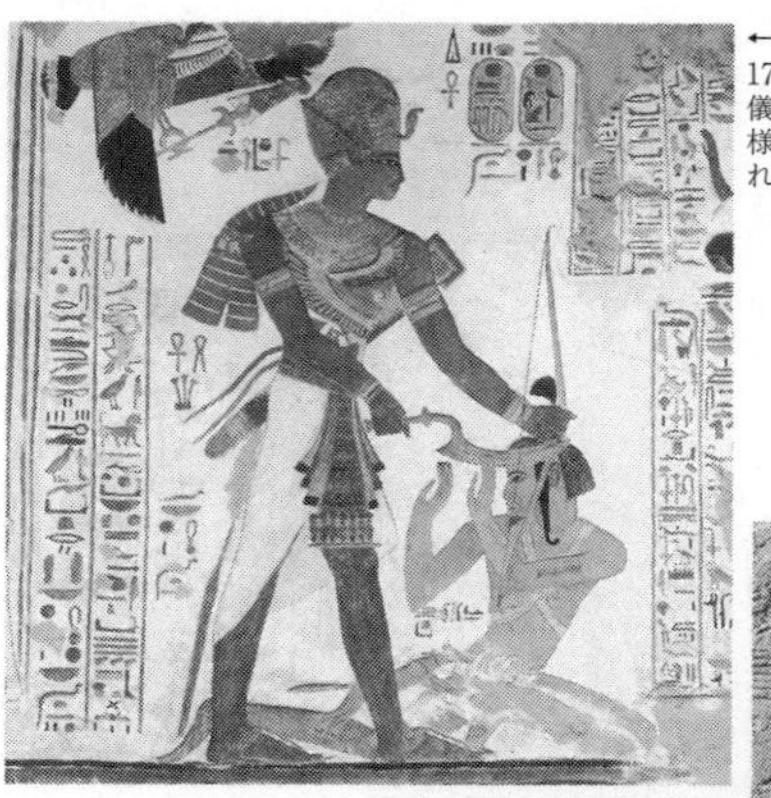

←ヌビア人を殺害するラムセス二世。17世紀前と同じポーズを取っている。儀式的な虐殺はアズテック民族と同様、エジプト人の戦争の特徴と思われる。

→アッシリア人のカルデア遠征の勝利（紀元前７世紀）。この首実検の図は儀式性を脱した新たな戦争の苛酷さを表現している。

↓戦車で長角雄牛を狩るアッシリア人（紀元前７世紀）。戦車は元来、狩猟から発達したと思われる。

した者は十フィートの棒をもって部落——たいてい自分の部落である——の中央に進み、姦通者に侮辱の言葉を投げつける。挑戦が受け入れられると、その棒を地面に埋めてもたれかかり、頭への一撃を待ち受ける。一度攻撃を受けると、次はこの男の番である。血まみれの現場はやがてすぐ、飛び入り自由の戦いの場になる。男たちは味方につく陣営を決め、こん棒を振りまわす。やがて重傷を負う、あるいは死ぬ危険が迫って来る。挑戦者のこん棒の先端は尖っており——これはこの男が務めを果たしている印である——突き刺される人間が出る可能性がある。ここで、村の長老の出番になる。長老は、戦いを止めない者は弓で撃つと威嚇しながら調停する。とはいえ、ときには致命傷を追った人間も出て、それで咎められるべき徒党は別の部落へと逃亡しなければならなくなる。戦いが部落対部落で行なわれた場合では、攻撃者は退却する。しかしながら、その結果はどちらの場合も、急襲による戦争である。

シャノンは急襲がヤノマモ族の「戦争」を構成していると考えているが、急襲と胸を叩きあう決闘との間の中間段階についても記している。槍による戦いである。しかしこれに関しては、シャノンが滞在しているときには、たった一回の偶発的な事件しかなかった。ある女をめぐるこん棒の戦いに負けた小さな村——彼女の兄弟であるその村の長老は、その女を虐待した亭主から連れ戻したのだった——は、いくつかの別の村と同盟関係を結び、共同戦線を張って出撃した。この一団は、「槍を浴びせかけて」大きな村の住民を家から追い出すことに成功し、逃亡する住民を追跡した。大きな村は態勢を立て直し、攻撃側は背を向けて逃げ出した。そして二度目の槍の戦いがはじまった。双方ともに逆上してわたり合ったが、やがて退却した。重症者も何人か出たが、そのうちの一人はその後死んだ。

双方の村はその後もおたがいに急襲し合ったが、シャノンは槍による戦いよりも襲撃の方を戦争に近い行動形態と見なしている。その理由は、急襲を目論んだヤノマモ族は殺害という意図をもって襲撃を行なったのであり、どのように殺すか、あるいは場合によってはだれを殺すかについてはたいして気にかけていないからである。無防備な犠牲者——水浴びする、水を飲みに行く、息抜きをする人間——を見つけるまで、ヤノマモ族は目標とする部落の外で待ち構え、そして殺害し、逃走したのはその典型といえるだろう。逃走に際しては、後衛に人員を配するなど、よく組織されている。それが必要なのは、襲撃は逆襲を呼び起こすからである。この襲撃のパターンはシャノンが究極の敵対行動と見る偽装した祝祭という行動へと進行する。つまり戦いを繰り返す部落が第三の部落を説き伏せて敵を祝祭に招き、不意打ちを喰らわすのである。ここでできるだけ多数の敵を殺害し、勝者は残された女たちを分配する。

シャノンはヤノマモ族の戦闘様式を、その環境条件に対する文化的な反応と解釈している。領土を確保するつもりなどまったくないとシャノンはいう。彼らは敗北に追い込んだ近隣部落の居住地をけっして自分たちのものにしないのである。問題となるのはむしろ、シャノンがいう「宗主権」を強調することである。つまり他の部落によって女を連れ去られるのを妨げる能力、あるいは都合のよい条件で女を手に入れる権利を確保することである。したがって「獰猛さ」の誇示は、誘惑者や他人の妻を強奪する者、あるいは襲撃者を最初の段階で思いとどまらせるものなのである。

ところがヤノマモ族は、種族の異なる近隣部族に対しては、異なった行動をとる。最近では新たな領土拡大に成功し、一つの部族をほとんど全滅させてしまった。このような他部族に対する紛れもない獰猛さは、ヤノマモ族の信念から生まれている。自分たちは「地上に住む第一級の、もっとも優れ、もっとも洗練された姿をもつ人間」であり、他の種族はすべてその純粋な血筋から堕落した種族と信じているのである。[*33]〈敵〉とは一般に、婚姻による関係のない種族のことである。〈獰猛〉ではあるが、女のコレクターでもあるヤノマモ族は、親族支配を近親婚を避けるためのものと見なしている。とはいえ、親族は近親関係にあるグループ間の戦争を妨げるほどの強力な力とはなりえず、近親関係にあってもしばしば戦争をする。彼らを戦争に踏み切らせるきっかけは、女による嬰児殺しの風習だったとシャノンは匂わせている。これは原始社会ではよくあることだが、ヤノマモ族が行なったのは、女の略奪という終わりなきロンドで「獰猛な」男の数を最大限増やすためだった。

シャノンは初めてヤノマモ族を訪れて以来、彼らが行なう戦争の機能についての見解を変えていたが、やがて新ダーウィン主義的な言い方をすれば、「再生産を成功させるための淘汰」と見るようになった。つまり殺す数が多ければ多いほど、ますます多くの女と子孫が手に入るというわけである。[*34]客観的には、シャノンの報告にはすべての理論家が傾聴すべき何物かが潜んでいる。明らかに戦争は、利用しうる領土に応じた人口の数を調節している――

シャノンが研究した近親関係にある三部族では、最近の男の全死者の二四％が戦争によるものだった。これは、エコロジストたちが期待していたことだった。親族制度が比較的弱いのは、構造主義者にとっては重要な意味があったようである。戦争は互恵作用の失敗の結果である、と論じることが可能だからである。構造的機能主義者は、戦争の風習とそれを支えるための神話の利用を、ヤノマモ文化のその環境に対する全面的な適応であるということの証拠と見なそうとした。動物行動学者たちは〈獰猛さ〉を、人間は放出感を求める暴力的な衝動をもっているという彼らの主張の証拠と見なそうとした。

軍事史家がなによりも興味を覚えるのは、ヤノマモ族の戦闘の形式主義である。まず出発点として観察しうる事実をとっていることである。つまり、人びとは恐れており、その恐れは武器の致死能力によって高められるということである。ついでその形式主義は、ヤノマモ族の武力衝突の入念に儀式化された性格を強調している。おそらくそれはシャノンのヒエラルキー観とは対極にあるものである。ヤノマモ族の戦争行動の頂点とシャノンが見る〈急襲〉と〈偽装した祝祭〉の真相は、公法が支配する社会における殺人に類するものである。他方、胸を叩き合う決闘、こん棒による戦い、槍による戦いは、儀式的な衝突に近く、それがどれほど危険なものかという評価によって、順番が決定されている。まず第一に、だれであれ選ばれた男を損傷に晒すことであり、第二には、武器の選択に制限がなければ――だから挑戦者以外は先端の尖ったこん棒を使わない――あるいは槍のような致命的な武器が狭い範囲で使用されれば、戦いはすぐに全面的な暴力にエスカレートするのである。

まとめてみると、ヤノマモ族はクラウゼヴィッツ的なポイントを直感的にとらえており、また越えていた。親族グループは、もしその気になれば、永久的な「宗主権」のヒエラルキーを確立しようとして決戦に打って出たかもしれない。とはいえ、そのような行動をとるためには、〈現実の〉戦争、つまり儀式的な戦争から〈真の〉戦争へとエスカレートし、絶滅というリスクを負わねばならないのだった。おたがいの分別を優先して、ヤノマモ族はその多くが象徴的な性格をもつ、独特かつ型にはまった戦闘でよしとしたのである。それはある者には死をもたらすとしても、大多数の人びとには生を用意するものだった。

マリング族

民族誌学者が行なった原始社会についてのあらゆる発見のなかで、軍事史家がもっとも興味をもつのは儀式的な戦争である。それがたとえ、我々が知っている「文明化された」戦争のなかにその痕跡をくっきりと留めていても、である。ところが儀式的な戦争の描写はあまりにもしばしば一般化されすぎており、儀式を強調しすぎて戦争を無害なゲームにしてしまっている。ここで、さまざまな出典に通じたある書誌学者による原始的な戦争についての記述を見てみよう。これは、ニューギニアの山岳部族の戦争に基づいている。

総力戦は……各地から集まってきた二百から二千もの戦士を巻き込んで、交戦状態にあるグループの勢力圏の境界線沿いにあらかじめ決められた無人地帯で行なわれた。それぞれの軍は通常、結婚で縁戚関係を結び、同盟関係にあるいくつかの部落出身の戦士で成り立っていた。多数の戦士が巻き込まれてはいたが、軍事的な努力はほとんど皆無で、行なわれたのは個人的なレベルでの決闘だった。戦士たちは敵を侮辱する言葉を叫び散らし、槍や火矢を投げつけた。身をかわして飛んでくる矢を避ける機敏さが褒めそやされ、若い戦士たちは身を躍らせた。女たちはしばしば見物に来て、唄を歌い、味方の戦士を囃し立てた。また女たちは敵が放った矢を回収して夫に手渡し、夫はその矢をつがえて敵に撃ち返した。定期的に起こる総力戦は普通、かなり人口密度の高い進んだ部族の間で見られる。たとえば、この類の戦争はアマゾン流域では見られないが、人口密度が十倍のニューギニアの山岳地帯ではよく見られる。……この種の総力戦には多数の兵士が集まるが、殺戮行為はほとんど発生しない。戦士間の距離が離れていること、原始的な武器の効力がかなり落ちること、さらには飛矢をよける若い戦士が敏捷なこともあって、滅多に矢が命中することはないのである。通常では、重症者、あるいは死者が出たら、その日の戦闘は止めということになる。*35

この記述には、異論の余地のない点がある。たとえば規格化された兵器による接近戦が行なわれる以前では、すべての戦いは個人的レベルの決闘だったというくだりである。たしかに儀式化された戦闘の特徴は死傷者の数が少ないという傾向があるが、「文明化」された戦争でさえ、地理的条件が軍団の設営地を決定するにしても、会戦の舞台にはだれもがそれとわかる地点を選ぶというような類似した例が見られるのである。とはいえ、非常に原始的なヤノマモ族の戦争でも胸の悪くなるような面があったことからもわかるように、この記述は理想化されている。しかし、儀式的な戦争についてのごく普通の印象と、はるかに複雑なその現実とを比較するうえで、この記述は優れた出発点を与えている。

マリング族を調査したのはアンドリュー・ヴァイダ〔現代アメリカの人類学者〕で、一九六二年から六三年にかけて、そして一九六六年のことだった。当時の部族民はおよそ七千人、ニューギニア中央のビスマルク山脈山頂のジャングル地帯を中心に、およそ一九〇平方マイルの区域に住んでいた。休閑地を作りながらジャングルを定期的に移動し、「庭」で育てたイモ類を食べ、ブタを育て、ちょっとした狩りをするために集まって暮らしていた。典型的な焼き畑耕作のパターンである。人口密度は一平方マイルに一〇〇人――ヤノマモ族よりもはるかに高い――ときわめて高く、氏族集団が社会の構成単位だった。これは通常、父系を同じくする集団で、妻は外部から娶っている。集団の規模は二〇〇人から八五〇人とさまざまで、川沿いに割り当てられた耕作地帯を居住地としていた。境界線の土地では人口は密集し、氏族集団のなかにはそのテリトリー内の原生林から利益を得ている集団もあった。未耕作の土地を確保することができたからである。山岳地帯を下ると地勢は不健康になり、海岸沿いでふたたび住民――まったく異なった言語を話すグループ――の数が増加した。一九四〇年代以前では、この部族は金属を知らず、最良の武器や道具は石でできていた。[*36]

とはいえ物質文化という点では、その戦争の性格を見てもわかるとおり、マリング族はヤノマモ族よりも進んでいた。素朴な木製の弓、矢、槍だけでなく、石を研磨した斧と大きな木製の盾をもっていたのである。これらの武器を手にしたマリング族は、注意深く局面を分けた戦闘を行なった。最初は「ゼロの」戦闘、第二は「真の」戦闘、第三、第四は必ずしも戦闘からエスカレートしたものではないが、「急襲」と「追撃」だった。「ゼロの」戦闘は、ヴァイダも述べたように、原始的な戦争の象徴とされている無害な儀式的な戦闘にもっともよく似ている。

この戦闘では、戦士たちは毎朝、中心となる二つの交戦グループのテリトリーの境線に定められた戦いの場に自分の家から通う。向かい合った男たちはできるだけ近づいて陣地を取るが、それは矢の届く距離にある。人間の背丈と同じくらいの高さで、幅が二フィート半ほどの分厚い木製の盾が戦闘での遮蔽物となる。この盾の底部は地面に立つようにつくられていることもあり、男たちはその背後から飛び出して矢を放ち、そして慌てて戻る。防御盾から姿を現して敵を冷やかし、敵の憤激を掻き立てて勇気のあるところを見せる者もいる。毎日の戦闘が終わると、男たちは家に帰る。このようなささやかな弓と矢による戦闘は、ときには何日も、あるいは何週間も続くが、死者とか重症者は滅多に出ない。[*37]

「真の」戦闘は、戦術と使用される武器の二つの点で、「ゼロの」戦闘とは異なっている。

男たちは斧と槍を手にして戦いの場へと赴き、一撃を加えられる距離へと間をつめる。後方の射手が雨霰と矢を射る間に、前線の戦士たちは盾の後ろから躍り出て決闘する。後方の射手と前線の戦士が入れ替わることもある。疲れたときは、兵士たちは自由に休息をとることもできる。矢や投げ槍が前線の男を打ち倒すこともある。そして敵が頃合いを見計らって短時間の補給を要求しても、投げ槍と斧で殺されることもある。とはいえ、死傷者は相変わらずまれで、戦闘は何日も続く。

戦闘があるときは毎朝、頑健な肉体の男たちは……部落の近くに集合し、徒党を組んでその日の戦いの場に赴く。女たちは家に残り、毎日の耕作と家事に精を出す。戦争期間中も、男たちは毎日戦うわけではない。雨が降れば、両陣営とも家に留まる。また双方が合意して、戦闘員全員が一日を盾の修繕にあてることもあれば、死傷者を悼む儀式に参加したり、たんに休息にあてることもある。敵対行為が三週間も停止されることさえあるが、その期間中は男たちは新しい庭づくりに励んでいる。[*38]

これらの儀式は、トロイの城壁下の戦闘の影響をもろに受けている現代人にはおおよそ不可解ではあるが、最後の矢の交換とともに先細りになることもある。とはいえ、片方が死と破壊でもう一つの陣営と決着をつけようとしたときには、はるかに血なまぐさい「追撃」戦へと移る。「急襲」は残忍ではあるがもっと限定された遠征で、エスカレーションの局面から見るなら「真の」闘争の代替物だったようである。ところが追撃は「真の」闘争の帰結であり、数多くの女や子ども、そして男たちの死と、犠牲者たちが居住区から慌てふためいて逃走するという結果をもたらすのである。

マリング族の戦争は、ヴァイダもいうように、かなりの説明を要する。「ゼロの」戦闘が発生するのは、平和な期間中にたまった軽蔑や違反行為に対して仕返しをするだけのメリットが生じたときだとヴァイダはいう。侮辱のような些細なこともあれば、殺人のような深刻な問題、強姦、誘拐、呪いをかけるなども原因になった。「ゼロの」戦いのポイントは、二点ある。敵側の軍事力の強さを試すことと、交渉することである。そして平和を勧める叫び声の多くは調停者からあがってくる。この調停者はほとんどの場合、同盟関係を結んでいる人間で、戦争が必至といった雰囲気になると氏族の男たちはいつもあてにすることになる。調停者は公平な意見を述べるが、相手側が「真の」戦闘を主張する場合は、もう一方の側が利用しうる特別な力の証人ともなる。

「真の」戦争は特有の帰結をもたらすことがある。行き詰まりを受け入れざるをえないことである。「急襲」も同じ結果をもたらすことがある。ところが「追撃」は通常、犠牲者をその居住区から追い払い、その家と庭を破壊することになる。したがってこれは、強者はどちらか、近隣を侵略できるのはだれかを見せつけるための究極の手段であり、土地が不足している社会においては重要な評価手段なのである。だからマリング族の戦闘は、その動機からいえば「エコロジカルな」ものだと思われるかもしれない。つまり弱者の土地を強者が再分配するからというわけだが、ヴァイダも指摘しているように、マリング族の戦争の重要な特徴は、この種の見方とは相反している。まず第一に、戦闘に勝利したマリング族が敗北した氏族の領土を一部でも占領することは滅多にないからである。これは、呪いが尾を引いているので、占領しても安全ではないという恐れが原因である。第二に、戦争を起こす時期はつねに、戦闘を助けてくれる先祖の霊に必要な感謝の犠牲を氏族集団が捧げる準備ができている時期と重なっているということである。

この場合、感謝は氏族集団の成員一人あたり一頭の割合で、成長したブタを殺して食べるという形をとる。それだけの数のブタを育てて太らすにはおよそ十年はかかることから、戦争が起きるのもほぼ十年ごとである。そして不思議なことに、戦争の引き金となる侮辱とか危害を近隣の氏族集団がおたがいに加えはじめるのは、この十年の周期の終わり近くなのである。祖先の霊に感謝する手段がないまま戦争に踏み切ると敗北を招くが、食べるという口実がないままでブタを必要以上にもてばブタを太らせる口実を失ってしまう。ヴァイダの指摘によると、最後に戦争が拡大した時期にマリング族の人口密度は実際減少してしまったという。そうなるとマリング族を戦争に駆り立てるのは土地の不足であるというヴァイダ自身の説明は、怪しくなってくる。マリング族が戦うのは習慣、それもおそらく戦うのが楽しいからであって、どのようなものであれ人類学の理論が提出できるような原因からではないといえるようにも思えるのである。

もちろん楽しみとしての戦争などといえば、陳腐化のそしりは免れないだろう。にもかかわらず、戦争における「遊び」の要素は、たとえば騎士道を扱う歴史家によって非常に重要視されてきた。少し時間を遡って戦争の「起源」を探究すると、大昔の狩人という人間の生活形態に行きつくのは避けられない。ハンティング・スポーツの武器、遊びやゲームの玩具は、もとをただせば狩猟生活の道具から生まれてきたものなのである。どれほど粗雑であっても、ひとたび農耕が日々の糧のために動物を追跡し、殺すという過酷な必要性を緩和しはじめると、狩猟とか運動、ゲーム、さらには戦争さえも心理的な共存を成しとげるためのものになる運命にあった。その間の事情は、戦争は別としても、最初の三つに関しては今日でも変わらない。こういった観点からみるなら、マリング族が手にしなければならなかった武器でゲーム的な要素や遊び的な要素が非常に強い戦争のシステムをつくりあげたとしても、なんら驚くにはあたらない。相互に助けあうグループの男たちが振りまわす木製の槍や石の斧の効力を、たんに怪我を負わせるだけのものから本当に殺害するための道具へと変換させるための方法は、それらの武器に固有の殺傷能力に由来するのではなく、戦士たちの意図から生まれたのである。我々がマリング族の戦争で感銘を受けるのは、その「原始性」ではなく、洗練された在り方である。個人的なレベルでいえば、審美的な業績を欠いた社会においては、自己表現、誇示、競争といった人間の欲求を満足させるためには、多くのことをしなければならなかったはずである。あえて言うなら、攻撃という「発散・衝動」という形をとることさえあるだろう。集団的なレベルでいえば、この発散・衝動は敵対する集団に対して、善隣関係の侵犯がどれほど重大視されるかを印象づける手段を与えたのである。そして、相手の優越した力量を認識し損なうと不愉快な帰結が生ずるが、それははじめからエスカレーションではなく、まず象徴的な様式とムードのなかで外交的な駆け引きを促すものだったのである。

軍事史家は、なによりもまずマリング族の武器の性格に注意を向けなければならない。ターニー・ハイの鋭い表現を使えば、「分類されているが、理解されていない」石の斧と骨の矢鏃は、過去の人類の歯と爪は真っ赤だったことを意味している。鮮やかに薄片化された石器の固まりを見ると、現代人はすぐに真っ二つにかち割られた頭蓋骨と粉々になった脊椎を思い浮かべる。たしかにこのような損傷は、先史時代の我々の祖先たちが敵に加えた傷であるかもしれない。しかし、マリング族についての我々の知識が教えているのは、反対に、石器時代の武器をもった人びとは必ずしも、彼ら自身が生き残ることに無頓着なわけではなかったということである。至近距離でのみ殺傷力をもつ武器は、だからといって必ずしもそれを振りまわす人間に至近距離での戦いを強いるわけではない。そのような結論に飛びつくことは人間の行動に「技術決定論」をあてはめようとするもので、それに対してはマリング族の用心深い引き延ばし戦術の性格が嘘だといっている。マリング族が決戦を渋っていたとするなら、それはたしかに、戦争で大切なのは必ずしも戦場で徹底的な勝利を収めることではないと彼らが考えているからなのである。だとするなら、物質文化という点では似たようなレベルにある種族も、同様な行動パターンをとると思っても差し支えはないはずである。このような考えを抱きながら、木製、石、骨でできた武器が先史時代においてはどのように使われていたかについて、引き続いて考えていく。

マオリ族

ニュージーランドは、南太平洋に離散したポリネシア人の居住区では、最大の地域だった。ニューギニアの山岳部族の単純な社会組織から、ニュージーランドの神権政治的かつ階層制度的な族長制へと考察の対象を移すのは、大きな飛躍である。それはたんに時間と文化を飛び越えるだけでなく、原始的な状態から近代的な状態への移行段階をめぐる人類学者たちの見解の不一致という、大きな深淵を飛び越えることでもある。

古典的な人類学上の定説は、先史時代の人間社会は移動集団、部族、族長制、初期の国家へと進化したというものだった。この類型論では、移動集団とはその成員がおたがいに血縁関係にあることを知っている、あるいは少なくともそう信じている少数のグループと定義されており、その典型的な社会組織は南アフリカのブッシュマンのように父系の権威のもとで小心で陰に隠れて暮らす狩人の集団であるとされていた。部族は通常、共通の祖先をもつと信じているが、集団を結束させるのはなによりも言語と文化である。部族は必ずしも指導者を必要としないが、ある種の権威についての認識は存在している。普通、それは神話によって強化された父系、もしくは母系の家系である。人類学者の理論では、部族は平等主義的な傾向があるということになっている。[*39] 族長制は階層社会的な要素が強く、だいたいが神権制である。個々の成員は神的な祖先である始祖からその家系がどれだけ離れているかによって、格が決まっている。今日の世界のほとんどの住人が暮らしている枠組である国家は、この族長制から発展したとみられている。人類学者はマックス・ウェーバーの有名な区別を使って、族長制と国家とをその合法性の根拠によって区別している。族長制は「伝統」（しばしば「カリスマ的」ともいわれる）が根拠であるが、国家の根拠は「法律」体系である。[*40]

一般人には幸運なことに、人類学者は近年では単純な分類体系を好むようになってきた。国家以前の段階においては、「平等な」社会と「階層的な」社会だけを認めているのである。[*41]定説がこのように変わってきた――必ずしも普遍的に受け入れられているわけではないが――理由は、世界各地の人影もまばらな地域――山岳地帯、森林、乾燥した砂漠地帯――で民族誌学者たちが発見した数多くの単純な社会は、今日では強力な近隣の抑圧から逃れてきた避難民の社会であることが確認されたからだった。これらの社会の構造は、逃亡、離散、経済的な苦難、神話への信頼の低下によってがたがたになり、権威を支えるシステムも追放がもたらした過酷な試練によって低下してしまった。この解釈は文化の選択や環境への適応によって形成された国家なき社会の存在を信じようとする人びとを苛立たせたが、この類の人類学は衰退しはじめている。[*42]ところが、これとは別種の、人びとを苛立たせていることがある。それは戦争に対して新たに与えられた重要な解釈だった。とくに戦争の引きがねは乏しい資源であるときっぱりといい切る新たな解釈の重要性だった。[*43]

マリング族の社会はおおよそ国家とはいえなかったが（ヤノマモ族の社会はとらえどころがなく、素朴な原始の生活状態と考える者もいる）、ニュージーランドのマオリ族の社会は国家形態に非常に近づいている。それは主要な公共建造物の建設や、広範な拡がりをもつ大規模な戦争を指揮したことを比べてみただけでも、明らかである。マオリ族はニュージーランドに本拠地を構えてから六百年から八百年の間に、巨大だが飛べないモア〔恐鳥。ダチョウに似た巨鳥で五百年ほど前に絶滅した〕をはじめとして一八種類におよぶ鳥類を絶滅させたが、食料に不足していたわけではなかった。[*44] 一方、諸島間の移住が主な原因となって人口密度は次第に高くなった。しかし、生産力の増大、間引き、「航海」、戦争で窮迫の原因を取り除くことに失敗したとき、この人口密度の増大はすべてのグループをその生まれ育った島から押し出すことになった。ポリネシア人がニュージーランドに到達したのはおそらく紀元八〇〇年頃のことだが、彼らはバイキングのような「航海者」だったのかもしれない。レーフ・エリクソン〔十世紀末のノルウェーの航海者。北米大陸に到達し、ヴィンランドと名づけた〕のような土地をもたないが冒険心にあふれた若者であり、南方にヴィンランドを捜し求めたのかもしれない。あるいは彼らは勝者によって生まれ育った島を追われた避難民、ただし幸運な漂流の民だったのかもしれない。[*45] いずれにしてもこの集団は漂着し、その生活様式とともに、諸々の制度、神々の神話によって伝えられた族長制、社会的な地位、専門化された軍事制度といったポリネシア文化の中核をもち込んだ。この集団はまた、木製の武器——槍とこん棒——をはじめとする島民生活の工芸技術も持ち込み、貝殻、珊瑚、骨、石を加工して致死能力のある刃をつけたのである。やがてマオリ族が広大な海洋の南北で戦争を実際に行なうようになったのは、これらの武器を持ったからだった。そして鉄器時代、あるいは火器の時代の国家の支配者たちは、この戦争形態からほとんどなにも学ばなかった。

ポリネシアの族長の権力の源泉は、二つある。その一つはマナ mana、つまり神と人間とを媒介する聖職者としての義務である。そして他の一つはタブー taboo、つまり宗教上の目的のために神によって与えられた大地の実りと水の一定量を奉納する権利である。これは儀式的な祝祭、犠牲、あるいは神殿の建造といった形をとる場合もあるが、同時に効率的に税を課し、しばしば労役の割り当てともなった。したがって族長は、首長に神々との媒介や助言、指導力を期待しているだけの単純ではるかに平等だった社会のたんなる指導者ではなく、その権力の拡大を要求し、強いることさえできたのである。これは重大な意味をもつことになった。人口増大の圧力を受けつつある島では、生産力増強の必要性はポリネシアの族長の権力を強化し、農耕、漁労、建築、灌漑作業までをも含めた共同体としての努力を求める口実を与えることになったからである。増大する人口の圧力が戦争を煽ったとするなら、とくに族長が戦士 toa としての評価を勝ちえて、男たちに軍事的な指揮権を認めさせた場合は、戦争は族長の権力をさらに強化した。*46

ニュージーランドのマオリ族の族長たちは、未開の森林を切り拓くよりも生産力の高い土地をもつ近隣部族に戦争を仕かける方が、増大する人口の圧力から逃れやすいことを理解していたといわれてきた。だから森林の原住民の多くが、一八四〇年代にヨーロッパ人開拓者が到来するまで残っていたというのである。族長が戦争を起こせたのは、配下に参加を求め、遠征用の糧食を与え、カヌー船団のような長距離の輸送能力をもつことができたからだった。そして政治力を備えていた場合には、敵に対して共同体としての不満をはっきりと表現することができたからだった。

マオリ族の戦争は、お馴染みのパターンで進行する。戦争の根拠はつねに復讐の要求である。この要求は、敵の一人を見つけて殺害する急襲グループによって満たされることもあるし、満たされないこともある。マオリ族の戦闘部隊はじつに残酷な戦い方をする。「違反の数々を熱っぽく訴える」集会の後に、好戦的な唄が歌われ、武器を誇示する。そして戦闘部隊が出発する。野外で敵と遭遇し、敵の戦列を打ち破ると、その後引き続いて起こる追撃は身の毛もよだつような結果を引き起こす。

これらのほとんど走り抜けていく戦士たちの最大の目的は……まっすぐ敵を追いかけ、けっして止まらず、一人の敵に対して一撃を喰らわして戦闘不能にすることである。そして後から来る兵士が敵に追いつき、とどめを刺す。敵が潰走しているときに、軽い槍をもった一人の男が十人以上もの人間に追いついてとどめを刺すほど強くて足が速いなどということも珍しいことではない。*47

このような方法で戦いを続ければ、マオリ族はおたがいに絶滅戦へと進んでしまっただろう。しかし、二つの手段がその戦争を抑制した。マオリ族の砦の数と頑強さ――少なくとも四千を数える砦が発見されている――が物語っているのは、一〇万人から三〇万人の間と推定される四〇の部族民を組織して労役に駆り立てることができる族長の権力の強大さであり、またどれほどその文化が政治的に進んでいたかということである。とはいえ、軍事的には、砦があることで、マオリ族は部族間の戦争がもたらす最悪の結果から免れたのだった。典型的な砦は丘のうえに建てられており、大規模な食料貯蔵室が組み込まれていた。だから立て籠った人びとは戦況が悪化しても生き残ることができた。また強力な防御柵、深い濠、高い土手も作られていた。マオリ族は攻城戦用の兵器をまったくもっていなかったから、しっかりと防御を固めていれば、敵は入江に釘づけになり、やがて敵の遠征用の糧食はつきることになるのである。*48

マオリ族の文化では、戦争には制限があったが、それは戦争目標が非常に単純だったからである。人類学者たちは、マオリ族の戦争目的は弱者の土地を強者が再分配することだったということで満足している。とはいえ、マオリ族の戦争計画は打倒した敵を食べることだった（首だけは別だった。これはトロフィーとして保存された）。民族誌学の対象となった部族の行動と、人類学者が結論をくだした彼らの行動の深い意味との間の本質的な食い違いは、非常に険悪な学術上の議論の原因となっている。軍事史家からみれば、マオリ族の軍事文化は明らかに復讐の文化であると思われる。男児はごく幼い頃から泥棒呼ばわりとか人殺し扱いはもちろんのこと、侮辱はけっして許してはならないと教え込まれた。そしてマオリ族は不当な扱いはいつまでも記憶しており、それは世代から世代へと受け継がれることもあった。復讐の念が満たされるのは、敵を殺して死体を喰らい、その首を要塞化した村の防御柵に晒したときだった。これは侮辱を象徴的に表している。この復讐を動機とする戦争は、やられたらやり返すというレベルで行なわれるのではなかった。復讐されるくらいなら、あっさりと敵を食べてしまえ、首を取ってしまえというわけで、それで積年の恨みをすっかり濯ごうというのである。[*49]

ここでは文化的な風土、それも、もっとも野蛮な類の風土が、戦士たちがおたがいに加え合うであろう危害を制限するという逆説的な結果をもたらす例を見てきた。砦のような物質的な制約が強化された場合、その最終的な帰結は、こん棒と槍という技術レベルでは手の届くはずもない族長の全島征服という可能性は、マオリ族には生じなかったということである。マスケット銃の到来とともに、マオリ族の族長たちのなかには驚くほどの速さで国家形態を整えていった者もいたが、それは別の話である。ところで、マオリ族よりもはるかに洗練された前コロンブス時代のアメリカの社会では、文化的な風土がじつに印象的なレベルで、クラウゼヴィッツのいう決戦に向かっても不思議ではないほどの多大な潜在能力を抑制していた。

アズテック族

コロンブス到達以前の北米および中米の部族間の戦争は、残虐さという点では世界でも類例を見ない。ターニー・ハイは「素朴な残虐さ」という点では南太平洋のメラネシア人が群を抜き——その証拠はどう見ても欠けている——おそらく南米の原住民が最悪の人肉嗜好の民だったと考えている（ターニー・ハイは、人肉嗜好は蛋白質の欠如によって説明されると信じた初期の解釈者であり、この説明は後に多くの賛同者を得たが、現在では支持者を失いはじめている）。[*50] とはいえ、どちらの集団も、捕虜の儀式的な拷問を目的とする人肉嗜好に陥ることはなかった。つまり平原のネイティブ・アメリカンやアズテック族によって行なわれていたような習慣はなかったのである。これに関連して、ターニー・ハイは次のように述べている。

スキディ・ポーニー族は、襲撃すると必ず敵の美しい処女を生け捕りにしようとした。そしてこの処女は高貴なポーニーの一族の養女とされたが、驚いたことに実の娘よりもはるかに尊重され、甘やかされたのだった。ところがある晩、この処女は荒々しく捕らえられて衣服をはがれ、頭から鼠径部、そして足の先まで、身体半分を炭で塗りたくられた。この処女は昼と夜を結びつけるシンボルとなったのである。そして二本の直立した棒の間に吊り下げられた。……やがて聖なる明けの明星がまさに昇ろうとするとき、義父はこの処女の心臓を矢で射抜くよう強いられた。続いてただちに祭司の矢が続き、そしてその身体は切り刻まれた。その後、血まみれになった遺体が犠牲に捧げられた。明けの明星に捧げられたこの宥和の儀式はポーニー族の繁栄、あらゆる面での成功、とくに豊作には欠かせないものと考えられていたのである。[*51]

ヒューロン〔アメリカ中北部、現在ではサウス・ダコタ州に属する〕に派遣されたイエズス会のある伝道師は、一六三七年に行なわれたセネカ族の捕虜に対する、これよりもはるかに凄まじい儀式的な殺害について記している。この男もまた首長の一族の養子とされていたが、傷を負ったために養子関係を取り消された。そして焼き殺されることになった。祝宴は一晩続き、そして捕虜が集会場に連れて来られた。ヒューロンの首長は捕虜の遺体がどのように分割されるかを告げた。その間、捕虜は戦士の唄を歌っていた。やがて「この男は火の周囲を走りはじめた。何度も何度も走った。この男が通りすぎるたびに、だれもが燃え木で焼こうとした。男は亡霊のような悲鳴をあげた。叫び声や喚き声が小屋にあふれた。焼き木で焼いた者がいた。手を摑んで骨をへし折った者もいた。棒を目に突き刺した者もいた」。気絶すると、「優しく蘇生させ」られた。食べ物が与えられ、親族のように話しかけられた。男はその肉を焼いた男たちに、自分から答えた。そして「喘ぎながらも、なんとかして戦士の唄を歌い続けた」。夜が明けると、まだ意識があった男は外に連れ出され、棒に括りつけられた。そして熱した斧が振り下ろされ、焼き殺された。その後、遺体は切り刻まれ、首長の約束どおりに分配された。[*52]

　アルジェリア戦争でも、フランスの若い落下傘兵がイスラムの捕虜を拷問した後で、軽く叩いて慰めたという記録が残されている。しかし、この行為は、ヒューロンの儀式とはなんの関係もない。落下傘兵は実際的な目的のために拷問を加えたが、ヒューロン族とその犠牲者との間には、それがどれほどおぞましいものであっても、その神話体系の外の人間には理解できない共謀関係があるのである。セネカ族の死者が過ごした恐怖の一夜は、文化史家インガ・クレンディネン〔一九三四―　オーストラリアの歴史家・人類学者〕の手で甦った。この優れた女性文化史家は、メキシコ中央のアステック族の精神的な特質を甦らせてくれたのである。アステック族にとっても、人間の犠牲は宗教的な必要性から生じたものだった。戦争とは生け贄となる人間を獲得するための主だった手段であり、戦争の捕虜も英雄的なセネカ族の捕虜と同様、死の苦しみを長引かせる信仰儀式の崇拝者であることには変わりなかった。アズテック族は恐るべき戦士だった。十三世紀から十六世紀の間にメキシコ中央部の渓谷の支配者となることに成功し、先文字文化、先金属文化において、もっとも輝かしい物質文明を作りあげていた。その文明の華麗さは、驚愕した征服者たちの報告にもあるように、スペイン人の土着文化をはるかに凌いでいたのである。とはいえ軍事史家にとっては、アズテック文化の魅力は、彼らがその宗教的な信仰によって自らに課した戦争に対する異常なまでの制限と、その信仰が戦闘中の戦士に課した自制にある。

アズテックは、もともとは生計の道を求める下層民として、メキシコ中央の渓谷地帯に入ってきた部族だった。やがて、兵士として頭角を現して、渓谷の既成の三大勢力の一つであるテパネック族に認められ、またそれまでにはテスココ湖の無人島に居留地を見つけ、抵抗する者の勢力圏を築きあげていた。その宗主権を受け入れる者は帝国に組み入れられ、独自の戦いを強いられた。アズテック軍は組織化が進み、また装備も充分で、それにふさわしい高度な官僚文化を持っていた。典型的な例をあげれば、アズテック軍は八千人の部隊に分けられ、行軍は一日一二マイルの速度で帝国のみごとな道路をいくつかの部隊が併走し、八日分の携帯食を用意していた。[*53]

アズテック族については、クラウゼヴィッツが理解していたような意味での「戦略」につ

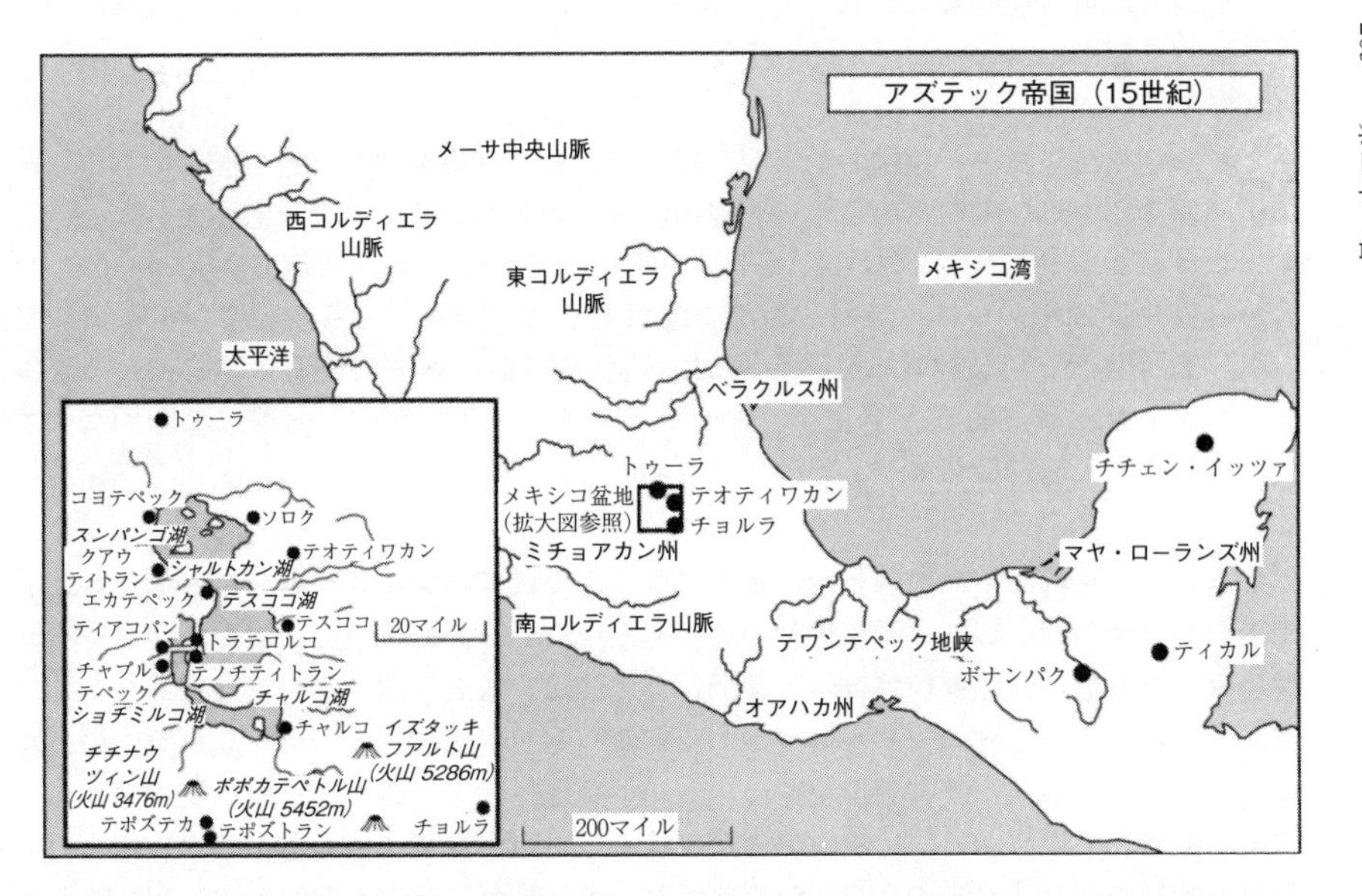
アズテック帝国（15世紀）
メーサ中央山脈
西コルディエラ
山脈
東コルディエラ
山脈
メキシコ湾
太平洋
ベラクルス州
トゥーラ
メキシコ盆地
（拡大図参照）
テオティワカン
チョルラ
ミチョアカン州
南コルディエラ山脈
テワンテペック地峡
オアハカ州
チチェン・イッツァ
マヤ・ローランズ州
ティカル
ボナンパク
200マイル
トゥーラ
コヨテペック
ソロク
スンパンゴ湖
テオティワカン
クアウ
ティトラン
シャルトカン湖
エカテペック
テスココ湖
テスココ
20マイル
ティアコパン
トラテロルコ
チャプル
テペック
テノチティトラン
チャルコ湖
ショチミルコ湖
チャルコ
イズタッキ
フアルト山
（火山 5286m）
チチナウ
ツィン山
（火山 3476m）
ポポカテペトル山
（火山 5452m）
テポズテカ
テポズトラン
チョルラ

いて語ることが可能である。R・ハッシング〔一九四五―　アメリカの人類学者〕の記すところによると、アズテック族の戦争のはじまりは、

本質的には、軍事力の誇示だった。双方同数の兵士がそれぞれに技倆を競いながら、白兵戦を戦うのである。この脅しで敵を降伏させられないときは、戦争はエスカレートし、獰猛になっていく。兵員の増加、……弓や矢のような武器の使用である。……こうして戦争が継続している間は、危険な敵は釘づけになり、この消耗戦で敵の兵力は激減していった。やがて兵員の数で優位に立つアズテック軍が勝利を収めると、敗者はアズテックの領土拡張を認めざるをえなくなる……敵対勢力は次第に包囲され、外部からの支援の道も断たれて、やがて敗北した。[*54]

クレンディネンは、アズテックの戦争にさらに多角的な光をあてた。アズテック社会は、強烈な階層社会だった――人類学者たちの表現でいう「等級をつけられた」社会であり、年齢のような単純な分け方ではなく、身分で分けられていた。最下層には奴隷がいた。これは経済機構の底辺に転落した不幸な人びとである。次に庶民階級がくる。つまり町の内外で暮らす一般農民、職人、商人たちである。そして貴族、神官、最上層には王が君臨する。とはいえ、男はすべて戦士として生まれるのであり、市街区にある養成所を通じて高い戦士の地位に上昇するチャンスがあった。この養成所 calipuli は、兵士クラブ、修道院、ギルドを合

わせたようなものだった。新入りのなかにはわずかではあるが、神官になる者もいた。大多数の人びとは、緊急時には兵士として仕える義務を忘れず、日常生活を送っていた。また少数の者――戦争での功績で貴族となった一族の出身者――は、一族の伝統を担うことになった。王は、戦争指導者の地位を獲得した人びとのなかから選ばれた。

とはいえ、王は戦士ではなかった。神官でもなかった。神官が王を取り巻き、毎日のぞっとするような日課を取り仕切っていたのである。また、王は神でもなかった。しかし、ある意味では、神的な力が宿っていると信じられてはいた。王は、その王位継承に際して、よそよそしい儀礼的な言いまわしで「我が主、我が処刑者、我が敵」として承認された。これは臣民に対する王の権力についてのきわめて精確な表現だった。臣民のなかには、購入された幼児、あるいは奴隷のように、王の臨席する儀式で人身御供に捧げられる者もいたからである。[*55]王は神の所有物のなかで、地上の存在としては最良の者とみなされており、神に対してはその慈愛に満ちた周期的な恵み――とくに毎日の日の出――に感謝して、血にまみれた生け贄を捧げる義務があった。アズテック族はこの周期的な恵みによって、生活が許されていると思っていたのである。ところが、アズテックの社会は必要な生け贄を賄えるだけの犠牲者を生み出すことはできなかった。それは戦争で獲得されなければならなかったのである。

アズテック族の戦争の中心は、近距離で行なわれる総力戦だった。ところが、それは我々には不可解な戦闘形態だった。高度に儀式化されたその性格、アズテック族とその敵の双方によって受け入れられている掟のためである。アズテック族は優れた金細工の技術を持っていたが、鉄や青銅は発見していなかった。そして彼らは、弓と矢、そして槍と投げ槍の飛距離を伸ばすためのてこ atlatl を使っていた。アズテック族が愛用したのは木製の刀で、刃の部分に黒曜石の細片や燧石の薄片を散りばめてあった。これは敵に傷を負わせるためのもので、殺すための武器ではなかった。戦士たちは敵の矢から身を守るためにキルティング加工した綿の「甲冑」——後にスペイン人はアズテックとの戦いでこの「甲冑」を採用することになったが、それは彼らの鉄製の胸あてでは暑すぎたし、またメキシコでの戦闘では邪魔だったからだった——と、小さな丸い盾をもっていた。戦士の目標は敵に接近し、盾の下の脚に一撃を加え、戦闘不能にさせることだった。[*56]

アズテックの軍隊も、アズテック社会と同様、階級社会だった。戦線で先を争って出番を奪い合うのは、大多数が新兵だった。彼らは養成所でグループに組織され、捕虜のとらえ方を教わったばかりだった。士官クラスは経験を積んだ戦士という地位を確保していたが、それまでの戦争でとらえた捕虜の数によって地位が決まっていた。最上位の戦士は一対一の戦いで七人の捕虜をとらえた者であり、そのみごとな衣装で区別された。これらの戦士たちは、アズテック戦争の「無敵の戦士」と呼ばれていた。そしてアズテックの組織化された社会生活では、他の人びとがすれば顰蹙をかうような粗野な振る舞いも許されていた。

とはいえ、「偉大な戦士は孤独なハンターだった」。彼らは、「戦場の埃と混乱のなかで、対等の地位にある敵を追い求めた。自分よりも少し上の階級にある敵なら、理想的だった」

（古典学者や中世史家なら、ホメロスや騎士の戦闘の史料のなかに、これと同様の戦士風土を認めるだろう）。

好敵手との一騎打ちは、彼らが好んだ戦闘様式だった。……彼らはなんとかして、敵を打ち倒したがった。そのほとんどは、脚に一撃を喰らわすことだった——膝の腱を切って立ちあがれないようにした——が、それで敵を組み伏せ、屈服させたのである。おそらく戦士の頭髪を摑むことは……屈服を強いるのに効果があっただろう。通常、手に縄をもった男たちがいて、捕虜を縛りあげ、自軍の背後に連行した。

アズテック族の戦闘の中心は個々の捕虜捕獲であり、人気取りのために捕虜をとらえていない同僚に自分の捕虜を与えた場合、双方ともに死刑になった。*57

矢の射ち合いとともにはじまり、混乱のなかで個々の一騎打ちが行なわれた戦争は、捕虜が栄光の首都テノチティトランに連行されて、終わりを告げた。勝利者たちはそれぞれの生活に戻った。勇士には、次の過酷な戦闘まで休息が与えられた。中位の戦士はおそらく、名誉ある役職に就いた。捕虜の捕獲に二回、三回と失敗した男たちは、戦士の養成所から追放され、荷車曳きの境遇に沈み、客引きに精を出した。これはアズテック社会の最下層だった。捕虜の苦難は、まだはじまったばかりだった。

勝利の後に征服が続いたときは、アズテックの戦争は幾千もの捕虜を生み出した。従属民ファアクゼテックの反乱の鎮圧後、推定二万人の捕虜が首都に連行され、新しいピラミッド神殿に生け贄として捧げられた。捕虜をピラミッドの頂上に登らせ、そこで心臓を引き裂いたのである。捕虜のなかには、購入奴隷や貢ぎものの奴隷と一緒に、年間四大祭の生け贄として特別扱いを受ける者もいた。最初の人間皮剝祭 Tlacaxipeualiztli で一群の生け贄が殺害されたが、その捕獲の方法と処刑の様式は、アズテックの戦争の形式と哲学を端的に表している。このきわめて軍事的な処置は、極端なまで様式化されていた。「花」もしくは「花のような」戦争はアズテックとナフアトゥル語を話す近隣のすべての部族との間で行なわれたが、それは死の犠牲となるにふさわしい最高位の戦士階級の捕虜をとらえるためのものだった。戦闘はあらかじめ仕組まれており、犠牲者の運命は知れわたっていた。[*58]

それぞれの戦士養成所から連れてこられた四百人の捕虜のなかから、一人が「皮剝」用に選ばれた。処刑場に連行される前の待機期間中は、この男は名誉ある賓客としての待遇を受けた。「捕獲者とその側近の地元の若者が頻繁に訪れて男を飾り立て、また賞賛の言葉を降り注いだ」――とはいえそれは男の目前に控える恐ろしい運命を思い起こさせて、「嘲る」ものでもあった。祭礼の日が来ると、男は神官に伴われて、公衆の目に晒された殺人用の石舞台に登らされた。そこで縄で縛られ、死の苦しみに備えた装備が与えられた。[*59] この石舞台は攻撃してくる四人の戦士よりも高く、男は優位に立っていた。そして男には、戦士に投げつけることができるように、投げ棒が与えられた。男の武器はなんといっても剣だったが、その刃は燧石ではなく、羽だった。

敵よりも高い地歩を占め、戦場では当然であるが殺人の禁止を解かれた犠牲者は、不自由な思いをしながらも、重たいこん棒を振りまわして相手の頭を叩くことができた。［アズテックの］勇士は、しとめやすい目標を眼前にして、心をそそられた。戦場と同じように、膝や踝を一撃すれば、生け贄を戦闘不能に陥らせ、打ち倒すことができるからだった。しかし、それではせっかくの晴れの舞台を台無しにしてしまうし、同時にまた彼らの栄光も終わってしまう。したがって、そのような誘惑に屈服するわけにはいかなかった。このような公の場でのつらい状況のもとでは、彼らの関心はむしろ、武器を操る高度な腕前を見せつけることに向けられた。たっぷりと時間をかけて細身の刀身で犠牲者を少しずつ切りさいなみ、生皮を血で飾るのである「この全過程は「皮剝」と呼ばれた」。やがて生け贄は……奮闘のかいなく疲れ切り、貧血を起こしてよろめき、そして倒れた。

男は胸を切り開く儀式で息の根を止められ、まだ脈打つその心臓が引きちぎられた。[*60]

男をとらえた戦士はこの死の舞台になんの役割を果たすこともなく、石舞台の下から見物するだけだった。ところが、死体から首が切り離され、頭蓋骨が神殿に晒されるとすぐ、捕獲した戦士は死者の血を飲み、死体を家にもち帰った。それから生け贄の儀式が要求するとおりに四肢を切断して分配し、生皮を剝ぎ、しげしげと見入ったのである。一方、家族の方は、死んだ戦士の人肉の一部をトッピングしたトウモロコシのシチューでささやかな儀式的な食事をとりながら、一時は彼らの家族となった若き戦士の運命にすすり泣き、やがて声をあげて嘆き悲しんだ。この憂鬱な「祭礼」期間中は、捕獲者はその輝かしい装束を脱ぎ、その死んでしまった捕虜と同じように、運命が定まっていた犠牲者の羽とチョークで白づくめになった。

ところが後に、捕獲者――待機期間中は生け贄に「愛する息子」と呼びかけ、逆にこの男からは「愛する父」と呼び返されていた捕獲者はまた「皮剝」には叔父を参加させていた――は、その装束をふたたび変える。死者から剝いだ生皮を着はじめ、また「その特権を請い願う者に対して」貸し出したのである。それは生皮と人肉の破片を貼りつけた切れっ端が腐って溶けてしまうまで続いた。これは、「我が剝ぎ取られた神なる支配者」に対して捧げられた最後の貢ぎ物だった。この支配者は生け贄の死に先立つ四日間、石舞台で行なわれた儀式を細大洩らさず見聞きし、四回にわたってその心臓を胸から象徴的に引き出させ、犠牲者の「愛する父」とともに石舞台に連れていかれるまで寝ずの番をつとめ、生け贄の運命的な戦いを見守っていたのだった。

この言語を絶する厳しい試練の間、犠牲者を支えたのは、「死にざまがよければ、その名は記憶され、賞賛の唄は生まれ育った町の戦士の館でも歌われる」ことを知っていたからだとクレンディネンは述べている。この見解は、少なくとも戦士の行動に関するかぎり、心理的な確信という点ではヨーロッパの叙事詩や武勇譚に通ずるものである。たとえばディエン・ビエン・フーが陥落して、ベトミンのカメラの前を行進したときに「むしろ死を」と叫んだビゲアール大佐を思い出す人もいるだろうし、またシンガポールが陥落したときに、第一次世界大戦でビクトリア十字勲章を獲得した退役オーストラリア軍人が両手に手榴弾をもち、「私は降伏しない」と呟きながら、たった一人で日本軍の前線に向かい、二度と帰らぬ人となったことを思い出す人もいるだろう。しかし、戦場で戦士たちは集団でどう行動するかということについての説明としては、これで充分とはいえない。とくに、少なくとも戦争には物質的な目的があり、人命の損失はその目的と相関関係にあると当然のように思っている現代人には、充分とはいえない。ところがインガ・クレンディネンは、アズテックの戦争にはまったく物質的な目的はないというのである。彼らはメキシコ中央部の渓谷の文明の伝説的な創始者、トルテック族の子孫であり、トルテック帝国の栄光の再興は彼らの使命であると信じていたというのである。アズテック族はその目的を達成した。しかしそれは神々によって導かれ、神々だけが支えることができたものだった。その神々が生け贄を要求するのである。それもすべてを、そしてまったく些細な物をも含めて価値ある物ならどのような物をも求めたが、なによりもまず人間の生命を求めたのだった。だからアズテック族は「手近な近隣の町から……柔順の［証しとして］最大の貢ぎ物を……［彼らのいう］トルテックの身および彼らの運命」についての独自の説明を認知させることなのだった。[*61]

ことを外部に向かって示すことだった。アズテック族が近隣部族から求めたのは、「彼ら自

塗られた儀式を共同で行なうという試練をつうじて、彼らが神々に精神的に受け入れられた

正統性という大義のもとに取り立てた」。しかしそれ以上に重要なのは、神々が要求する血

そのような運命――愛することのない血に飢えた神々を宥めるといういつまでもまわり続ける歯車に結びつけられた運命――は、現代人のどのような世界観とも一致しないことから、アズテック族の戦争は常軌を逸し、我々が合理的と見なすどのような戦略、もしくは戦術体系ともまったく関連性をもたないものとして、忘れ去られようとしている。ところがそれは我々が安全を、地上の事件に直接介入する神的な力への信頼とは分けて考えるようになったからなのである。アズテックは事態をまったく逆の光にあてて見ていた。神々の要求を繰り返し満足させることによってのみ、その荒々しさを繋ぎ止めることができると考えたのだった。その結果、アズテックの戦争は達成されるべき目的――捕虜の獲得であり、そのうちの何人かは彼らの儀式的な殺人の積極的な関与者でなければならなかった――についての信念によって、制限されていたのである。さらにそれ以上に注目すべき帰結は、アズテックの最高の武器は、傷を負わせるものであって殺害するものではないという制約のもとに作られていたということである。

アズテックの戦争についてのこの報告で注意しておかなければならない重要な特徴は、これはアズテック族の勢力の頂点における戦争についてだけ伝えているが、彼らがその勢力を

獲得しようとして苦闘していた時期にどのように戦っていたかについては伝えていないという点である。おそらく彼らは敵対する部族を殺戮したことだろう。それは征服者のつねである。「花の戦争」は非常に洗練されているだけでなく、自己を確信した社会の慣習だった。略奪するほどの力をもつ侵略者によって国境線が脅かされることがないことから、戦争を儀式化するだけの余裕がある社会の慣習だった。またアズテック社会は非常に豊かだった。何千もの捕虜を生産的な仕事につかせるとか、奴隷として売り払うことはせず、犠牲に供するだけの余裕がある社会だった。中央アメリカのマヤの記念碑的な建造物は、その規模と質においてアズテックをはるかに凌駕しているが、彼らはアズテックとは正反対に、犠牲に供したのは貴族の捕虜だけで、残りは労役にこき使うか、市場で売り払った。マヤの習慣の方が、はるかに他の好戦的な部族の習慣と共通のパターンがある。奴隷の獲得は通常、戦争で得られる重要な報酬であり、ときには主要な動機だったからである。[*62]

アズテックの戦争は戦士が行なうのであり、兵卒ではなかった。それはつまり、彼らは社会における地位を確保するために戦うことを期待し、また期待されたということだった。義務とか報酬のために戦ったのではなかった。そして、この二つの特徴は、我々が調べている戦争のタイプをより明らかにするものなのである。明らかに、アズテック族の戦争は前冶金時代のもっとも洗練された形態であり、またもっとも常軌を逸した形態の一つだった。それでも彼らはマオリ族、さらにはマリング族やヤノマモ族の戦争形態に属しており、金属の発見とその後の軍団の到来を告げる戦争形態に属しているのではなかった。この四部族の戦争は近距離で戦う遭遇戦であり、その武器はほとんど貫通力をもたなかったから、頭や胴体を突き刺されないようにするための部厚い防御物を必要としなかった。アズテック族は儀式と戦闘を高度に一致させ、戦争の動機と目的を一致させた。しかし、それは現代人が戦うときに考えるような原因と結果というような関係をほとんどもってはいなかった。復讐とか侮辱の代償は一般に戦争の動機であり、神話的な必要性、もしくは神々の要求を満足させるものであるが、同じく目的でもあるのだった。そのような原因と結果が存在するのは、ターニー・ハイがいう「軍事的な地平線」の下だけである。しかし——あえて問題とするなら——いつ、どのようにして、またなぜ戦争がはじまったのだろうか。

戦争のはじまり

我々は「歴史」の起点を人間がものを書きはじめた時点、あるいはもっと精確にいえば、我々が筆跡として認識できる痕跡が残された時点に置いている。現在のイラクに住んだシュメール人が残したそのような痕跡は紀元前三一〇〇年頃まで遡るが、シンボルとして使用された例はそれからさらに五千年を遡る。それは紀元前八〇〇〇年頃、人間が特定の恵まれた地域で狩猟や採集に頼って暮らすことを止め、農耕をはじめた時期である。

現生人類 homo sapiens sapiens はシュメール人よりもはるかに古いのはもちろんであるが、その猿人の祖先——その体型、身のこなし、さまざまな能力を見れば、我々と類縁関係にあるのは疑いようもない――はさらに古い。したがって我々と彼らとを分ける時間的距離に、安易な意味づけを与えることはできない。J・M・ロバーツ〔一九二八―二〇〇三　イギリスの歴史家〕という歴史家は先史時代――筆跡を残した時代に先立つ無限の時間――をグラフで図式化したが、それによればキリストの誕生は現在より二〇分前の出来事であり、シュメール人の出現はそれよりもさらに四〇分前、西欧において「生理学的に明らかに現代人と同じ類型に属する人間」が確認されたのはさらに五～六時間前、「なんらかの形で人間に似た性格をもった生命体」が出現したのは二～三週間前としている。[*63]

　戦争の歴史は記述とともにはじまったが、それに先行する歴史を無視することはできない。先史時代を研究する歴史家は、人類――そして「前・人類」――が自らの種族に対して暴力的であったかどうかという問題によって、人類学者とははっきりと区別されている。この問題に介入するのは危険であるが、しかし少なくとも彼らがどんな議論をしているかは見ておく必要がある。この議論の出発点は男と女の社会的な役割の分化であるといえる。人類の祖先アウストラロピテクスの痕跡はおよそ五〇〇万年前まで遡れるが、その生存をはっきりと証明する痕跡となると一五〇万年前ということになる。彼らは食料を発見した場所から食べる場所へと運んだと思われる。おそらく食べる場所には隠れ家を作っており、また小石に細工を加え、粗く削って尖らせた最初の道具を使っていた。タンザニアのオルドバイ渓谷の洞窟からは、骨髄や脳髄を抽出するために粉々にされた動物の骨が現れている。

　アウストラロピテクスは霊長類と同様、仲間と一緒に外をぶらぶらと歩きまわりながら哺乳していたが、長い間に子孫は母親にしがみつく能力を失い、その結果、食べる場所は男が食糧を運んで帰る家になったといわれている。約四〇万年前、アウストラロピテクスの系統を引く原人 homo erectus になると、この傾向はさらに強まった。脳の容量は飛躍的に増大し、その結果、頭も大きくなったが、それに比例して誕生前の身体が大きくなったというわけではなかった。原人の幼児の成熟にはアウストラロピテクスよりもはるかに長い時間がかかったので、母親は育児する場所にますます縛られるようになった。妊娠時の大きくなった頭に適応するために被った女性の骨格の変化で、食糧採集に一緒に出かけることには不向きになった。女性がすべての哺乳動物に見られる発情期の喪失という変化を被り、つねに男にとって魅力的な存在になったのは、進化のこの段階といわれている。その結果、女性は長期にわたる同伴者として選別され――女性たち自身も選別した――近親関係にある者との性的な関係を避ける、もしくは禁止されるようになった。発情期の狂乱から解放されたことによって女性は細やかな母性愛を発揮することが許されるようになったが、それは成長が遅く、脳が大きくなった子孫を養育するには欠かせないものだった。

これが少なくとも家族という単位の発達と、隠れ家、運び込まれた食糧、結束の必要性についての説明の一つである。原人は我々に、彼らの家族とおそらく社会生活の痕跡を残している。ロバーツによれば、それは「組み立てられた住み処（枝を編んだ幅一五フィートもの、石板や毛皮を敷いた床のある小屋ということもあった）、最古の加工された材木、同じく最古の木製の槍、最古の容器、つまり木製の椀」などの遺品に見ることができるという。[*64] もちろんこれは原人が食用の根菜、葉、果実、地虫を採集していただけでなく、氷河の前進や後退に伴って植物も繁茂と立ち枯れを繰り返し、狩猟動物もその広大なテリトリーを引きずりまわされるという変動する環境のなかで、彼らが大小の哺乳動物の狩猟をしていた時期以降の遺跡である。

これらの気候の変動には長期の間隔――百万年続いた氷河時代は、ほんの一万年ほど前に終息したばかりだが、その間に四回の休止期間が確認されている――があり、小集団に分かれた人間の多くが環境の変化のなかで生き残りに失敗し、死滅したに違いない。にもかかわらず、環境に適応し、火の使い方を覚え、大量の食糧を供給する巨大な哺乳動物を罠にかけて殺す技術――おそらく共同作業的な技術――を獲得した者もいた。おそらく狩人の集団は結束して象やサイ、あるいはマンモスを絶壁や沼地に駆り立てた。そしてこれらの動物は、人間が初期の原始的な武器で負わせた致命傷やいくつもの傷がもとで死んでいった。[*65]

発掘されたもっとも初期の石器は追跡用の武器として使われていたことはありえないから、当然、戦争の道具ではない。アウストラロピテクスの石器は手で摑む礫石器で、粗削りの刃があった。とはいえ、削れば薄片ができる――とくに燧石はもっとも加工しやすい石として早くから知られていた――ので、本体と薄片はともに役に立つことがわかると、彼らはこの二つをそれぞれ別々につくりはじめた。技術が進み、まずはじめに石の台を使い、次に圧力を加える道具として骨の先を使うようになると、大きな尖端部とみごとに鋭利な長い刃をつくれるようになった。これはたしかに狩猟用の武器だった。槍先は投げる、もしくは突き刺し、斧の尖端部は倒れた獣の死体の切断に使われた。この洗練された道具は約一万年から一万五千年前に遡る旧石器時代末期の遺跡で発見されている。

旧石器時代は数十万年も続いたが、人間が巨大な動物に立ち向かうという厳しい時代だった。イタリアのアレーネ・カンディーデ〔サヴォーナ近郊の遺跡〕では旧石器時代末期、少なくとも一万年前に死亡した若者の骸骨が発見されている。下顎の一部、鎖骨、肩甲骨が大腿骨の上部と一緒に、巨大で獰猛な動物によって噛みちぎられていた。おそらく狩人が罠として掘ったか仕かけたかした穴、もしくは洞穴に追い詰められた熊の仕業だろう。傷は生きている間に受けたものだった。というのは、死体は丁重に埋葬され、傷口のうえには赤土、もしくは黄土でできた化粧用の塗り薬が塗られていたからである。[66] 熊を狩り立てていたこの犠牲者は不運だった。トリエステで発見された熊の頭蓋骨には燧石の先端が発見されたが、それは最後の氷河時代の中間期、十万年前まで遡るものだった。つまり、現生人類の祖先であるネアンデルタール人はすでに正しい角度で刃を据えつけ、至近距離で頭蓋骨を叩き割る方法を習得していたのである。[67] シュレスビッヒ・ホルシュタインで殺された象の肋骨にはイチイの木でできた槍が発見されているが、これはほぼ同じ時期に遡る。パレスティナで発掘されたネアンデルタール人の骸骨の骨盤には、槍先による深い刺し傷の跡がくっきりと浮かんでいた。

これらすべては、狩人たちは勇敢でたしかな腕をもっていたことを物語っている。先史学者のブレイユ〔一八七七—一九六一 フランスの考古学者〕とランティエ〔一八八六—一九八〇 フランスの考古学者〕は、次のように記している。

［ネアンデルタール人と］動物を分ける大きな深淵は存在しなかった。両者を繋ぐ絆はまだ断ち切られておらず、人類は周囲で暮らし、彼らのように殺したり餌を漁る野獣をまだ身近なものと感じていた。……彼らはまだ、文明が鈍化させたあらゆる資質を保っていた——敏捷性、高度に訓練された視力、聴力、嗅覚、驚くほど頑健な肉体、狩りたてようとする動物の性格や習慣についての細部にわたる精確な知識、手にした初歩的な武器から最大限の効果を引き出すたしかな腕。*68

もちろんこれらは、時代を越えた戦士に共通の資質であり、現代の特殊部隊訓練所で多大な時間と資金をかけて兵士にあらためて植えつけようとしている能力である。現代の兵士は生きるために狩猟を学んでいる。しかし、先史時代の狩人は人間と戦ったのだろうか。その証拠はわずかである。それどころか、しばしばまったく反対の方向を指し示している。

骨盤に槍傷を負ったネアンデルタール人は、まったくその証拠にはならない。おそらくそれは狩人の一団が殺傷の混乱のなかでたまたま負わせてしまった傷である。武器を扱う者ならだれでも知っているが、もっとも危険なのはすぐ側にいる人間が振りまわす武器なのである。およそ三万五千年前の氷河期最後の時代に出現しはじめた素晴らしい洞窟絵画は、当時まだ狩猟文化のなかで暮らしていた人間同士が残虐な行為を行なっていたことを示すなんらかの証拠を提示しているだろうか。地上に住む人間は、その頃までにすべて現生人類になっていた。彼らは約五千年前に出現したばかりだった。そして急速にネアンデルタール人に取って代わっていったが、先史学者はだれもその手段についての説明に成功していない。世界中のいたるところで幾千もの洞窟絵画が発見――その時期は人類の人口が一〇〇万以下の時代にまで遡る――されており、そのもっとも初期のおよそ三万五千年前のものと思われる一三〇の洞窟絵画には、人間もしくは人間らしき生物が描かれている。洞窟絵画の解説者のなかには、描かれているのは死者、もしくは死につつある人間と思っている者もおり、また敬意をもって描かれた動物は、槍、投げ矢、あるいは矢のシンボルを受けていると考える者もいる。別の考えもある。人間像の大多数は平和な光景のなかに描かれており、一方、矢のシンボルはおそらく「性的な意味、あるいは無意味ないたずら」だろうというものである。[69]

いずれにしても旧石器時代の人類はまだ、弓を発明していなかった。[70]ところがおよそ一万年前に新石器時代がはじまると、「びっくりするような四つの強力な新兵器が出現した……弓、投石器、短剣、……そして鉾といった武器テクノロジーの革命」が発生したのである。最後の三つは、既存の武器に改良を加えたものだった。鉾はこん棒から発生し、短剣は槍の先端から、投石器は石を縛りつけた投げ縄 bola から生まれたものだった。これは一対の石を皮紐で結び、それを殺害地に追い込んだ鹿や野牛の脚に投げつけて、もつれさせるのである。[71]投槍器 atlatl は間接的ではあるが、おそらく投石器の先駆けとなっている。作用原理は同じだからである。ところが、弓は真の出発点だった。これははじめての機械といえよう。弓は推進部をもち、筋肉エネルギーを機械エネルギーに変換する。新石器時代の人間がどのようにして弓を思いついたかについて我々は推測することはできないが、ひとたび発明されると驚くほどの速さで拡まっていった。その原因は、おそらく氷河の後退と関係があるだろう。温帯地方の温暖化は、狩人が追う獲物の行動と移動パターンをまったく変えてしまった。狩猟動物が見つかるはずのかつての遠隔地の狩場はなくなってしまった。そして解放された動物が広い地域を駆けめぐりはじめると、狩人たちの一団は快速を飛ばして走りまわる獲物をしとめる手段を見つけざるをえなくなったのである。

原始的な単純な弓は同質の木の組み合わせで、若木の長さほどのものがその典型だった。そしてその弓には弾性と圧縮という相対立する特性が欠けていた。後になるとこの特質が合成され、白木と赤木の両方から作られた長弓となり、飛行力と貫通力を与えることになる。とはいえ、この単純な形態だけで人類と動物世界との関係を変えるには充分だった。人類はもはや獲物を殺すために至近距離に近づき、最後の瞬間に命を賭けて肉弾戦を戦う必要がなくなったからである。この出発点において、ローレンツやアードレイのような動物行動学者は、人間とその他の生物との関係に新たな道徳的な次元が開かれたと考えている。しかし、それはまた人間同士においてもいえることだった。それでは射手となった人間は、最初の戦士となった人間なのだろうか。

新石器時代の洞窟絵画はたしかに、弓をもった男たちが敵対している光景を我々に見せてくれている。アーサー・フェリル〔現代アメリカの軍事史家〕は、スペインのレバント地方の洞窟絵画のなかに戦場における戦術の原型が見られると述べている。戦士たちが首長の背後に整列して一斉に矢を放っており、さらに「四人部隊」と「三人部隊」との遭遇戦では側面包囲を行なっているというのである。しかし、ヤノマモ族（彼らは石に細工はしなかったが、弓は知っていた）とマリング族について我々が知っていることから類推すると、これら三つの光景は彼らの威勢の形式的な誇示という用語で説明できるのは明らかである。たとえばヤノマモ族の首長は、暴力が危険な段階に入ると、弓を作ってこん棒で戦う戦士を威嚇する。マリング族は、「ゼロの戦争」と「真の戦争」いずれの場合でも背後から弓を放つが、それはだれにもほとんど危害を加えることのない距離からだった。「三人」および「四人」の「部隊」はたしかに接近しているが、洞窟絵画の作者は遠近法の処理とは無縁だった以上、現実とは無縁のものである。

我々が新石器時代の弓をもつ男たちを現代世界にまで生き延びた狩人たちの原型と考えるなら、彼らに強靭な戦士の資質を与えるわけにはゆかないのはたしかである。同じく彼らが平和な人びとであったと論じるのも、危険である。民族誌学者たちは現在まで生き延びてきたいくつかの部族グループの研究を進めているが、彼らは狩猟集団は驚くほど平和主義的な社会制度と両立するし、その集団は実際平和主義的な制度を促進することもあるという見解の擁護者である。南アフリカのカラハリ砂漠に住むサン族（ブッシュマン）は一般に温和で優しい部族と見なされており、また同じような見解はマレーシアのジャングルで他部族と離れて暮らすセマイ族についてもいわれている。[*72] ところが、生き残った狩猟部族の性格から我々の共通の祖先の行動を類推した場合に問題となるのは、おそらく彼らはまったく石器時代の人間とは似ていないということである。たとえばセマイ族は穀物の栽培で狩猟を補っているが、それは洞窟絵画の時代には知られていない生活手段だった。またブッシュマンは明らかに「周辺化」された部族だった。彼らは家畜を放牧するバントゥ族の進出によって現在住む不毛地帯に押し出されたのであり、彼らのどっちつかずで争いを好まない習慣は、攻撃的な近隣部族の注目を集めないという決意によるものともいえるのである。

狩猟集団が中心となる社会の精神風土はたしかに、協調性と好戦性というきわめて相反する感情の間を揺れ動くものなのかもしれない。白人大ハンターの元祖フレデリック・セルー（一八五一～一九一七年）は、一八八〇年代に現在のジンバブエで狩猟をしたときに、そのパーティの人員が膨れあがって収拾不能に陥ったことがあった。肉に飢えた原住民が一撃必殺の誉れ高いハンターの従者の後を、ぞろぞろとくっついてきたのである。民族誌学者はこれとは対照的に、運に見放された狩人はすぐに狩猟グループ内での権威を失い、その男に食糧を頼っていた人びとの生け贄になることさえあると記している。同様に、移住のパターン次第では、または凶作を豊作に変えようとして、近隣部族が狩猟をともにする場合もあるが、通常はその狩猟場を私有財産と見なして防御し、境界線を侵犯した者は殺してしまう。初期の洞窟絵画の解説者フーゴー・オーベルマイアー〔一八七七―一九四六　ドイツの歴史学者〕は、あるシーンを石器時代の人間がそのテリトリーを守っているところを描いたものと考えている。[*73] エジプト学者は上エジプトのジェベル・サハバの有名な第一一七遺跡の意味を、同じように解釈している。ここの墓場からは五九体の骸骨が発掘されたが、その多くには傷痕がみられたとF・ウェンドルフ〔現代アメリカの人類学者〕は記している。その骸骨には、人為的な傷痕と思わせるものが一一〇もあった。そしてそのほとんどは、切っ先、矢鏃、飛び道具、槍が肉体に貫通したことを示していた。彼らは陪葬者ではなかった。人為的な傷痕の多くは脊髄に沿って発見されたが、その他にも胸腔、下腹部、腕、頭部にも集中していた。頭蓋骨のなかには武器の破片がいくつか発見されており、そのうちの二つは［頭蓋骨底部の］楔状骨にはまり込んでいたが、それは下顎部から貫通したことを示していた。*74

この骸骨の男女の数はほぼ同数であり、骨の傷の周囲には癒合組織が見られないのでその傷は致命傷だったことを示していることから、これらの死体はテリトリーをめぐる狩猟集団同士の戦いの犠牲者だったという結論が一つの答えとして導き出されている。おそらく氷河期末期の気候の不順な時期にヌビア地方を襲った突然の旱魃――不毛地帯への逆戻り――が原因となったものと思われる。

「我々はこの遺跡ではじめて、先史時代の戦争の証拠となる大規模な骸骨群を発見した」とフェリルは考えている。*75 しかしながら、同じ理由から、そうではないともいえる。別の専門家が述べているように、遺体は何回もの期間に分けて埋葬されたかもしれないのである。ナイル渓谷の上流は新石器時代のメルティング・スポットだったことから、これらの遺体は殺害者とはまったく異なった文化に属しており、だから石器時代の人間の好戦的な性格とはまったく関係ないというものである。詳細な検討が加えられたわけではないが、もう一つの可能性もある。この墓場はたしかに狩人同士の戦いの証拠を見せてくれたが、それはヤノマモ族やマリング族が行なっているような「急襲」もしくは「潰走」といったカテゴリーに属するという可能性である。犠牲者には男も女もいるという事実は、この解釈と一致する。また若い女の骸骨には二一もの矢、もしくは槍による傷痕が見られるが、フェリルが「やりすぎ」と呼んだこのおびただしい傷痕が発見されたこととも一致する。とくにマリング族が敵を「潰走」させようとするときは、年齢や性別に関係なく、目あてとする村で罠にかかった者すべてを殺すつもりで襲撃をはじめる。だから、もし傷の証拠が虐殺があったことを示すものなら、残念ではあるが、何世紀にもわたってさまざまな地域で行なわれてきた人間の行動と一致することになるのである。ゴトランド〔スウェーデン南東部の州で、現在の州都ヴィスビーは一三六一年にデンマークから襲撃を受けた〕の巨大墓地の発掘は身の毛もよだつような発見の一つであるが、ここには一三六一年のヴィスビーの戦いの死者二千名が埋葬されていた。遺体の多くはめった切りの憂き目にあっているが——その典型は向う脛にいくつも見られる刀傷の痕跡である——そのような傷は戦闘不能になった後でなければ負わせることはできないはずである。しかし、すでに述べたように、「急襲」もしくは「潰走」は真の戦争行為とはいえない。どちらも「軍事的な地平線の下」に存在するものであり、遠征における一つのエピソードというよりも大量殺人として考えるべきものである。第一発掘者が想像したように、第一一七遺跡の死者と彼らを襲撃した人びとがともに狩猟文化に属する者であるとするなら、またその死者全員が一度に殺されたとするなら、彼らを見舞った恐るべき結果は新石器時代の狩人たちは原始的な戦士以上の者ではないという考えを補強するものである。つまり、新石器時代の狩人たちは明確に区別できる戦士階級をもたず、また「現代的な」戦争の概念をもたない集団だったということになる。たしかに彼らは戦ったし、待ち伏せを、急襲を、そしておそらく「潰走」をさせた。しかし、征服とか占領のための組織化された行動を行なっていなかったのは、まず間違いない。

ところで、ヌビア地方は太古の昔も現在も肥沃と不毛が出会う地域であるが、先史時代のこの地方の住民は「原始的な」戦争がどのようにして「真の」、あるいは「近代的な」、もしくは「文明化」された戦争に至ったかについての理解の鍵を握っているのかもしれない。というのも第一一七遺跡の証拠については、この骸骨群が物語っているのは狩猟のテリトリーをめぐる狩人同士の戦いではなく、まったく異なった経済圏の闘争であるという、もう一つの解釈があるのである。ナイル川上流の渓谷地帯は最後の氷河期の終わりから続いた緩やかな気候の変化の恩恵をもっとも受けて、新石器時代の人間がさらに進んだ新しい定住生活をはじめた地方の一つだった。発見された石器は、住民は野草を刈り、穀物を挽いていたことを示している。さらには、まだ実際には家畜化してはいないまでも、生活のために必要としていた動物の番をしはじめたということを示す証拠も、わずかながら見つかっている。[*76] 彼らは牧畜生活と農耕生活の岐路に立っていたのである。そして、この二つの行動形態が人間とその居住地との関係を変えたのだった。狩猟者と採集者は「テリトリー」をもっていたと思われる。牧畜をする者は牧草地と水飲み場をもっていた。農耕をする者には耕作地があった。

ひとたび人間が特定の場所で季節ごとの定期的な見返りを期待して労力をかける――羊を生ませ、群れを作り、種をまき、収穫をする――ようになれば、たちまち権利と所有の感覚が発達する。時間と労力をかけた土地に踏み込んできた者に対しては、彼らは強奪者、侵入者に対する使用者、先住者としての敵意を発達させたはずである。一定の見込みは一定の見返りを求める方向に進む。牧畜や農耕なら、なおさらである。そして戦争へと進む。少なくともこれが第一一七遺跡の意味の一つである。この遺跡が示しているのは、当時の地球の温暖化の特徴である突然の気候の変化が狩人や採集者の一群をナイル川に引き戻し、一部重なり合うテリトリーをめぐって最初期の牧畜民や農耕民と抗争するに至ったということなのである。この遺跡に埋葬された遺体がどちら側の者なのかについては、推測に任せるしかない。

戦いにかけては、狩人の方が上手だったに違いない。J・M・ロバーツは次のように考えている。「推測するに、貴族階級という観念がおぼろげながらも発生した基盤は、狩猟・採集者集団の成功（それはかなりの頻度だったはずである）に求めるべきであるといってよいだろう。この集団は旧社会秩序の代表であり、耕作地に縛られた定住民が攻撃されやすいことにつけ込んだ」[*77]。たしかに、狩猟する権利は農耕民に対して権威をふるう集団によってほしいままにされてきたし、またそのような権利を独占する貴族たちが彼らの権利を犯す人びとに対して残忍な刑罰を制定してきたのは、どこでも見られた現象である。だからこそ、貴族たちの狩猟の権利を覆すことが、革命の主だった要求になりえたのだった。狩猟・採集集団は長い時間をかけて没落していくことになるわけであるが、そうなる前に封建性のもとでは作男やその子どもたちに対して——大鷹匠とか林務長官、あるいは馬匹長官として——威張り散らすことができた。とはいえ、生態学的に人間の居住に向いた地域で起きた出来事の趨勢は、地表を作り変えようとして働く人びとに味方したのであり、その実りをかすめ取ることで満足する集団に味方したのではなかった。農耕は、将来へとつながる道だった。

氷河の後退からシュメール人の文字の出現までの七千年の間、人類は——なおまだ石器を使っていたが——突飛な思いつきや試行錯誤を繰り返しながら、苦心して大地を切り拓く技術を身につけていった。ティグリス川とユーフラテス川、ナイル、インダス、そして黄河の流域地帯で耕作し、刈り入れを行なったが、やがてはその地が大文明の中心となった。もちろん、氷河時代の生活様式から集約栽培へと一足飛びに進んだわけではなかった。史家の一致した見解では、人間は群生動物を管理する——紀元前九〇〇〇年頃のイラク北部に牧羊の証拠が見られる——ことからはじめ、野生の穀物を組織的に集めて撒くことから、やがてはよりよい品種を選択するという漸進的な進歩の跡が明らかに見て取れるという。ところが、どこで、またどのようにして、人間がはじめて農耕居住区を作ったのかという点となると、史家の見解は一致していない。これはよく理解できるが、その証拠があまりにもまちまちなのである。近東の渓流沿いの高地という説があった。低地よりも健康的で乾燥しており、焼き畑による開墾で木に被われた一帯に肥沃な空き地を作るのに適していたからだった。[*78] この説は、当時の水準から見て新しいタイプの石器が出現したことで、支持を集めている。それは重たい玄武岩、あるいは花崗岩から作られ、研磨材をかけた新石器時代の「ピカピカの」

素晴らしい斧と手斧だった。史家のなかには新石器時代革命という考えを推し進めた者もいる。つまり、農耕の要求は道具を使用するうえで新たな技術を生み出した、あるいは新しい道具が森林を切り拓いて侵入することを可能にしたという考えである。たしかに燧石を削っただけの道具では大木にたいした傷を与えることはできないが、重たいピカピカの斧ならどのような木でも切り倒すことができる。ところが技術決定論的で整然としたこの理論は、長続きしなかった。肥沃な三日月地帯の小高い斜面から大河が作り出した沖積平野にかけて、そして焼き畑から洪水で肥沃になった低地での季節ごとの耕作という、はるかに整然とした農耕の発展形態が我々の新石器時代の祖先に生じたことをこの理論が提出していたにもかかわらず、長続きしなかったのである。

たしかにそのような動きは発生していた。しかし、もっと早い時期から、おそらく紀元前九千年頃から、人類はまったく異なったタイプの農耕生活を思いついていたのである。ヨルダン渓谷の海抜マイナス六〇〇フィートの不毛地帯にあるイェリコで、考古学者は紀元前七千年頃に遡るおよそ八エーカーの都市の遺跡を発見した。人口は二千人から三千人と推定されるが、彼らはオアシス周辺の肥沃な一帯を耕作して暮らしていた。小麦や大麦、そしていくつかの道具の素材となった黒曜石も、どこからか持ち込んでいた。やや時代が下ると、今日のトルコにあるチャタル・ヒュユク〔アナトリア高原のコンヤ市東南の遺跡〕では、もっと大きな都市が作られた。最終的には三〇エーカーの広さに五千人から七千人の住民が、かなり進んだ生活を送っていた。発掘によって、この都市にはおそらく交易により、さまざまな物品が流れ込んでいたことが明らかになっている。また同様に、さまざまな手工芸品の存在も確認されたが、それは労働の分化が行なわれていたことを示している。そしてもっとも印象的なのは、灌漑の跡が発掘されたことだった。これは、以前はもっと後の時代の大河流域の大きな居住区の特徴と考えられていた農耕形態を、この都市の住民が行なっていたことを示すものだった。

軍事史家にとってもっとも重要な点は、この二つの都市の構造である。チャタル・ヒュユクはもっとも外側の途切れることなく続く白壁の家が外壁を作り、そのため侵入者はその壁に穴をあけるか、屋根から侵入しなければならなかったから、「町のなかに入ったとは思わず、一つの部屋に入ったと思ったことだろう」[*79]。イェリコはさらに印象的である。基部の厚さ一〇フィート、高さ一三フィート、周囲およそ七〇〇ヤードの壁が、途切れることなく都市の周囲にめぐらされていたのである。市壁には岩盤を掘った幅三〇フィート、深さ一〇フィートの濠がめぐらされていた。市壁内部には一五フィートの塔がそびえ、監視所になっていた。とはいえ、もっと後の時代の要塞のように、それが主だった戦いの舞台となるようには設計されていなかった。さらにイェリコは石造りで、チャタル・ヒュユクのように土で作られていたのではなかった。これは、おそらく数万時間は要する厳しい共同作業が行なわれたことを示している。チャタル・ヒュユクの構造はときおり姿を見せる泥棒とか略奪者をただ締め出すだけのものであるのに対し、イェリコはまったく異なった目的をもっていた。火力兵器が到来するまでの軍事建造物を特徴づけることになる二つの要素、つまり張りめぐらせた壁と永続的な濠を取り込んでいたのである。イェリコは要塞構造を備えており、長期にわたる包囲攻撃以外ならどのような攻撃にも堪えられるだけの耐久性を備えていた。[*80]
一九五二年から五八年にかけてのイェリコの発見は、集約農業、都市生活、遠距離交易、階層社会、戦争がはじまった時期についてのそれまでの学界の定説に、全面的な見直しを強いることになった。それまでは、メソポタミアで灌漑経済が確立されるまでこれらの発達は生じなかったと考えられており、紀元前三千年頃にエジプトやインドで見られるようになったと信じられていたのである。イェリコの発掘以後、少なくとも戦争は——市壁、塔、濠の存在は、意図的に組織され、武装した強力な敵がいなかったとするなら、なんのためなのか——最初の大帝国が勃興する以前に人間を悩ませていたことが明らかになったのである。[*81]
とはいえ、イェリコとシュメール人の登場との間の軍事的な発達状況を物語る証拠は、わずかしかない。その理由はおそらく、世界にはまだ広大な無人地帯が拡がっており、現生人類は争いよりも植民にそのエネルギーを注いでいたということなのだろう。ヨーロッパでは、紀元前八千年頃には農村が存在していた。そして農耕は年一マイルほどの速度でさらに肥沃な土地を求めて西進し、紀元前四千年頃にブリテン島に到達した。紀元前六千年頃、クレタ島とエーゲ海沿岸には都市が存在していた。ブルガリアでは紀元前五千五百年頃、陶器の製造が発達していた。紀元前四千五百年頃までには、ブリタニアの農耕民は巨石墳墓を造りあげており、今日もなおその祖先を祭る姿を伝えている。ほぼ同じ時期、インドに住み着いた識別可能な六種族のうちの五種族が、インド亜大陸全土に点在する居住区で新石器時代の生活様式を確立した。紀元前四千年頃には、北方の肥沃な高地と中国北西部で新石器時代文化が栄えたが、それは風に運ばれた黄河の土（黄土）がもたらしたものだった。アフリカ、オーストラリア、アメリカだけが狩猟・採集者のために残されていた。ネイティブ・アメリカンは紀元前一万年頃にシベリアからベーリング海峡を渡り、旧世界から進んだ狩猟技術をもたらしたが、にもかかわらずおよそ一千年間、巨大な野牛や三種類のマンモスをはじめとする大陸の巨大な狩猟動物を圧倒できなかった。

ほとんどどこの地域も、人口密度は低いままだった。世界の人口は紀元前一万年頃は五百万から一千万人、紀元前三千年にはおそらく一億人になっていたが、人口が集中した地域はほとんどなかった。典型的な狩猟・採集者は、一人の生活を維持するために一平方マイルから四平方マイルのテリトリーを必要としていた。農耕民とその家族は、はるかに狭い面積で生活することができた。たとえば、紀元前一五四〇年頃にファラオのアクナトン〔新王国時代第一八王朝のファラオ、アメノフィス四世の別称。在位前一三七七〜五八。最古の宗教改革者として知られる。エル・アマルナの建設はこの時期〕が建設したエジプトの都市エル・アマルナの住民は、耕土一平方マイルあたり五百名の密度で暮らしていたと推定されている。[*82]とはいえ、これは肥沃なナイル流域に拡がる水量豊かな地域でのことであり、いずれにしてもさらに時代が下ってからの数字である。紀元前六千年から三千年にかけて東ヨーロッパに点々と生まれた農耕居留地は、五〇家族、あるいは六〇家族の規模を超えることはなかった。紀元前五千年紀のラインラントでは、農耕民は大森林の焼き畑で暮らしており、定期的に放棄と再居住を繰り返していたが、その居留地も三百から四百人を超えることはなかった。[*83]

このように逼迫した、そして逆説的だがこのように広大な環境のもとでは、戦いの衝動は強力になりえなかった。事実上、大地は自由であり——十九世紀のフィンランドの貧しい農民が当時まだ行なっていたように——少し移動して森を焼けば、だれに対しても大地は開かれていたのである。ところが生産性はあまりに低くて、収穫の直後を除けば、強奪に価するほどの量を産出していなかった。略奪したとしても輸送が困難——荷積み用の動物がいなかったし、道路、さらには略奪品を入れる容れ物がなかった——で、略奪したくてもできなかっただろう。[*84] 泥棒、とくに暴力に訴える泥棒がそのリスクに見合うと判断するのは、その報酬が高価でコンパクトなものになるときだけだった。荷船はその基準に合うものだったが、紀元前四千年頃ではまだ海賊行為を働けるような荷船は登場していなかった。農作物の膨大な余剰品にしても同様だった。たとえ接近しやすく、また逃亡しやすいところに貯蔵されていても、さらには運びやすい形——俵、甕、袋、籠、あるいは生きた羊の群れのような——になっていても、同様だった。やがて当然のことながら、侵入者に管理する能力がなくても、このような産物を生み出す恵み深い土地そのものが標的になった。人類が近東やヨーロッパの無人地帯で農耕を習得し、植民をしていた数千年の間、莫大な余剰品を産出している地域が一か所だけあった。しかも接近ルートが容易で、略奪に晒されやすい地域にあった。それが古代の歴史家にシュメールとして知られていた、ティグリス川とユーフラテス川沿いの低地沖積平野だった。歴史が記述されはじめたばかりの時期の戦争について確固とした証拠をはじめて与えてくれるのは、そして「文明化された」戦争についての概略を見て取れるようになるのは、このシュメール人からなのである。

シュメール人はアズテック族同様、石というテクノロジーの制約のなかで文明世界を切り拓いた。とはいえ、攻撃、防御の双方を含めて、この民族の戦争の基盤を形成していたのは、道具——彼らはかなり早い時期に冶金の方法を習得していた——ではなく、その組織力だった。史家の信ずるところでは、シュメール人たちが今日のイラクの沖積平野にはじめて定住したのは、周囲を取り巻く丘陵の麓の降雨地帯——今日のシリア、トルコ、イラン——を離れて、木の生えていない大地で穀物栽培と放牧生活を試みはじめたときとされている。メソポタミア地方は定住民に豊かな利益をもたらした。その肥沃な大地は、水量豊かな河川の水源となる山岳地帯の雪解け水が毎年もたらす洪水で、地味を回復した。大地は平坦で——二一〇マイルに対して一一二フィート下がるだけだった——森林を切り拓く必要がなかった。そもそも木がなかったのである。植物の成育期に霜がおりることもなく、また夏の陽射しが耐えがたいほど暑くても、絶えることのない水が栽培植物にたっぷりと水分を補給した。そして、この無限の水の供給こそが初期の定住民に耕作という共同作業をもたらし、またヨーロッパの大森林に侵入しはじめていた孤立した焼き畑耕作者たちとはまったく異なった生活様式をもたらしたのだった。洪水はあちこちに沼沢地を形成したが、いたるところに雨の降らない乾ききった沖積大地を残した。それで沼沢地を干拓し、乾いた大地を水分で潤すために排水溝が掘られた。それはただたんに掘っただけでなく、一定の計画に基づいたものだった。そして計画だけでなく、つねに補修を加えて維持されていた。これは、毎年の洪水がもたらす沈泥が排水溝を詰まらしてしまうからである。かくして、はじめての「灌漑社会」が誕生した。

灌漑（「水力学的」と呼ぶ者もいる）社会のみごとな政治システムは古代史家が再現しているが、その大部分は考古学的な発見がもとになっている。シュメール人は居住区、神殿、市壁――だいたいがこの順番で建造されていた――や、手工芸品、交易品、数多くの彫り物、粘土板に掘られた膨大な公文書など、おびただしい数の貴重な埋蔵品を遺した。そして公文書類のほとんどは、生産品目の受領、貯蔵、支払いに関するもので、神殿域内で発見された。この記録から、シュメール人の文明は以下のような発展経路を辿ったとされている。

最初の定住民は小さな自足的な共同体を形成した。河川はその川床を変えていく傾向があったので、水路の変更にともなって、灌漑耕作者は共同でその水路を他の水路と繋げていかざるをえず、居住区は次第に拡大していった。共同体間の提携関係の組織化や諍いの調整は、伝統的に神官の役割だった。そして毎年発生する洪水の時期と規模は、神々（これは新しい神々といってよい）の恩寵、もしくは不興のせいとされたことから、神々への取り成しを行なう神官は次第に政治権力を備えていった。そのような神官‐王は当然のように権力を行使して神殿を建て、そこを自らの居住地であると同時に彼らが仕える神々の礼拝の中心地とした。この権力は神殿建造のための労働力の徴発だけでなく、さらには灌漑施設やその他の公共事業を執行する権力へと変化していった。やがて神殿は行政の中心となった。公共事業に労働力を提供する多数の農民は中央の財源によって養われる必要があったからであり、またその財源となる余剰農産物の集積と夫役民への配布は几帳面に記録されなければならなかったからである。さまざまな生産品目とその生産量が、識別しやすい印によって記録された。そして、粘土に刻まれたこれらの印から記号が生まれ、やがて最初の文書の形式を備えるようになった。

およそ紀元前三千年頃、シュメール人の灌漑社会は最初の都市を建設した。これらの都市は都市国家と呼ばれてしかるべきものであり、その統治形態は神権制だった。神官‐王の権力の基盤は灌漑農業が産出する空前の富――それぞれの穂から二百粒の実がなった――であり、またその余剰農産物を配布する用役権だった。穀物が与えられたのは、神殿に仕える人びと、負債を抱えた奴隷、そしておそらくは神殿の管轄下にあったと推定される交易の基金に対してだった。というのも、メソポタミア平原は石材や金属、そしてほとんどすべての種類の木材が不足していたから、シュメール人の必要や欲望を満たすためには、この種の資材のほとんどを遠隔の地から運ばなければならなかったのである。やがて日々の労働から解放され、贅沢に暮らす一群の人びとが存在する社会が発生した。シュメール考古学は、はるか遠隔の地からもたらされた奢侈品の証拠を発掘している。インダス流域からは黄金、アフガニスタンからは瑠璃(ラピスラズリ)、トルコ南東部からは銀、アラビアの沿岸地方からは銅がもたらされた。[*85] ただ一つ、少なくともシュメール人の都市国家勃興のもっとも初期の段階から発掘されていないのは、戦争に関するなんらかの証拠である。ウル、ウルク、キシュなどをはじめとして、紀元前三千年代初頭の実在が知られている一三の都市国家はどれも、市壁をめぐらしてはいなかった。この段階でのシュメール人は国内抗争や都市国家間の戦争とか、外部からの攻撃が存在しない文明を築きあげていたと推定されている。国内抗争が存在しなかったのは、神官‐王が空前の権力をもっていたからだった。また都市国家間の戦争がなかったのは、おそらくなんらかの利害の衝突といったものが存在しなかったからであり、外部からの攻撃がなかったのは実り豊かな流域に取り巻かれていたのと、西方の砂漠もしくは東方のステップの侵略を行なう可能性のある部族に移動手段がなかった――ラクダも馬もまだ飼い馴らされていなかった――からだった。[*86]

シュメール人が国家体制を形成しつつあったのとほぼ同じ時期、似たような灌漑社会がナイル川流域とインダス川流域で成長しはじめていた、もしくは成長しはじめようとしていた。後に灌漑技術におおいに依存することになる中国とインドシナの文明は、まだシュメールやエジプト、もしくはインダスの経済レベルに達していなかった。インダス川流域において神権制勃興の鍵を握っていたのは、焼き固めた煉瓦の発明であったといわれている。この発明は治水工事を可能にし、紀元前三千年紀末期にはハラッパやモヘンジョ・ダロという今日では失われた都市の周囲の五〇〇〇万平方マイルもの広大な大地を耕作地に変えたのだった。[*87]しかし古代インダス文明の秘密を明らかにする発掘は、やっとはじまったばかりである。これとは対照的に、エジプトでは系統的な考古学の発掘がはじまってからほぼ一世紀がたっており、かなりの確度を持つエジプト文明の詳細な構造を初期の段階から再構成することができる。

第一一七遺跡は我々に、エジプトの暴力に満ちた先史に対して警戒警報を発している。紀元前一万年頃から、一人の王のもとにナイル川沿いの居留地が統合——平和的であろうとなかろうと——された紀元前三二〇〇年頃までのエジプトの生活様式がどのような発展をとげてきたかを伝える証拠が、いずれにしても欠けているのである。とはいえ、エジプトに文明をもたらした最大の要因は大河の流域という特種な環境であり、諸々の政治的な出来事ではなかったという点では、学者たちの見解は一致している。エジプトの暮らしを成り立たせていたのは、春のモンスーン直後にエチオピア高地のタナ湖から発する洪水だった。この洪水が沈泥を運んだのである。その沈泥の量と到達する時期が異なるという事実は、エジプト人に王を神として崇拝させるうえで決定的な要因となった。およそ紀元前四千年紀に入るまで、デルタ地帯から第二瀑布までの六〇〇マイルにおよぶナイル川流域の砂漠は今日ほど川に接近しておらず、その流域沿いでは人びとが川岸のうえで農耕と放牧で暮らしていた。そしてその頃、まだ原因不明の乾燥化が進み、住民を氾濫原へと駆り立てた。やがてエジプト人の生活は、この氾濫原に全面的に依存するようになった。首長たちは拡大を続ける砂漠に接した地域からの移民の支配権をめぐって抗争をはじめたが、その舞台はナイル川流域沿いに集中している。やがて紀元前三一〇〇年頃、地方の権力者たちは一人の支配者の登場で、その権威を失った。通常、メネスという名で呼ばれているこの支配者は上下エジプト——デルタ地帯とナイル川南部――を統一し、以後ファラオの統治のもとで三千年間存続する王国の基礎を築きあげたのである。[*88]

エジプトは、その文明にほとんど匹敵するほどの期間を生きながらえた独特な軍事体制を発達させた。シュメール人や、その後メソポタミアの支配権を受け継いだ諸々の体制とはまったく異なり、その特徴は長期にわたる技術的な後進性と意図的な外的な脅威への無関心にあるとされている。この二つの特徴はエジプトの地理的条件に根ざしていた。今日でさえ、この国は、南北をつなぐ細い回廊地帯を別にすれば、侵略者の接近を事実上閉ざしている。東には、ナイル川流域と紅海とを分ける不毛の高地が幅百マイルにわたって天然の障壁を形成している。西には、無人のサハラ砂漠が拡がっている。初代ファラオは南方からの脅威にはじめて対処したが、それはヌビアへの征服行動という形をとった。そして第十二王朝（紀元前一九九一～一七八五年）までには、第一瀑布から第二瀑布までの広範な地域に複雑に入り組んだ砦をつくりあげて、国境線の安全を確保した。もともと北方からの脅威は存在しなかった。地中海東岸にはほとんど人間は住んでいなかったし、またいたとしても移動手段がなかったからである。[*89] 紀元前二千年紀になって脅威がだれの目にも明らかになると、歴代のファラオは首都をメンフィスからテーベに後退させ、常備軍の発足とナイルのデルタ地帯の地勢上の困難さを天然の障壁に仕立てることで対処しようとした。そして、これが功を奏したのである。[*90]

新王国（紀元前一五四〇～一〇七〇年）の時代に正規軍が形成されるまで、エジプトの戦争は不思議なほど旧態依然としたままだった。王位継承をめぐって内戦が行なわれた中王国でさえ、その武器はこん棒と燧石の槍だった。この時期（紀元前一九九一～一七八五年）、青銅製の武器はいたるところで使用されており、エジプト人も最初の銅製および青銅製の武器をつくって数百年がたっていた。[*91] エジプト人がすでに見捨てられていたテクノロジーに執着した原因を解明するのはむずかしい。しかし、彼らがたしかに古い武器に執着していたことは、彫刻や壁画に残された数多くの戦争描写から明らかである。兵士は鎧をまとっておらず、胸も頭も剝き出しのまま、わずかに防御用に小さな盾を持っただけで戦場に向かった。ファラオでさえ、なんらかの鎧をまとった姿が描かれるようになるのは、新王国もかなり後の時代になってからのことである。[*92] 裸の人間が鋭利な武器の一撃にたじろぐのは、単純な生物学上の事実である（数千年後のシャカの並外れてユニークな業績はおそらく、配下のズールー族をこれとはまったく異なった行動形態を取るように仕立てたということだろう）。したがって我々は、中王国末期に異文化に属する侵略者が登場するまでは、エジプト人の戦闘は様式化されており、またおそらく儀式化されてさえいたと推測できるのである。もちろん、金属の不足で説明することもできるが、高度に洗練された文明社会の戦士たちが旧石器時代の祖先とたいして変わらない装備を選んだことの説明としては、お粗末なものでしかないといえるだろう。おそらく、王が神官の地位から神々の地位にまで上昇し、公私を問わず生活のほとんどすべての場面が儀式によって規制されていた厳格な階層社会においては、戦闘もまた儀式的な性格をもっていたのだろう。

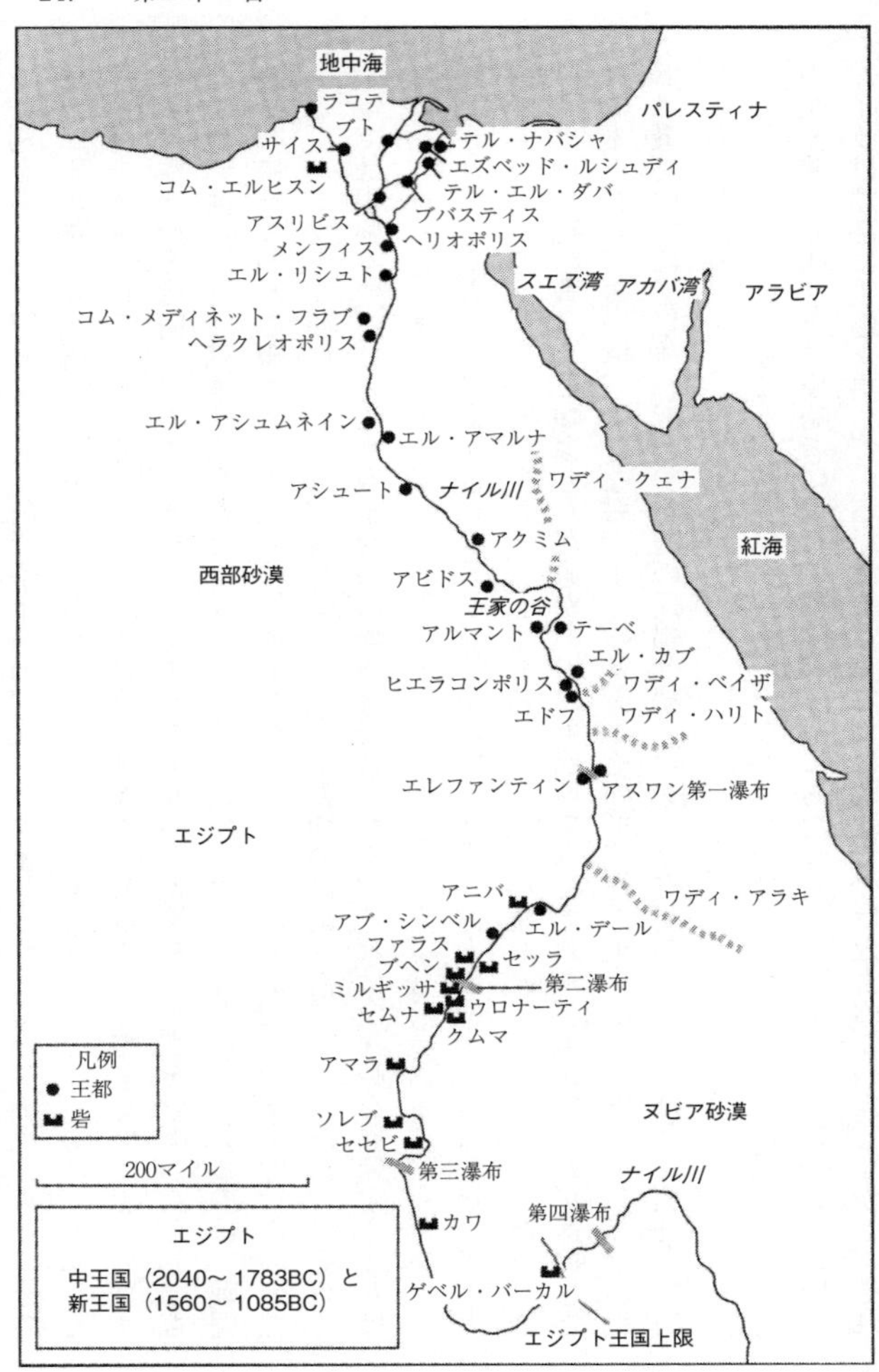
地中海
ラコテ
ブト
パレスティナ
サイス
テル・ナバシャ
エズベッド・ルシュディ
コム・エルヒスン
テル・エル・ダバ
ブバスティス
アスリビス
ヘリオポリス
メンフィス
エル・リシュト
スエズ湾
アカバ湾
アラビア
コム・メディネット・フラブ
ヘラクレオポリス
エル・アシュムネイン
エル・アマルナ
ワディ・クェナ
アシュート
ナイル川
アクミム
紅海
西部砂漠
アビドス
王家の谷
アルマント
テーベ
エル・カブ
ヒエラコンポリス
ワディ・ベイザ
エドフ
ワディ・ハリト
エレファンティン
アスワン第一瀑布
エジプト
アニバ
ワディ・アラキ
アブ・シンベル
エル・デール
ファラス
セッラ
ブヘン
第二瀑布
ミルギッサ
ウロナーティ
セムナ
クムマ
凡例
王都
砦
アマラ
ヌビア砂漠
ソレブ
セセビ
200マイル
第三瀑布
ナイル川
カワ
第四瀑布
エジプト
中王国（2040～1783BC）と
新王国（1560～1085BC）
ゲベル・バーカル
エジプト王国上限

一例をあげれば、およそ紀元前三千年頃の初代ファラオといわれているナルメルと、そのほぼ二千年後の新王国のファラオであるラムセス二世はともに、石桿を振りあげて、すくんだ捕虜をまさに殺そうとする姿が描かれている。捕虜の姿勢はきわめてよく似ており、ファラオの構えた姿は同じである。[*93]連綿と続くエジプト絵画の習慣という点を考慮したとしても、その類似性は簡単に見逃せるものではない。この二人のファラオ像が表しているのは、戦闘終結時に行なわれる現実の捕虜殺害の場面であって、たんなる象徴的なシーンではないのである。エジプト文明においては、人身御供の風習は初期の段階で消滅していたが、おそらく戦場では根強く残っていた。戦士たちは無防備で戦ったが、それは白兵戦を展開することは滅多になかった（すでに見てきたように、これは「原始的な」戦争の特徴である）からであり、勝利が決定した後では戦闘不能になった者、あるいは捕虜が偉大な戦士の手にかかって——おそらくファラオ自ら手を下した——殺されるのは、彼らの運命だった。[*94]これらの絵はアズテックの「花の戦争」と類似した現象があった可能性を示しており、エジプト人が選択した武器——石桿、短い槍、素朴な弓——への執着がその可能性を裏づけている。そしてその執着は最終的には、以後一五〇〇年間の連綿と続くファラオ支配の後では、ほとんど好事家的な偏執の域に達していくのである。

異国人との戦いとなると、戦闘は様式的ではなかったのはたしかである。新王国形成直前の紀元前一五四〇年に侵略者に対して王国の防衛にあたったファラオ、アメンヘテプ一世のミイラは頭部に重傷を負っている。おそらくこれは敗北で受けたものだった。[*95]しかし、それに先立つ一四〇〇年間、エジプト人は安定した、ほとんど変化することのない生活様式を維持していた。年三期の洪水、成育と旱魃、二千もの神々のなかで首位の座を占める王の支配がもたらす規律、灌漑と耕作から割かれた労働力がつくりあげた王宮、神殿、墳墓など、死後の世界への通路として彼らが必要とし、今日もなお凌駕するものがない不朽の建造物の建設である。石の切り出しや、モッコ担ぎなどきわめて過酷な労働が割り当てられたにもかかわらず、深い美を湛え、芸術的な偉業を成しとげたこの秩序ある世界の内部では、戦争はあまり重要ではない低次元の役割を与えられていたに違いない。ある専門家は「最終的には、王権は軍隊から出現した」と分析しているが、しかしその軍隊はクラウゼヴィッツ的な性格をまったくもってはいなかった。様式化された軍の衝突は君臨する王の無能が明らかになったときに発生したが、それはその職責を果たすうえでより有能な人間への権威の移行を示す壮大な物理的なイベントにすぎなかったのである。[*96] 一四〇〇年もの長い年月は、そのなかで暮らし、死んでいった何世代ものエジプト人にとっては、決まりきった日々の繰り返しと思われていたに違いないが、彼らにとっては現実の戦争はなくて当然のものだったといってよいだろう。それは後代になって、他民族が至るところで経験するようになる状態であった。[*97]

シュメール人は、これほど幸運ではなかった。ティグリス川とユーフラテス川が形成する平野部はナイル川流域とは異なり、侵略を防ぐ地形ではなかったし――おそらくシュメール人自身がなによりも移住者だった――中央支配には不向きだった。エジプトでは、支配者はナイル川の全体を王国が治めていたから、その入り口と出口を抑えることができた。メソポタミアでは季節によって河川が地表のあちこちをさまようだけでなく、東に北にと山岳地帯を迂回した。そしてこの山岳地帯は天然の障壁としての役割を果たすものではなく、この平原に暮らす人びとを支配するための戦略の要衝となっており、そして大河の支流域は麓の肥沃な平地に簡単に到達できる接近ルートになっていたのである。このような地形がもたらす政治的結果は描きやすい。シュメール人の間では、境界線、水、放牧権をめぐって早い時期から都市間の諍いがはじまった。原因は、気紛れな洪水だった。シュメール人の王たちもまた早い段階から自前の都市を建設しようとする移民の到着で、その権威が試されていた。その結果、紀元前三一〇〇年から二三〇〇年の間に、戦争がシュメール人の生活を徐々に支配するようになり、やがて神官‐王は戦争の専門家である軍事指導者に取って代わられた。金属製の武器は加速度的に発達し、おそらく戦闘は我々が「戦争」と呼ぶレベルにまで激しくなっていった。

もちろんこれはさまざまな遺跡の断片から組み立てられた推測である。都市の遺構に出現した市壁、金属製武器とヘルメットの発見、粘土板に頻繁に記録されるようになった「戦争」の記述、おそらく捕虜であったと思われる奴隷の売買記録、支配者の称号の前につけられた敬称が次第にen（神官）からlugal（偉大な男）に変わっていったことなどである。*98 とくに重要なのは、北方からのセム族の侵入である。アッカド人と呼ばれるこの部族は平地に自前の都市をはじめて建設し、やがて何世紀にもわたる彼らの都市とシュメール人たちの都市との抗争を経て、世界で最初の皇帝を生み出したのだった。これがアッカドのサルゴン

〔前二四一一―二三五五　史上最初の世界帝国をつくりあげたバビロニアのアッカド市の王〕である。
シュメール人もまた紀元前二七〇〇年頃のウルクの王ギルガメシュの伝説のなかで、大遠征についての最初の証拠を残している。軍事遠征を行なったギルガメシュは、山岳地帯からヒマラヤ杉をもって帰ってくるであろう。「我はヒマラヤ杉を伐ってくるであろう。不滅の名声を、我は自らのためにうちたてて見せよう！　命令を……武具職人に、我は授けるであろう」――そしてヒマラヤ杉が生えている土地の支配者を殺させよう、と続く。[*99] とはいえ、どのような距離であれ、ギルガメシュがどのようにして大量のヒマラヤ杉を運んだかは、理解しにくい。当時、遠隔地との戦争、もしくは交易が実際にあったということの裏づけを、伝説はほとんど与えていないのである。にもかかわらず、ウルクはギルガメシュの時代に市壁を張りめぐらせていたらしい。周囲五マイル以上の市壁で、これは労役を命ずるギルガメシュの権力のほどを物語っている。そして以後二百年にわたって、深刻な戦争があったことを示す確固とした証拠が山積しはじめるのである。[*100] たとえば禿鷹の石碑には、ラガシュ王エアナトゥム〔前二四〇〇年頃のバビロニアの王。その事跡を刻んだ禿鷹の石碑はシュメール芸術の最高傑作〕が後に強大を誇るペルシア王国となった地方の初期の住民、エラム族を打ち負かしたところが描かれている。兵士たちは金属製のヘルメットをかぶり、六人従隊で整列している。[*101] ほぼ同時代のウルの軍旗には、似たような装備――袖なしの外套、金属片で補強した房飾りのあるキルトで、学者のなかには鎧の原型と主張する者もいるが、その効果はまったくなかったに違いない――の兵士が、四頭の馬と四輪馬車に指揮されているところが描かれている。ウルの「死の穴」の発掘では、金属製のヘルメットが出土したが、これは鞣し皮の帽子のうえにかぶったものと思われる。[*102]
そのヘルメットは銅製だった。銅は人類が加工の方法をはじめて覚えた非・貴金属である。これは銅がかなり純度の高い天然の大きな塊で発見できたからだった。しかし、軍事的な用途にはあまり用いられなかった。板状にして肉体の防御用に使ったとしてもすぐに貫通してしまうし、また武器に打ち延ばしても刃の部分がすぐになくなってしまうからである。[*103]しかしながら、天然の銅のなかには錫を含んだ鉱石を産出するものもあった。そして紀元前四千年紀には、人類は金属を溶かす方法を知り、普通の銅に少量の錫を混ぜ、硬い青銅にする技術を覚えたのである。この技術は紀元前三千年紀末期までには広くゆきわたり、メソポタミアの金属職人はほとんどの金属加工技術を発見していた。鉱石の溶解、鋳造、合金、ハンダづけなどをはじめとするこれらの方法は、今日もなお我々が依存している技術である。[*104]もっとも初期の合金および鋳造製品の一つは、柄のついた斧だった。これは青銅製のヘッドに木の軸をしっかりとリベットでとめたもので、筋力に恵まれ、決断力に富んだ戦士が振りまわせば恐るべき貫通力を発揮する鋭利な武器となった。「銅石 chalcolithic」時代、つまり銅(ギリシア語で khalkos)と石(ギリシア語で lithos)が共存した時代は、青銅時代の到来に急速に取って代わられた。これは、必要な技術と素材が手に入れば、たちまち優秀な技術が劣った技術を一掃するというほとんど普遍的な法則に人間がしたがったということである。この場合の必要な素材の一つ——錫——は不足し、産出する場所もかぎられていた。メソポタミア地方では、川の流れで洗いざらしになった錫石と呼ばれる不純物を含んだ鉱石しか産出しなかった。しかし、必要なだけの純粋な鉱石がすぐにカスピ海沿岸部とヨーロッパ中央部からもたらされたと思われる。アッカドのサルゴンがメソポタミアの支配者の地位に就いた紀元前二三四〇年頃までには、青銅は征服者の武器となっていた。サルゴンは青銅の男だったのである。

シュメール人の歴史についての我々の知識の主要な源泉であるシュメール王位記録は、サルゴンは紀元前二三四〇年から二二八四年まで統治したと解釈されている。あるいはサルゴンの統治期間は五六年間といわれている。確実と思われるのは、サルゴンは最初は近隣諸都市との戦いに、その後は近隣部族との戦いにあけくれ——三十四回の戦争を戦ったとされている——やがて、今日のイラク全土にほぼ匹敵する帝国領土を打ち立てることに成功した。統治の十一年目には、サルゴンはシリア、レバノン、トルコ南部まで遠征し、地中海に達した可能性もある。石碑には、サルゴン配下の兵士は五四〇〇人と記したものもある。サルゴンの軍は、セム族の移住者の支配に反抗するシュメール人の反乱の鎮圧に忙殺されていたのは間違いない。サルゴンは自らを「四界を旅し続ける男」と称していた。たしかにサルゴンは全世界を股にかけ、〈つねに馬上で toujours en vedette〉暮らしていたのだろう。

サルゴンの曽孫のナラム・シン（紀元前二二六〇～二二二三年）は、名実ともに帝国の称号にふさわしい「四地方の王」と自ら称していた。ナラム・シンは、メソポタミアとペルシア北部を隔てるザグロス山脈への遠征を行なったことで知られている。ナラム・シンの統治がはじまるまでには、辺境地帯を防衛しなければならなかったとはいえ、帝国は既定の事実、中東の生活様式の発展にとってはもっとも重要な事実となっていた。その富は魔法の円の外側で暮らす嫉妬心旺盛な略奪者を惹きつける磁石のようなものになっていたが、その略奪者の間にも文明の一部が根づいていた。それは部分的には戦争がもたらした結果であり、また交易の結果でもあった。「紀元前二千年頃までには……メソポタミアは一連の衛星文明、もしくは原・文明に囲まれていた」が、この文明は軍事的手段を獲得するにつれて、相次いで征服者――グティ人、フリ人、カッシート人――を輩出し、引き続く一千年の間に大平原の一部、もしくは全土を征服した。これらの部族は高地地帯から下ってくる以前に、独力で異なった経済生活へと移行していた。放牧に精通することで動物――ロバ、牛、馬――を供給しはじめ、これらの動物を活用して軍事的な機動性を獲得した。また降雨地帯に相応した農耕技術を発達させて余剰生産物を確保し、文明生活の誕生を支えたのだった。*105

ある種の軍備、その特質、技術は、帝国の内部とその周辺で暮らす人びとが共有するものとなった。彼らは石の武器を青銅の武器と取り替え、金属製の武具を手に入れはじめた。弓がますます使われ、ナラム・シンを描いた岩石彫刻が正確に解釈されているとするなら、紀元前二千年紀の中頃までには強力な合成弓が発達していたのかもしれない。彼らは要塞の建築に慣れており、また攻城戦に関連したいくつかの技術――突破口の開削や攻城梯子の組み立てなど――を学んでいた。少なくともメソポタミアの内部では、支配者はいつでも戦場に送り出せるように配下の兵士を歳入で維持する必要性を認めていたし、また同じ歳入が規格化された武器の製造の基金ともなっていた。一定の遠征範囲内では兵站術の初歩を学んでいたに違いないし、少なくとも敵地に入っても数日は兵員と馬匹に食糧を補給することができるまでにはなっていた。そして、なによりもまず、彼らは飼い馴らした馬——馬の家畜化は紀元前四千年紀にステップではじまっていた——の体軀を、注意深く種を選別することで改良できることを知っていた。[*106] その改良された馬が四輪あった車輪のうちの二輪をはずして大幅に進歩した戦車を引っ張るために使われ、戦争に革命をもたらした。これで馬を飼いならす地方を徘徊する略奪者たちから、豊かで安定した定住文明はリスクを負わされたのである。紀元前二千年紀末期以後、これらの略奪をこととする戦車軍団がメソポタミア、エジプト、インダス流域、その他彼らが根を下ろした地域の文明の歩みをことごとく崩壊させたのだった。

付論二　要塞

二輪の戦車軍団は人類史上初の大規模な侵略者だった。侵略は反作用として、必ずしもいつもとはかぎらないが、防衛の機運を呼び起こす。したがって戦車軍団やその後を引き継いだ騎馬民族が、平和で高度な技術が盛んになりはじめた文明世界をどのように変えたかについて考察する前に、豊かな国土の住民が自然から獲得した成果を泥棒と略奪から守るためにとった方策を調べる必要がある。

イェリコの遺跡は、第一世代に属する最初の農耕民が敵から住居を守るための方法を発見していたことを示している。とはいえ、その敵の正体はわかっていない。貯蔵した農産物を定期的に略奪しようとする寄生虫のような侵入者だったのか。あるいはイェリコの原野と涸れることのない水源を手に入れて、農耕民になろうとする者だったのか。ただ単に略奪と破壊という脅威をもたらすだけの野蛮人だったのか。おそらく、定期的な侵入者説がもっとも真相に近いのだろう。荒野で暮らす部族は滅多に農夫になろうとは思わないからである。歴史は無意味な破壊行為であふれているが、それは通常、強姦や略奪よりも寄生生活の方がはるかに得であるということがわかるだけの理解力を襲撃者がもっていたことを物語っている。イェリコの場合もそうだったとするなら、その市壁と塔はたんなる避難所――要塞が備える三形態のうちの一つ――であっただけでなく、二番目の形態、つまり砦でもあったのである。

砦とは攻撃から身を避ける場であるだけでなく、積極的な防衛の場でもある。つまり突然の、あるいは多数の敵が押し寄せてきても、防衛側の安全が確保されている場であり、また出撃して敵を追い詰めるための、さらには利害関係のある地域に軍事支配を押しつけるための基地でもある。砦とその周辺環境との間には共生関係があるのである。避難所は短期間の安全を確保する場で、居座る手段がない敵、あるいはひ弱な標的に荒々しく襲いかかるしか能のない敵に対しては役に立つ。フランス南東部プロバンス沿岸の切り立った丘のうえに建てられた中世の町ヴィーユ・ペルシェは、その完璧な例である。[*1] これはイスラム海賊の急襲に備えた避難所だった。これとは対照的に、砦は平時には守備隊を養うために生産性の高い地域を押さえていなければならなかった。しかしまた、敵が接近したときに備えて、砦自体が守備隊を泊め、補充し、守れるだけの充分な広さと安全性を備えていなければならなかった。したがって砦の建設者はつねに、できるだけ規模を小さくという結局は誤りでしかない節約観念と、完成までの防衛を考えたときにかかるとてつもない出費、あるいは完成後に利用できる人員で防衛にあたった場合の莫大な出費との間で、賢明な判断をくださなければならなかったのである。たとえば十字軍王国は、とくに没落がはじまった時代には、展開可能な守備隊の縮小で、防衛能力を超えるぎりぎりの瀬戸際に何度も追い込まれた。

砦はそれが備えている特徴という点でも、避難所とは異なっている。避難所は攻撃側に突撃を諦めさせるだけの堅固さがあれば、それで役割は果たしている。柵で周囲をおおった村落のなかで暮らすマリング族や、丘の頂上 pa に引っ込んで暮らすマオリ族のような「原始的な戦士」が「潰走」や「急襲」から守られているのは、敵対する部族が攻城兵器をもっておらず、また彼らが自分の家を何日も離れて生活していけるだけの方策をもっていないからである。[*2] これに対して砦は、はるかに進歩した豊かな社会の典型的な建造物である。したがって砦は兵糧をもっている敵、もしくは補給や傭兵の展開を可能にする連絡手段をもつ敵の包囲に耐えられるものでなければならない。だから当然、砦は給水設備――それが集団用の設備ならなおさらである――、貯蔵庫、居住空間を囲い込んでいなければならない。[*3] そしてなによりもまず、守備隊が積極的な防御を行なえる設備がなければならない――砲撃地点を見晴らす砲座や、チャンスとみれば反撃に出撃できる強固な城門である。

火薬が到来するまで、砦への攻撃はすべて近距離で行なわれねばならなかった。それはもっとも単純な攻撃の定義―― escalade 城壁をよじ登ること――からも明らかである。包囲軍は攻城梯子で城壁をよじ登ろうとして、しのぎを削ったのである。しかし、包囲軍の工兵が後に「着実な攻城」と呼んだ手段があったのも、たしかである――坑道を掘る、破城槌、投石器、攻城塔である。投石器が効果を発揮することは滅多にないといわれたものだった。平衡力、もしくは砲弾を発射するときの反動の捻れに依存する兵器が送り出すエネルギーを、頑丈な壁面が簡単に吸収してしまうからだった。さらにこれらの兵器の性質上、砲弾が充分な効果を発揮する角度で発射できなかったのである。火力による砲撃の優れたところは、水平な弾道を描いて飛んでいくことから、高い城壁を崩壊させるときの弱点、つまりその基部の一点に狙いを定めることができるという点にあった。

したがって砦の設計者はつねに、攻撃側が簡単に城壁の基部に接近できず、また防衛側には有利な砲撃地点を与えようとした。イェリコの素晴らしさの一つは、要塞という習慣がはじまったばかりの時点で建設者が脅威となりうるあらゆる危険性を理解し、それぞれに対して防御対策を施していたという点である。空濠は城壁の基部への接近の足場を奪うと同時に、あらかじめ用意された殺戮地点でもあった（浸透性の少ない土と蒸発しにくい水をたっぷり入れれば、湿地のような濠にもなったことだろう）。人間の三倍の高さはある城壁に対してはどんな攻撃軍も攻城梯子を必要としたが、これは攻撃には非常に不安定な足場だった。おそらく城壁には戦闘用の足場もあったことだろう。最後に、城壁にそびえる塔は防御側に高さという優位を与えていた。

イェリコ建設から火薬の登場までの八千年間、要塞技術者はこの三つの防衛上の特徴――城壁、濠、塔――に対して、ほとんどなにも加えるものがなかった。原理が確立されたのである。その後のすべての改良は、イェリコの建設者の考えを洗練させたものでしかなかった。内壁の外側に外壁――「多層堡塁」――がめぐらされた。濠の縁には障害物が置かれた（これはイェリコの場合も実際あったらしい。おそらくその痕跡が消滅してしまったのだろう）。内砦――「本丸」あるいは「天守閣」――がつけ加えられ、またいくつもの塔を城壁の内側の面につけることで敵への側面攻撃を可能にした。重要な拠点には、出城――それ自身が要塞のミニチュアだった――が設けられ、主門の防御、あるいは攻撃側に有利な地点を与えないようにした。たしかにこういった改良はあった。しかしながら全体としてみれば、後代の印刷

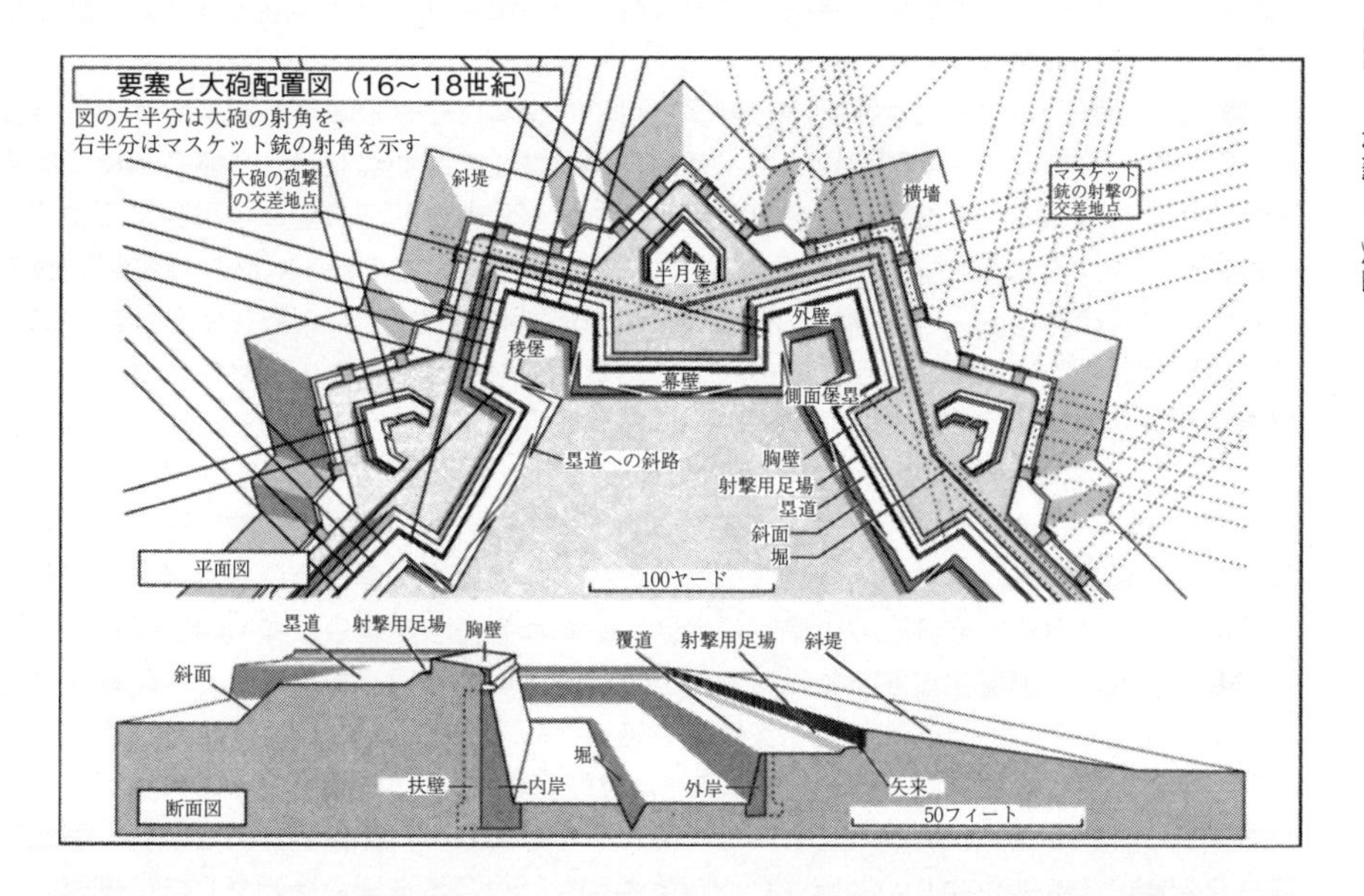
要塞と大砲配置図（16～18世紀）
図の左半分は大砲の射角を、
右半分はマスケット銃の射角を示す
大砲の砲撃の交差地点
斜堤
横墻
マスケット銃の射撃の交差地点
半月堡
外壁
稜堡
幕壁
側面堡塁
塁道への斜路
胸壁
射撃用足場
塁道
斜面
堀
平面図
100ヤード
塁道
射撃用足場
胸壁
覆道
射撃用足場
斜堤
斜面
堀
扶壁
内岸
外岸
矢来
断面図
50フィート

業者がグーテンベルグの聖書に加えたほどの改善を、後の要塞技術者がイェリコの要塞技術に加えたとはいえないだろう。

砦は群小国家、もしくは分割国家の産物である。それは中央の権威が確立されていないときや、確立しようとして苦闘しているとき、もしくは打ち倒されたときに激増する。だから現在のトルコやシチリア島沿岸地帯に残るギリシア人の砦は、植民時代の初期に遡る個々の交易地を守るために建てられたものだった。ノルマン人によるイングランドの城砦建設は——一〇六六年から一一五四年までの間に九百もの城砦が建設されたが、その建設規模は延べ日数で最低千日、最高二万四千日とさまざまだった——アングロ・サクソンにノルマンの支配を押しつけるための手段として企てられたものだった。[*4] リカルバーやペベンジー〔イギリス南部、征服王ウィリアム上陸の地〕のような「サクソン人の海岸」のローマ人の砦は、紀元四世紀のローマ権力の衰退に勇気づけられたチュートンの海賊から、イングランド南東部の河口を守るために建設されたものだった。[*5] もっと正確にいえば、サクソン人の海岸の一群の砦は孤立した砦として見るべきではなく、要塞がとる第三の形態、つまり戦略的防衛の拠点として見なければならないのである。戦略的防衛とは、たとえば補修が加えられていたときのハドリアヌスの城壁がそうであったように、連続的な防衛線である。もっと一般的なのは、個々の拠点を相互に支え合うように配置した防衛線である。これは広範囲にわたる防衛線を越えようとする敵に対して、攻撃手段を閉ざすためのものである。その性格上、戦略的防衛は建設、維持、守備隊の配置という点でもっとも高くつく要塞形態で、この防衛線の存在はつねに建設した民族の富の印であると同時に、政治的な先進性の印でもあった。

サルゴンが統合した後のシュメール人の都市国家は戦略的な体系を形成していると見ることもできるが、しかしそれは意図的なものではなく、自然増殖のプロセスだった。意図的な戦略体系がはじめて登場したのは、紀元前一九九一年以降の第十二王朝の歴代ファラオが建設したヌビアの砦だった。この砦は最終的には第一瀑布から第四瀑布までのナイル川沿いを二五〇マイルにわたって拡がり、川と砂漠、さらには砦と砦の間の地域を押さえるように配置されていた。おそらく砦同士の連絡手段は煙だったと推測されている。ところが、考古学的な証拠から要塞についての観念の変遷を見てみると、後代の戦略的防衛線の建設者は、またしてもこれにほとんどなにも加えていないのである。第一瀑布の周辺地域に配置された初期の砦はこの近辺の流域が農耕民を充分養えるだけの広さがあるので、その一帯を守るだけでなく、川をも押さえられるように配置してあった。エジプト人の野蛮なヌビアへの、そしてさらに流域が狭まる上ナイルへの進攻経路沿いに建設された後代の砦は、軍事的機能が強化されていた。残された記録から、ナイル川上流の一群の砦はまぎれもなく軍事的な防衛線だったことは明らかである。セン・ウスレト三世〔前一八七八－四〇　中王国第十二王朝のファラオ〕は自らの像に、次のような碑文を刻ませている。「我は、我が父祖たちよりもはるかに南進し、我が領土を打立てり。我は、父祖より遺されし遺産を増大せり。この領土を維持する我が息子はだれであれ……王となるために生まれてきた我が息子なり。……しかし我が領土を打ち捨てる者はだれであれ、また我が領土のために戦おうとせぬ者はだれであれ、我が息子にあらず」。この碑文はセムナの砦で発見されたもので、紀元前一八二〇年に刻まれたものである。王の像は失われてしまっていたが、同じ砦の内部で紀元前一四七九年から一四二六年にまで遡るセン・ウスレト三世の礼拝像が発見されている。これは、王が勝ち取った領土を維持せよという訓戒が守られていたことの明らかな証拠だった。[*6]

ヌビアにおけるエジプトの辺境政策は、後代の各地の帝国主義者にとって一つのモデルとなった。セムナには三つの砦が両岸に配置され、ナイル川を支配した。またトンネルが掘られ、ナイル川から水が引かれていた。陸地側を南に走る道路は、数マイルにもわたって泥のレンガ壁で守られていた。すべての砦が巨大な穀倉を備え、その二つで数百人の人間を一年間養えた。そして明らかに穀物倉庫としての目的で建設された要塞島スクートの補給基地から、おそらく補充を受けていた。別の碑文には、守備隊の仕事が記されていた。「北に向かう者は徒歩であれ、船であれ、家畜であれ、……いかなるヌビア人をも通過させざるべし。イケンで物々交換するヌビア人と、公文書を帯びたるヌビア人は例外たるべし」。砦のさらに先では、エジプト人はヌビアの砂漠の民メドジェイ Medjay を雇って、砂漠地帯のパトロールを行なった（テーベで発見されたパピルスの「セムナ文書」のなかに、典型的な砂漠の哨戒報告書があった。「砂漠との境界線を哨戒に出でたるパトロール隊は……戻りきて、我に報告せり。『我々は三十二名の人間と三頭のロバの足跡を発見せり』」）。インド北西の辺境地帯で経験を積んだイギリス士官なら、このエジプト人の行動の意味がすぐわかるだろう。エジプト人同様、イギリス人も大規模な守備隊が居留民を保護する管理地域と、守備隊がもっぱら軍事要塞を

←1956年に発掘されたイェリコの城壁。建造年代は紀元前7000年にまで遡る。この要塞には岩を抉った空濠と塔があった。

↓再建された北京付近の万里の長城。この戦略的な防衛線は、帝国をステップの遊牧民から守るためにたえず拡張された。

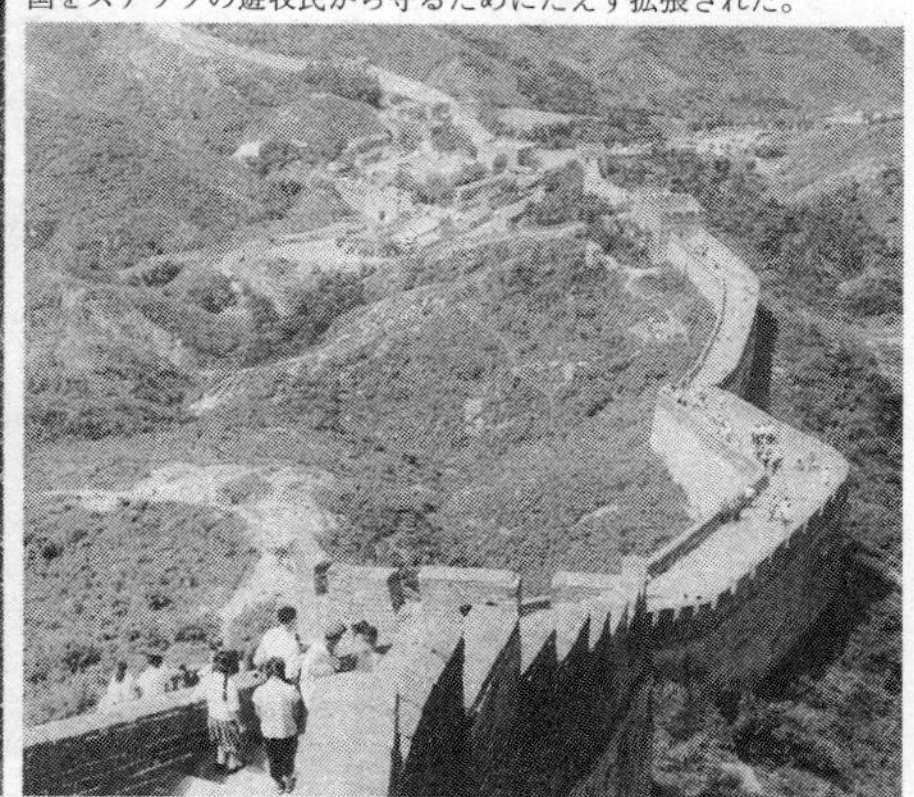

↑カッディズ・クラッグ近郊のハドリアヌスの城壁の中央部。紀元122年建造開始。ローマ帝国の辺境要塞のなかでもっとも保存がよい。

←ポーチェスター城。ローマ帝国最大の防衛施設の一つ、サクソン・ショアのローマ要塞を内部に取り込んだノルマン人の要塞建築。

↓クラック・デ・シュヴァリエ。十字軍最大の要塞。キリスト教徒の騎士が抱えた問題は、この要塞の守備隊の人員を確保することだった。

↓リマリックの攻城戦（1691）。この攻撃図には「大砲」用の稜堡を増築した中世の城壁と、攻撃側の平行濠、星形土塁が描かれている。我がブリッジマン家の祖先はこの包囲戦での殊勲で、近くに領地を手に入れた。

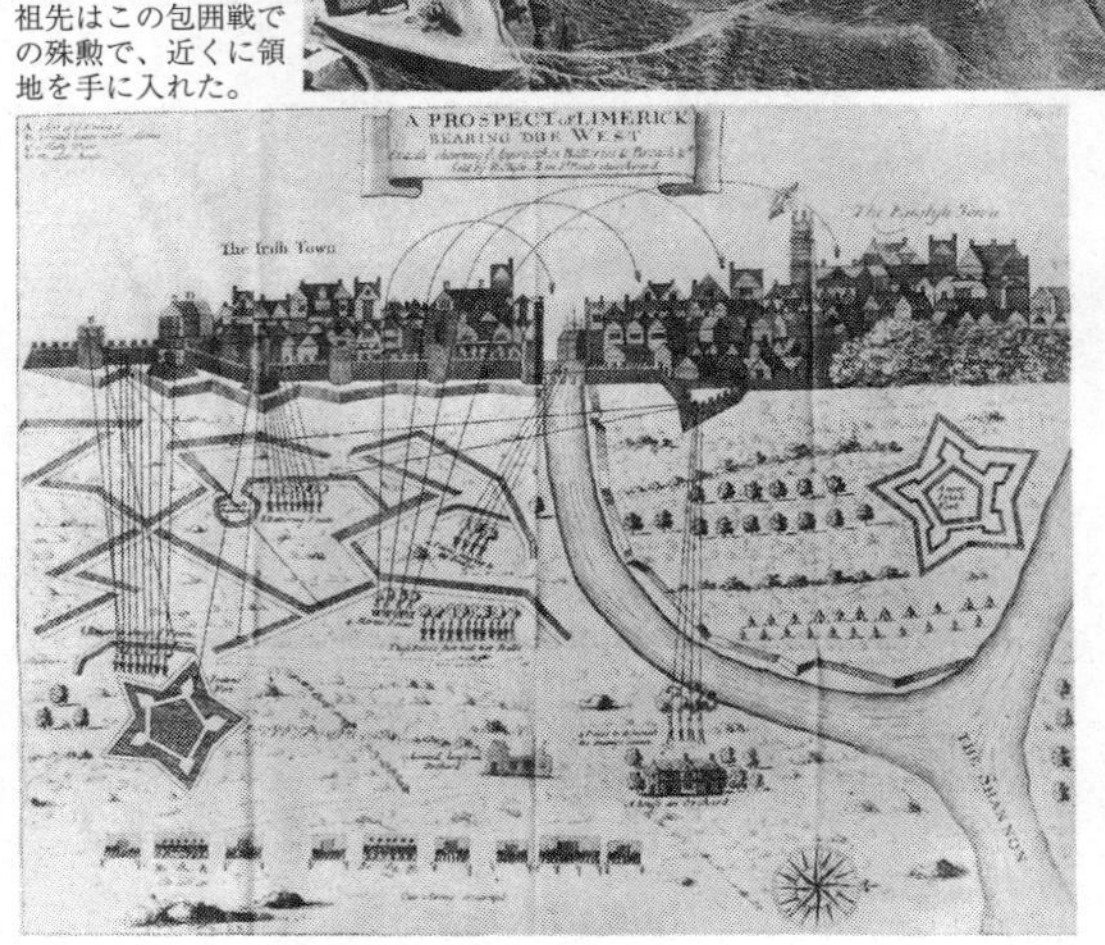

維持する前線地域、そしてその先には、道路だけが防御され、周辺地域は部族の民兵が哨戒する「部族」地域を維持していた。これらの民兵は——カイバル・ライフル部隊、トーチ斥候隊——入念に練りあげられた防衛組織が直接の敵とみなした部族から選ばれていた。

イェリコと第二瀑布の砦の設計計画が時間と距離を越えて永続し、何度も生まれ変ってきたのは、驚くほどのことではない。またこれらの砦が初期の段階でつくられていたということも、驚くにはあたらない。人間が建築と都市の設計に欠かすことのできないさまざまな、しかし制限された要素を自己防衛という一点に集中すれば、ほとんど必然的にイェリコやセムナのような複合的な都市の登場ということになるのである。同様に、これは物質的というよりはむしろ心理的な原因に根ざすが、略奪者を狩場の番人に仕立てるという習慣は、文明と野蛮との境界線の支配は向こう側の人間を買収できればもっともうまくいくということを知れば、そこからすぐ思いつくことなのである。

とはいえ、イェリコとセムナの建設の根本にあった原理が急速に、あるいは広範な地域に拡まっていったと推測するなら、それは誤りだろう。イェリコの住民は、当時としては豊かだったし、第十二王朝のファラオはもっと豊かだった。紀元前二千年紀もかなり進むまで、どこの人間も貧しく、ばらばらに暮らしていた。紀元前一千年紀になってはじめて、防衛を考えた居住区が広範な地域でつくられるようになったのである。旧スミルナで見られるような、切り出した石材の稜堡を擁する防壁で囲まれ、内部が要塞化されたギリシア人居留区が出現したのは紀元前九世紀のことであり、またスペインのサラゴーサやポーランドのビスクピンのような遠隔の地に防御壁で囲まれた居留区が出現するのは、紀元前六世紀のことだったと考古学者は指摘している。[*7] 丘上の囲い込まれた居留区——ブリテン島では二千近くが確認されているお馴染みの「鉄器時代の砦」——がヨーロッパ南東部に出現したのはおそらく紀元前三千年代だったが、それが広範に拡まっていったのは紀元前一千年代に入ってからだった。[*8] その機能については——都市の原型なのか、それとも一時的な避難所だったのか——またその建設を促進した政治的な状況についても、歴史家の意見は一致していない。おそらくそれはマオリ族の丘の頂上paのように、部族化が進み、近隣の一団が運搬可能な産物を襲撃から守ろうとしはじめた社会の産物なのだろう。しかし、たしかにそうだと確信をもっていえるわけではない。我々が知っているのは、要塞は紀元前一千年紀にヨーロッパ南東部から北方へと拡まったが、それはギリシア人やフェニキア人が母国を離れて交易植民地を建設するために航海に出た地中海や黒海沿岸部に、防衛手段が施された港ができた時期とほぼ一致しているということだけなのである。要塞はたしかに交易の後に続いてきた。事実、都市の前史についての専門家であるスチュアート・ピゴット〔一九一〇—九六　イギリスの考古学者〕は、要塞化された地中海沿岸の港とフランスやドイツの内陸の丘上砦との間には一大交易路があったと提唱している。そしてこの交易路を通して、ワイン、絹、象牙（そして猿や鶏——バーバリーエイプが先史時代のアルスター王〔アイルランド北部を支配した〕のもとに届いていた）が北に向かい、琥珀、柔らかい毛皮、獣皮、塩漬けの肉、奴隷などが南に向かったのだった。[*9]

紀元前一千年紀の末期までには、温帯地方には城砦が各地に出現していた。中国では初期の都市は防壁で囲まれてはいなかったが、周王朝（紀元前一五〇〇～一〇〇〇年頃）の時代には、基本的な資材がなく、木が成育していなかった黄土の平野部にも版築でつき固められた防壁をめぐらした都市が出現している。周王朝は中央集権を実現した最初の王朝である。興味深いことに、都市を表す周の象形文字「邑」は囲いと服従する人間を象徴的に組み合わせたもので、これは他の地域でもしばしばそうであったように、中国における城砦は社会支配と防衛を兼ね備えた手段であることを意味していた。[*10] ギリシアでは、ミノア文明の崩壊によってもたらされた暗黒時代の後、新興都市国家は当然のように防壁をめぐらした。同時代のイタリアも同様だった。もちろんそのなかには、ローマも含まれている。紀元前四世紀にアレクサンドロス大王がペルシアからインドまでの大遠征をはじめる頃までには、戦略家たちは人が居住する地域への遠征路は必ず砦によって妨害されているはずだと思うようになっていた。

しかしながら、一般原則からいえば、砦がたくさんあるのは中央の権威が弱いか不在の表れということになっている。アレクサンドロスは紀元前三三五年から三二五年までの間に少なくとも二十回の攻城戦を指揮したが、ペルシア帝国の領土内では一度も行なわなかった。いかにも大国家にふさわしく、領土の内部はその外縁によって守られていたのである。アレクサンドロスはペルシア軍とは、グラニコス河畔、イッソス、ガウガメラと三度戦っているが、いずれも平地での戦いだった。紀元前三三四年から三三二年にかけてのペルシア帝国進攻時に行なった攻城戦をあらためてせざるをえなくなったのは、ペルシア征服後、ペルシアとインドの間に横たわる手に負えない地方にさしかかったときだった。ローマ人は帝国形成期には攻城戦を一つひとつ戦わなければならなかった。紀元前二六二年の第一次ポエニ戦争中のアグリゲントゥム――シチリア島の初期の要塞港の一つ――にはじまり、紀元前五二年にカエサルがヴェルキンゲトリクスを倒した巨大なケルト人の丘上要塞アレシアを降すまでの戦いである。またアルプスからスコットランドとラインへと進攻する際、ローマ人は方形の軍団駐屯地を点々と残した。敵地に入ったローマ軍兵士には、一日の行軍の終わりに駐屯地を急いで設営するのが義務づけられていたのである。その一般的な構造――四つの門に儀式用の中央広場があったが、不思議なほど中国の古代都市に酷似していた――は、ローマが征服した主要都市のモデルともなっている。現在のロンドン、ケルン、ウィーンの中央部には、それぞれの都市の発展のもととなった方形の軍団駐屯地の跡が残っている。

とはいえ、平和が達成されたローマ帝国領土内では、征服者は要塞をつくらなかった。「大多数のガリアの都市は開かれた居住地として発展し、防御はなされなかった」[*11]。これがパックス・ロマーナの意味だった――開かれた都市、安全な道路、広大な西欧を分割するような領土内の境界線の不在である。もちろん、パックス・ロマーナはいたるところに存在した要塞によって確保されたのだが、それが実際にはどのようにして行なわれたかという点は、ローマ史を記述するうえでもっとも議論を集める問題となっている。辺境に残る具体的な証拠は、だれでも目にすることができる。一目瞭然なのは、ハドリアヌスの城壁の中央部であるローマ人がブリテン島北部に深く侵入する拠点となったアントニウスの防壁も、現在なお辿ることができる。ライン川とドナウ川沿いの防壁(リメス) limes の一部、モロッコ、アルジェリア、チュニジア、リビアの砂漠との境界線上に展開するアフリカの濠 fossatum Africae、アカバ湾と紅海北部からティグリス川とユーフラテス川の上流へと至るシリア城壁 limes Syriae なども同様である。これらは、一部の現代の歴史家が考えているように、「科学的な国境線」なのだろうか。それともたんに、ローマ軍によって確立された効率的な支配地の境界を示すだけのものなのだろうか。つまり、地中海世界という効率的な経済圏が、部分的には地域的なものでしかないが戦略的脅威ともなりうる無秩序な勢力を先制攻撃するための拠点でしかないのだろうか。エドワード・ルトワック〔一九四二－　アメリカの軍事史家〕はその『ローマ帝国の大戦略』のなかで、ローマ人はインドにおけるイギリス人と同様、なにが防衛でき、なにが防衛できないかについての確固とした図式を描いていたという説得力のある議論を展開している。実際の防衛方法――強力な中央軍がまず第一で、次に強固な地域防衛、最後に不充分ながらもこの二つの混合――が異なるのは歴史的条件の然らしむるところであろう。[*12] ルトワックに反対する人びとは、そのような一貫性があったということを否定している。とくに東部国境線に関しては、なおさらである。ベンジャミン・イサーク〔一九四五－　イスラエルの古代史家〕は、ローマはペルシアとパルチアに対しては、非常に長い間、攻撃的な方針を堅持していたという信念から、東方の要塞は遠征軍のための通信防衛線と見なすべきであると考えている。C・R・ホイッタカー〔現代イギリスの古代史家〕は、国境線上ではつねに問題が発生していたことから、ローマの守備隊はヌビアにおけるエジプト人守備隊、あるいは一九五四年から六二年にかけてのアルジェリアのフランス軍のように（モーリス・ライン）、悪漢を平和な耕作者に寄せつけないようにするのが主要な目的だったと考えている。[*13]

確実にいえることは、中央権力の増大はいつでも、またどこでも、つねに戦略的な防衛線の建設という特徴をもつということなのである。それはアングロ・サクソンのイングランドとケルト人のウェールズとを分けるオッファ〔七五七頃—九六　マーシア王国全盛期の王で、ウェールズを征服した〕の堤防——これは当時としてはたしかに巨大な企てで、溝掘りには延べ数万日もの日数がかかったと推定されている——のようなもっとも素朴な形態から、今日もなおその複雑さが解明されていない中国の万里の長城のような形態までを含んでいる。このような防衛線の精確な機能を定義するのは、もっとむずかしい。あまりに多岐にわたっているので、一般化ができないからである。だからハプスブルグ家とオスマン帝国の領土との軍事境界線 krajina はたしかにトルコ人を閉め出す手段だったが、しかしその建設は、はるかに古い王朝であるオーストリアの強化よりもトルコの強化に役立ったのだった。これとは対照的に、一八六〇年代にイギリス南部と東部の港湾を防衛するために莫大な費用をかけて建てられた一連の要塞（一八六七年までに七六もの要塞が完成、もしくは建造中だった）は、フランスからの脅威という妄想に対する反動だった。おそらくこれは、イギリス人がつねにあてにしてきた木材の城壁のもつ防衛力を鋼鉄の戦艦の威力に切り替えることへの不信を、神経過敏ともいえるまでに体現しているのだろう。[*14] フランス東部国境線沿いにルイ十四世が建てた一連の要塞は攻撃の意図を秘めた工夫で、フランスの勢力を徐々にハプスブルグ帝国の領土に拡大するためのものだった。

十六世紀以降の歴代ツァーリが東方へと順次押し進めた一連の臨時城砦チェルタ cherta は、ウラル山脈南部の遊牧民を圧迫してシベリアの居留地への道を開こうとするものだった。とはいえ、このチェルタは半分嫌々ながらのコサックの助勢があってはじめて拡大できたのだが、その機能の一つはコサックたちの自由な集落をモスクワ公国の支配下に置くことだった。やがて彼らはおくればせながら、その機能を理解するようになったのである。[*15]

そのような役割——半分は防衛用で、他の半分は圧迫用——は、辺境の歴史についてはフレデリック・ジャクソン・ターナー〔一八六一—一九三二　アメリカ史家〕とともにもっとも通じているというオーウェン・ラティモア〔一九〇〇—八九　アメリカの中国学者〕の見解によれば、万里の長城の役割を物語っているという。ターナーはアメリカ歴史協会に寄稿した有名な一八九三年の論文のなかで、西部へ雄飛する気概のある者にはだれに対しても自由な土地が待っているという進展するフロンティアという観念は、アメリカ人の国民性——はちきれんばかりのエネルギーと旺盛な好奇心——を形成するにあたって決定的な役割を果たしたという議論を展開し、アメリカ合衆国は偉大な民主主義国家であり続けるだろうと断言した人物である。これに反してラティモアは、万里の長城はあらゆる面でそのようなフロンティアとはまったく異なったタイプのものであるという考え方を代表したのだった。たしかに万里の長城も動いていた。各地の支配者が勃興したばかりの都市国家を守るためにつくりあげたいくつもの城砦を連結させることからはじまった万里の長城は、およそ紀元前三世紀の秦王朝の時代に、灌漑された大地と牧草地——大雑把に分ければ河川流域とステップ——との境界線沿いに最終的に確定されたのだった。とはいえ、その頃の王朝もそれ以後の王朝も、万里の長城の位置を判然とさせることはできなかったとラティモアはいう。あるときは黄河の大湾曲部を覆うオルドス平原を囲おうとして北方に進んだこともあれば、またあるときは廃棄されたこともあった。幾度となく西方の先端は拡張され、チベット平原に到達するまでになった。最終的にはその支城までをも合わせると、全長四千マイルもの長さになった。[*16] これらすべての湾曲は、怪物的な営為というよりも権力の消長の証拠であるとラティモアは述べている。歴代皇帝はたしかに、貧しい農民に向いた大地と遊牧民に対して放棄されるべき大地とが出会う境界線という「科学的な」フロンティアを求めていた。しかし、そのような境界線など見つからなかったのである。なぜならこの二つの地域は入り交じった生態系によって分けられていただけでなく、雄大なユーラシア大陸内部の気候の変動——乾燥化、湿潤化——とともに移動する第三の地域によって分けられていたからである。貧しい中国の農民を辺境地帯に植民させて生態系を支配しようとする試みは、事態の悪化 Schlimmbesserung を招いただけだった。植民者たち、とくに黄河の大湾曲部の植民者たちは、乾燥化が襲うと遊牧民と化す傾向があった。その結果、遊牧民の数が増大し、何度も何度も繰り返し万里の長城を襲うことになった。遊牧民の攻撃はまた、境界地帯で生まれ育った半遊牧民を中国に同化させようとする辺境地帯の司令官の努力を無にするものでもあった。[*17]

このような状況のもとでは、灌漑集落がはじめて発生した都市の周辺を中国人がつねに城壁で囲んだのは、驚くほどのことではない。王朝が強力なときは、都市は皇帝の行政の中心として仕え、遊牧民の襲撃がもたらした動乱の時代には征服者を飼い馴らし、中国に同化させるための帝国の伝統の聖域となったのである。各地の城壁は――明（一三六八～一六四四年）の時代に五百の城壁が完全に復元された――万里の長城と同様、まさしく文明のシンボルと見なされていたのである。[*18] とはいえ城壁も万里の長城も、中国の帝国体制にとってはつっかえ棒でしかない。その体制の強度を究極的に支えているのは、社会はどのように支配されるべきかということについての中国人の哲学的な信念だった。そのような信念が保持されたのは、社会の隅々まで浸透していたから――それは地主階級と官僚階級の文化遺産となりつつあった――というよりも、権力を継承した比較的少数のステップ社会出身の異邦人が辺境の砦で標的としている文明と絶えず接触しているうちに、いつのまにか中国に少しずつ同化しはじめていたからだった。その意味では、万里の長城はそれ自身が文明をもたらす道具であり、繰り返し城門への襲撃を繰り返す蛮族を感化するための振動板のようなものだったのである。

西洋の古典文明は、このような幸運には恵まれなかった。ローマ人は圧倒的な数の蛮族の襲撃を相次いで受けたが、中国とは異なり、ローマ文明との絶えざる接触によって文明を維持しようとするほどローマ化された蛮族はほとんど存在しなかった。ガリアの奥深くまで蛮族がたびたび侵入してきた紀元三世紀の中頃以降、ローマの属州官吏は内陸部の都市を城壁でおおいはじめた。とはいえ五世紀になってさえ、要塞化された都市は四八を数えるにすぎず、そのほとんどは沿岸部か辺境地帯だった。スペインでは、城壁がめぐらされた都市はわずかに一二を数えるだけである。イタリアのポー河以南で城壁で守られていた都市は、ローマだけだった。[*19] 北海、イギリス海峡、大西洋沿岸沿いには、一連の城砦がつくられていた。ライン川とドナウ川下流の防壁(リメス)は強化された。ひとたび防衛線が突破されると、西ローマ帝国はもぎ取られるのを待つばかりの熟れた果実のようなものだった。ローマの後に成立した蛮族の王国は、要塞の建造方法を知らなかった。また知っていたとしても、最初のうちはその必要性を認めなかった。ローマ文化とはまったく無縁の侵入者――スカンディナビアの海賊、アラブ人、中央アジアのステップ部族――は相次いで襲撃を繰り返したが、その進路を妨げるような戦略的な防衛線に出会うことはなく、また内陸部で城砦にぶつかることも滅多になかった。汎ヨーロッパ国家を再興しようとするシャルルマーニュの壮図が彼らの侵入でばらばらに潰えさったのも、不思議ではないのである。

その後、西欧世界はふたたび要塞化されたが、そのプロセスは中国の王朝なら警戒心をかきたてたことだろう。一一〇〇年から一三〇〇年にかけての不可解な通商の復活それ自体は、これまた不可解なおよそ四千万人から六千万人へという西欧の人口増大がもたらした結果と思われるが、これが次々と都市生活を復活させたのである。そしてこの都市生活は貨幣経済の成長により、城壁の外部から襲って来る脅威への自衛の基金を手にしたのだった。たとえばピサは、一一五五年に二か月をかけて都市の周囲に濠をめぐらし、翌年には塔を備えた城壁を完成させている。ところがこの新たに城壁をめぐらした都市はその抵抗力を王権の土台を固めるためにではなく、諸々の権利と自由を要求するために行使したのである。ピサは神

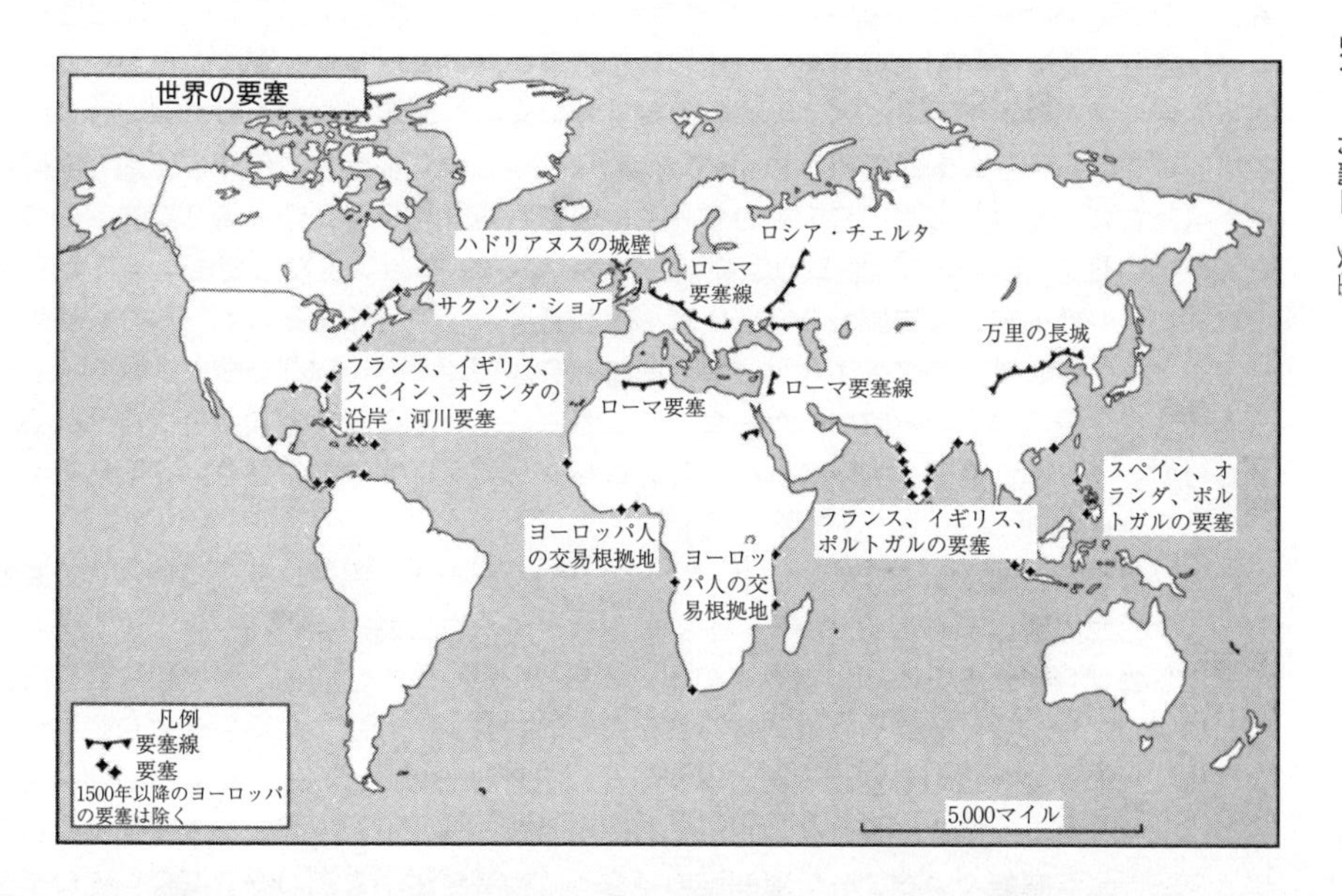
世界の要塞
ハドリアヌスの城壁
サクソン・ショア
ローマ
要塞線
ロシア・チェルタ
万里の長城
フランス、イギリス、
スペイン、オランダの
沿岸・河川要塞
ローマ要塞
ローマ要塞線
ヨーロッパ人
の交易根拠地
ヨーロッ
パ人の交
易根拠地
フランス、イギリス、
ポルトガルの要塞
スペイン、オ
ランダ、ポル
トガルの要塞
凡例
要塞線
要塞
1500年以降のヨーロッパ
の要塞は除く
5,000マイル

聖ローマ皇帝フリードリッヒ・バルバロッサ〔一一二三―九〇　神聖ローマ帝国の最盛期をもたらしたとされる皇帝〕への挑戦の象徴として城壁をめぐらしたのだった。[*20] さらに、中国の皇帝ならますます驚いたことだろうが、西欧各地の豪族たちは次から次へと城砦を造りはじめた。最初は塹壕を掘っただけの単純な形態から、やがて十世紀以降になると小丘に聳え、そしてついには石造りの完全な要塞をつくりあげたのである。これらの要塞は君主やその臣下が所有するものもあったが、そのほとんどは非合法の（「不義の」）産物と分類せざるをえず、不服従、あるいは成りあがりの象徴となった。その正当化の口実はつねに、神を畏れぬ者ども――バイキング、アバル族、マジャール人――の脅威は軍馬を厩舎に入れ、重騎兵の駐屯地となる安全な場所を必要とするというものだった。しかし実情は、ヨーロッパには戦略的な防衛線と強力な中央の権力がなかったことから、各地の豪族はそのような環境を逆手にとって地方君主にのしあがったということなのである。

西欧には急激な要塞建築の波が訪れた。たとえばバイキング襲来以前のフランスのポアトゥー地方には三城砦しかなかったが、十一世紀に入るまでには三九を数えている。また十世紀以前には一つも城砦が存在しなかったメーヌ地方では、一一〇〇年には六二の城砦が建造されていた。そして、各地でこの傾向が繰り返されていくうちに、やがて地方の権力抗争においても、城砦をもつことの優位が薄れていったのだった。[*21] 実力者がすべてその宮廷を武装化するようになると、その結果は大君主制の出現とはならず、また侵入者を鎮圧する中央の権威への相互扶助組織ともならず、風土病ともいうべき地域抗争の種となったのである。国王は城砦建造の許可状を発行し、大物の臣下とともに可能なかぎり不義の城砦を破壊した。とはいえ、城砦はすぐに建造することができたが——百人いれば十日で小さな丘を造ることができた——ひとたび建造された城砦は、城主が真剣に守るなら、それを征服するのははるかにむずかしかった。[*22] 城砦の強度は攻城兵器の威力よりもはるかに優れており、それはイェリコの建造以来、火薬が到来するまでは不変の真理だったのである。

旧来の史家たちは、攻城戦の記述とメソポタミアとエジプトの発掘で明らかにされた攻城兵器に魅了されてきた。破城槌、攻城梯子、攻城塔、掘削軸等である。ギリシアの攻城戦についての記録は、紀元前三九八年から三九七年にかけて最初の投石器が登場したことを明らかにしている。[*23] もっとも古い破城槌——非常に貧弱なものだったが、それでも明らかに屋根で被われていた——についての記録はエジプトのもので、紀元前一九〇〇年にまで遡る。攻城梯子はそれよりもさらに五百年ほど遡る。亀甲車のうえに据えつけられた攻城槌はかなりの破壊力をもっていたはずであるが、これはおよそ紀元前八八三年から八五九年頃のものと思われるメソポタミアの王宮のレリーフに城壁を掘る工兵の姿と一緒に描かれている。移動攻城兵器もまたメソポタミアで見られる。これはおよそ紀元前七四五年から七二五年にまで遡るとされている別のレリーフに見ることができる。この頃までには濠を埋め、城壁の頂上に達するための斜道の建造技術が実用化されていた。巨大な攻城盾は胸墻上の防御軍に矢を射る射手を守るためのものであるが、これもその頃までには攻城戦に欠かせない道具となっていた。これ以外にも城門の攻撃に火を使用したことをほのめかすような記述や、要塞内部と推定される図面も存在する。とはいえ、可能なところでは、水の供給の遮断と飢餓が攻城戦の定石となっていた。[*24]

したがって火薬の発明以前に指揮官が利用できる攻城兵器のすべてが、紀元前二四〇〇年から紀元前三九七年までの間に発明されていたのである。しかし飢餓を除いては、要塞を降伏に追い込むなんらかの手段、もしくは多少なりとも効果的な手段は出現しなかった。包囲軍がもっとも期待できる早急な解決方法は、防衛側の油断につけ込むか敵を驚かすことだと古代の戦略家ポリュビオスはいう。内通はもう一つの発明だった——たとえば一〇九八年に十字軍がアンティオキアを陥落させたのはこの方法であり、またその他数多くの要塞がこの方法で陥落している。[*25] これらの方法を別にすれば、攻撃側は敵の弱点を発見するか、あるいは作り出すことができるまで、城壁の外で待ち受けなければならなかった。一二〇四年のシャトー・ガイヤールの陥落は、便所の配管が無防備だったことが原因になった。また一二一五年のイングランド国王ジョンに包囲されたロチェスターは、掘り抜かれた坑道に放火されて——四〇頭の豚のベーコンの脂身を使ったといわれている——南の一角を奪取された。しかし当時も、またそれ以後も長期間にわたって最大の攻城戦となったロチェスターの最終的な陥落の原因は、五〇日も続いた包囲戦により守備隊の食糧がつきたということだった。[*26]

一〇九九年の十字軍によるエルサレムの奪取は、攻城塔があったとはいえ、例外的な事件である。守備隊の弱さも原因の一部だったが、攻撃側の宗教的な熱狂も一因となっている。一般的に、火薬発明以前の包囲戦では、防御側に兵站の備えがある場合は、防御側がつねに優位に立った。また西欧の中世では、攻撃側と防御側の双方の間で包囲戦の期限についての合意がなされるという慣習が、ある程度まで確立されていた。期限切れになっても援軍によって包囲が解かれていなかったときは、城壁内に立て籠った人びとは罰を受けずに退去が許されていた。[*27] 攻撃側も食糧がつきるとか、不健康な野営地で疫病が発生する可能性が高かったことから、このような合意はどのような守備隊にとっても納得しうる選択肢だったのである。

したがって我々は攻城戦や攻城兵器に関する記述については、もしそれが火薬発明以前のあるなんらかの時代の「戦争様式」における重要な証拠として提出されるなら、慎重に扱わなければならない。芸術に見られる戦争が芸術家に呼び起こすのはつねに事実の表現というよりもむしろ、そうだったかもしれないという、もしくはセンセーショナルな表現である。そのような面から見るなら、エジプトやアッシリアの壁画や城壁都市にある王の勝利を描いたレリーフは、同時代の現実についての証言としては信頼できない。それはダビッドやルグロが描いたナポレオンの英雄的な肖像が、戦場における将軍としての行動の描写と見られるべきではないのと同じなのである。戦争芸術と戦争喜劇との間にある溝は、非常に狭いものである。おそらくそれは、最初の宮廷画家は最初の征服‐王を描くように依頼された人間であるという理由によるのだろう。要塞戦、および要塞機能を低下させようとするあらゆる行動は戦争芸術家には手慣れた主題であるが、攻撃側と防御側との間で起こった事実についての誤った描写は当然、火薬が出現する以前の時代の防衛戦争についての我々の理解に重大なゆがみをもたらしてきたのである。

要塞戦についての考察は、次のようにまとめられるだろう。頑強な防御施設と兵站をしっかりと確保した要塞は、火薬が発明されるまではいつの時代でも奪取するのが困難だった。そのような要塞はしばしば中央の権威への挑戦手段――もしくは後に触れる問題であるが、自由な市民とか農民を威圧する手段――であったが、また戦略的防衛線には欠かせない構成要素でもあった。戦略的防衛線は自然の境界線とはけっして一致することはなく、したがってつねに建造、維持、兵站補給、守備に費用のかかるものだった。したがってその強度は最終的には、防衛するという意志と能力次第だった。それ自身だけで抵抗できるつもりで防衛設備を「建設する人びとの努力は、報われなかった」のである。

第三章　肉

戦車軍団が各地の王冠を覆し、自らの王朝を打ち建てようと進軍を開始したとき、要塞はほとんどまだ建設されていなかった。ごくわずかながら存在していた要塞も、なんら征服の障害とはならなかった。紀元前一七〇〇年頃、ヒクソスという名で知られるセム族がナイル川のデルタ地帯から侵入しはじめ、やがてすぐメンフィスに首都を建設した。同じ頃、やや遅れて、ハンムラビによって建設されたアモリ人の王朝のもとに統一されていたメソポタミアは、現在のイラクとイランの間に横たわる北方山岳地帯の部族に侵略された。この部族は河川流域の古王朝を打ち建てて紀元前一五二五年まで支配権を握っていたらしい。そのすぐ後には、イラン東部のステップ出身で印欧語系アーリア人の戦車軍団がインダス流域に侵入し、その地の文明を徹底的に破壊した。紀元前一四〇〇年頃にはついに、おそらくイラン周辺のステップ地帯に生まれた殷（商）王朝の創始者たちが戦車軍団とともに華北に達し、最初の中央集権国家を建設した。殷の権力基盤は、群を抜いた軍事技術と防壁をめぐらした駐屯地という施設だった。

戦車の採用と、ユーラシア文明の全中心地域が約三百年間、戦車軍団の威力に屈したということは、世界史におけるもっとも異例なエピソードの一つである。どうしてこんな事態が発生したのだろうか。たしかに数多くの進歩——冶金術、木材加工、皮鞣し技術、ニカワと骨や腱の使用——が原動力になっていたが、最大の原因は野生馬の家畜化と体軀の改良だった。どこの人間も移動は内燃機関によって行なうのが当然と思っている今日でさえ、馬は人びとの情熱をかきたて、全世界的な規模でとてつもない資金を動かしている。世界の大富豪はサラブレッドのオーナーとなることで、富を競いあっている。競馬は「王侯のスポーツ」であり、共和派の大富豪も喜んでその富をつぎ込んでいる。しかし王侯や大富豪は、勝馬を知っていると思い込んでいる庶民ほどには、レースに対してリスクを負うことはない。馬の世界では、もっとも貧しい者が土地をもつ大富豪と平等でありうると感じているのである。それは俗にいわれているように、「動物は我々すべてを馬鹿みたいに熱狂させる」からなのである。飼育環境がどれほどよくても、またその血統がどのように優れていても、馬は期待するオーナーをヒポコンデリーや不機嫌に落ち込ませることがある。反対に、血統も定かでない馬が予想を裏切って健闘して、騎手、調教師、飼育者、オーナーを一晩で大立者にし、また幾千ものその日暮らしの庶民を大喜びさせ、馬券屋の懐を軽くしてしまうこともある。現代のサラブレッドは慎重に接しなければならないだけの力をもっており、政治家などよりはるかに高い名声を勝ちえて生涯を終えることがある。もっとも偉大なサラブレッドは、帝王や王朝創始者に匹敵する地位を勝ちえている。巡礼にも似た観客はせめてその馬が走るところだけでも見たいと思い、またその遺伝子を受け継いだ次世代の馬は、まるでブルボン家やハプスブルグ家の血統を確実に伝えるかのように、細心の注意を払って分類されている。偉大な馬は、ある意味では、王のような存在である。しかしそれも、王侯たちをつくったのは最初の偉大な馬であったことを考えれば、驚くほどのことではないのである。

戦車軍団

ヒト homo sapiens〔現生人類（新人）および旧人類を含めた総称〕が最初に知った馬は、貧弱な生物だった。じつに貧弱で、人間が馬を狩ったのは食糧としてだった。現在の馬 equus caballus の祖先 equus は、最後の氷河期末期に新世界に移住したアメリカ原住民によって、アメリカでは狩りつくされていた。旧世界では、氷河期の終息以後の森林の復活が、馬をヨーロッパから木の生えていないステップへと追い立てた。そこで馬は、はじめは食用にするために狩られ、やがて家畜化されたのである。黒海北方のドニエプル川流域のいわゆるスレドゥニジ・ストーク文化の集落では、明らかに家畜化された馬の骨が紀元前四千年紀にまで遡る村の遺跡から大量に発掘されている。[*1] 石器時代の人間は馬を狩猟とか乗馬用ではなく、食用にしていたのだった。ほぼ確実な理由は、彼らが知っていた馬は背中に成人男性を乗せられるほど強靭な体軀ではなかったからであり、また人間自身がまだ牽引用の動物に取りつけ可能な運搬具を考案してはいなかったからだった。いずれにしても、人間と馬の関係はじつに複雑である。犬も馬も群生動物であるが、犬は簡単に人間と一対一の関係に入りやすく、およそ一万二千年前には人間とそのようなつながりをもっていた。ところが馬とその主人である人間との間に有益な「相互関係」を発生させようとするなら、馬を群れから切り放し、飼い馴らさなければならなかった。

石器時代人が馬と近親関係にある動物――モンゴリア、トルキスタン、チベット平原、西インド、メソポタミア、トルコ等に広範に分布するロバ――よりも、馬のほうが自分たちに役に立つ可能性があることを認めたと推測させるような理由は存在しない。今日では我々はロバを品種改良しても、遺伝的な原因で、より大きく、強靭で、速い品種が生まれてくる可能性はないことを知っている。初期の馬は、外見は当時なお生存していたプルゼワルスキ馬 equus przewalskii と、前世紀までステップに生存していた小型の野生馬 equus gmelini によく似ていた。そしてその色、大きさ、体型も、各地で生存する野生のロバとよく似ていた。しかし今日の遺伝学上の分析によれば、六四の染色体をもつこの馬は、他のどれとも異なっている。プルゼワルスキ馬の染色体は六六、ロバは六二、モンゴル産の野生ロバは五六なのである。とはいえ、石器時代の人間にはこれらの動物のなかから選択する余地はほとんどなかったはずである。[*2] とくに短い脚、太い首、垂れた腹、凸面上の顔、硬いたてがみをもった馬は、小型の野生馬と区別できなかったに違いない。そしてこの小型の野生馬はその体型や運動能力を改良しようとするあらゆる試みを拒み続けて、絶滅してしまったのである。

人類は駆り立てたり、乗りまわすことで馬とか馬に似た生物に接近していったのではなく、牛やトナカイをとおして接近したのだった。紀元前四千年紀の農耕民は、去勢して家畜化した雄牛は柔順になり、人間が引けるような簡単な鋤を取りつけることができるのを発見した。ステップとか沖積平野のような木が成育しない環境では、これらの牽引動物にソリをつけるようになったのは、ごく当然の進展だった。ついでソリにはローラーがつけられ、やがてはすでに陶工が実用化していた固定車軸を中心に回転する車輪へと変わっていった。[*3] 紀元前四千年紀に遡るシュメール人の都市ウルクの象形文字は、ソリから車輪をつけたソリへの発展をかなり忠実に示している。紀元前三千年紀の有名なウルの軍旗には、四頭の野生ロバに引かれた四輪の台車が描かれている。これは戦場での王の乗り物で、踏み台には斧、剣、槍等、王の武器が置かれていた。二対の木製の車輪のついたこの台車は固定車輪の原型から発達したもので、推測するに、シュメール人は野生ロバを優れた牽引動物——牛よりも速くて元気がよい——として認めていたのだろう。

　ところが、子どもの頃にロバをペットとして飼ったことのある人ならだれでも知っているが——そして野生のロバはやや大きくて脚がひょろ長いだけなのだが——この愛すべき動物は重大な欠陥をかかえている。とにかく強情で、主人の手に負えないのである。言うことを聞かすためにはかなり骨を折らねばならず、鞭や拍車、あるいは轡のはみはすぐ嫌がる。荷物も臀部に乗せなければ運べず、したがって手綱をとりやすい前方から乗ることができない。歩調もたった二種類——歩きと走り——しかなく、歩きは人間よりもやや遅いが、走りは首の骨を折りそうなほど猛烈なスピードになる。この性格はどれほど品種の交配を繰り返しても変わることがなく、そのためにロバは格下げされてしまった。輸送用の動物としては、移動範囲も荷重能力もかぎられていたからであり、また騎乗用としてはやむをえず乗るということになったのである。

したがって、紀元前二千年紀初頭に家畜化された馬の役割が食肉用から荷引き用へと変化したのは、驚くにはあたらない。小型の野生馬は大きさがさまざまに異なっていたにせよ、石器時代の雌馬は肩まで一二ハンド（一ハンドは四インチ）はあったし、もっと大きな種馬は一五ハンドを優に超えていた。[*4] 遊牧民たちはすでに羊、山羊、牛の飼育を通じて、品種改良の初歩を知っていた。その知識を馬にも応用するのは当然のことだった。とはいえ、すぐに期待していたような結果が現れたわけではなかったのだろう。品種改良した第一世代の動物は小さくなる傾向があるが、馬の場合にはこれは乗馬用としての適応力、さらには牽引力の減退となって現れた。[*5] また馬を牽引力として使う場合、さらに新しい困難が待ち受けていた。ロバは牽引力は低いが、鼻皮をつければ簡単にいうことをきく。しかし、首にかかる引き具が突っ張るほどの重さになると、荷物を引こうとはしない。おとなしい雄牛を前に進ませようとするなら鞭を触れるだけでよく、飛び出した肩に合わせた軛をつければ荷車をすぐ引いてくれる。しかし、はるかに元気がよい馬に言うことをきかせるには、口にはみを嚙ませるしか方法がない——ところが轡のはみの形については、現在まで馬術家たちが議論を続けているのである。また馬の狭い肩は軛がすり落ちてしまうし、首皮は気管を圧迫する。牽引のために馬に引き具をつける正しい方法は腹帯——これは中国人の発明である——をつけるか、首全体を被う首輪をつけるしかないことを発見するまでには、長い時間がかかったのである。その方法が見つかるまでは、馬をあやして引き具をつけさせようとすると、いつも堂々めぐりということになっていたのだった。

したがって引き具をつけた馬は、重たい荷車にも、また紀元前二千年紀のヨーロッパに出現しはじめた深い溝を掘り返す鋤を牽引するにも、ふさわしい動物とはいえなかった。[*6] それは馬に繋ぐ乗り物はできるだけ軽いものでなければならないということを意味していた。その結果が、戦車なのだった。歴史家スチュアート・ピゴットは、いつの時代にも、またどこの地域にもあてはまる非常に魅力的で説得力のある輸送についての議論——速くて、なおかつ突進力のある乗り物は、その所有者に社会的な威信を与えるが、それと同時に明らかに性的な愉悦や物質的な優越感、さらには肉体的なスリルも与える——を展開しているが、彼は二本の車軸をもつ軽戦車は突然、ほぼ同時発生的に、「技術における共通語」となり、それはエジプトからメソポタミアに至るすべての文明国に拡まったと述べている。

これに伴う新たな要因は、新しい動力によって与えられたスピードだった。それは古代の小型の馬の場合、軽さと新しいタイプの弾力性との組み合わせによってのみ開発できたものだった。円盤型の車輪を取りつけた牛車は、遅くて重たく、材木でできた圧縮構造物とみなされるものであるが、構造工学的な概念を取り入れた戦車は速くて、軽い材木からなる構造物とみなされる。それは主に、湾曲した木材の輪縁（タイヤ部）およびフレーム部との釣り合いによってもたらされたのだった。

ピゴットも指摘しているように、そのような戦車の出現は心理的な面だけをみても、革命的なものにならざるをえなかった。「人間を地上で輸送するスピードは突然、十倍近くになった――雄牛の時速〔二マイル〕だったものが、二頭の小型の馬に引かせた古代エジプトの戦車は、今日風にいえば、簡単に時速〔二〇〕マイルにもなったのである。引き具をつけた戦車の荷重能力は七五ポンドがやっとだった」（この関連で、美しい女性を馬車に乗せてドライブするのが最高の楽しみだと考えたジョンソン博士〔一七〇九―八四　イギリスを代表する文学者〕が、人間の骨格は時速二五マイル以上のスピードには耐えられないという意見を発表したのは、わずか二世紀前のことだったという事実を思い起こすのも無駄ではない）。

しかしながら、戦車のもたらした影響は、たんに心理的なものだけではなかった。戦車軍団の台頭をもたらしたのである。これは特別製のきわめて高価な乗り物と合成弓のような補完的な武器の使用を独占した抜群の技量を誇る戦士からなる一団で、戦車と馬を疾駆させるために欠かせない専門的な従者――馬丁、馬具士、車大工、大工、製矢職人――をしたがえていた。

これらの戦車軍団はどこから出現したのだろうか。まだ森林に被われていた西欧からではないのは明らかである。たしかに野生馬は生き残っていたが、森林が障害となって戦車貴族の到着は少なくとも五百年は遅れているのである。大河流域の沖積平野でもない。沖積平野には、馬は徘徊していなかった。ステップ――気候は乾燥し、木が成育していないことからどこにでもいける――は明らかに野生馬の原産地であり、また春と秋のラスプティツァ rasputitsa を除けばいつでも車輪のついた台車の通行には格好の条件を備えているが、しかし戦車をつくるために必要な金属と木材を欠いているので、戦車軍団誕生の地としては割り引いて考える必要がある。したがって消去法で考えていくと、戦車と戦車軍団がはじめて出現したのは、ステップと文明化が進んだ河川流域との境界線だったという仮説が信憑性を帯びてくる。

歴史家ウィリアム・マクニールは一般的に受け入れられている見解、つまり印欧語系の好戦的な「戦斧」民族はステップ西部から移住して、紀元前二千年紀には「大西洋沿岸地帯の巨石建造物をつくった温和な部族」を支配したという見解を受けて、次のような議論を展開した。ヨーロッパの石器時代人を支配することになる高価で神秘的な技術を売りつけた金属工たちもまた移住したが、しかしそれはメソポタミアから北部イランのステップ周縁部へという、まったく逆の方向だったというのである。

紀元前四千年紀から、農耕集落はこの平原の水利のよい地域に集まった。そして紀元前二千年紀には、おそらくこの地域では農耕の重要性はますます増大していった。これらの農耕集落の中間、およびその周辺の大草原には、言語系統からいえばステップ西部の戦士に近い未開の遊牧民が暮らしていた。ちょうど中間に位置する農耕集落を媒介にして、これらの遊牧民ははるか遠く離れたメソポタミアの文化の中心から発散する影響力に、次第に晒されるようになった。このような背景のなかで、遅くとも紀元前一七〇〇年以降に、文明の技術と荒々しい武勇との決定的に重要な融合が生じたと思われる。[*7]

これが戦車の発明、もしくは完成だった。

ではなぜ戦車軍団は、もしくは彼らとは直接的、あるいは間接的に繋がっていた遊牧民は、祖先の狩猟部族や近隣の農耕民よりも好戦的だったのだろうか。これに答えるには、さまざまな要因を考え合わせなければならない。そのなかには人間はどのようにして同類の哺乳動物を殺してきたか――あるいは殺さなかったか――ということに関連する微妙な問題も含まれる。農耕の採用は当然のことながら、日常の食生活における肉の比率を低下させる。また農耕民が大地を放牧よりも穀物生産のために使うようになるにつれ、穀物類生産への転換はつねに蛋白質摂取の低下となるということも、よく知られている。さらに農耕民は成熟した家畜を食用にするためにすぐに殺すよりも、その生命を長らえさせようとするのも――ミルクの産出、胴体の体重、筋力を最大限にするために――広く観察されている事実である。その結果、農夫は殺した肉獣を切り分けたり、殺意を察知して避けようとする若くてすばしこい動物を殺したりする腕前を欠くことになる。たしかに原始の狩猟民は優れた殺害者だったが、おそらく殺害技術には長けていなかった。彼らは獲物に致命的な一撃を与える精確な方法よりも、獲物を追跡し、追い詰めることに夢中だったのである。

一方、遊牧民は当然のことながら、殺害の方法と殺害する種族を選別するようになった。また自分たちが飼う羊や山羊は生きている食糧でしかないのだから、その接し方はきわめてドライである。つまり羊や山羊はミルクであり、バター、チーズをつくるための凝乳や乳奬、ヨーグルト、発酵乳、チーズ等の乳製品であり、さらには肉、場合によっては血でしかなかったのである。古代のステップの遊牧民が東アフリカの牧畜の民のように、飼育する動物の血をすったかどうかについてはたしかなことはいえないが、ありえることである。たしかに彼らは生まれたばかりの動物と年老いた繁殖用の動物を、怪我をした動物や奇形動物と一緒にして順番に殺した。そのような殺害のプログラムは、食用獣の損傷を最小限に止め、さらには群れの混乱を最小限に止める能力を要求する。したがって素早い必殺の一撃というのが、遊牧民がもっとも必要とする技術なのだった。そしてそれは定期的に行なう殺害によって得た解剖学的な知識で高められていった。群れの大多数の雄を去勢する必要性は、群れを管理するために行なう出産と荒々しい獣医学的な外科処置同様、肉の切り分けという点で別の教訓も与えた。

遊牧民を定住農耕民との戦争で冷酷に対決できるようにさせたのは、群れの管理、殺害、肉の切り分けなどの経験だった。遊牧民と定住農耕民との戦争は、ヤノマモ族やマリング族の手探り状態がだらだらと続く遭遇戦とたいして変らなかったことだろう。おそらく儀式的な要素で様式化されていたはずである。専門的な戦士階級が存在していたとしても、この推測ははずれてはいないだろう。甲冑や致命傷を負わせる武器が欠けていることは、ナイル王国では戦闘の「原始的な」習慣がいつまでも続いたことを証明するものであり、またシュメール人の装備もたいして進歩していたわけではなかった。このような技術的な条件のもとでは、戦争形態はおそらく散漫で、規律は緩く、戦場での行動は群衆、もしくは家畜の群れのようなものだったろう。ところが群れの管理は、遊牧民の特技だった。どのようにして群れを扱いやすく分断するか。側面を囲んだ場合、どうしたら後退線を遮断できるか。ばらばらの群れを密集した集団にするにはどのように圧迫すればよいのか。群れのリーダーを孤立させるにはどうすればよいのか。大多数を刺激せずに、選ばれた少数を殺すにはどうすればよいのか。遊牧民はこの種のことを知り抜いていたのだった。

後代になって記述された遊牧民の戦闘方法はすべて、まさにこのようなパターンで展開したことを明らかにしている。ヨーロッパ人や中国人に知られていたフン族、トルコ人、モンゴル人は戦車を卒業して騎馬軍団をつくりあげたという事実を、我々は念頭に入れておかなければならない。これで彼らの戦術はさらに効果的になった。とはいえ、その本質は変わらなかった。これらの民族は戦線を形成したり、取り返しのつかなくなるような攻撃を仕かけることはなかったという。敵に接近するときは緩やかな半円隊形をとったが、これは移動する敵をあまり驚かさずに、側面を包囲するためだった。強力な抵抗を示すところがあれば、後退するふりをした。これは、敵を誘い出して状況判断を誤らせ、隊列を乱して追跡するように仕向けるためだった。攻撃に移るのは、戦況が自分たちの読みどおりなのが明らかになったときだった。四肢の切断や首を切り落とすのもざらという、きわめて鋭利な武器の出番である。遊牧民は敵の剣の殺傷力などなんとも思っておらず、ほんのわずかな武具しか身に着けていなかった。戦況を有利にするために、彼らは遠距離から矢を雨霰と浴びせて、敵を悩ませ、威嚇した。その武器となったのが選りすぐりの、驚くほど高性能な合成弓だった。四世紀のアンミアヌス・マルケリヌス〔三三〇頃―四〇〇頃 ローマ帝政末期の歴史家〕は、フン族について次のように記している。「戦争では、彼らは恐ろしい雄叫びをあげながら襲いかかる。抵抗に遭うと四散するが、すぐに同じスピードで戻ってくる。立ちはだかる者はすべてなぎ倒して、叩きつぶす……矢を放つ技量にかけては――それもとんでもない距離から――彼らに匹敵する者はいない。矢の先端には鉄と同じくらい堅く、殺傷力のある鋭利な骨がつけられている」[*8]。

　合成弓が出現した時期をどのように決定するかについては、学者の間で論争が繰り広げられている。シュメール人の石碑が正しく解読されているとするなら、合成弓は早くとも紀元前三千年紀には実用化されていたと思われる。紀元前二千年紀には確実に存在していた。その特徴のある湾曲した形状が――恋に悩む廷臣に矢を突き刺す「キューピッドの弓」を描いたヴァトーやブーシェ〔十八世紀フランスを代表する画家で、宮廷風俗、肖像画などを多く残した〕の絵で我々にはお馴染みの形――ルーブルに現存する紀元前一四〇〇年頃の黄金の鉢にくっきりと描かれているからである[*9]。これが一夜にして出現したはずはない。戦車と同じで、その複雑な製造過程は、さまざまな原型があり、また何世紀とまではいわないにしても、数十年の試行錯誤があったことを物語っている。その最終的な形態は、紀元前二千年紀の完成品と十九世紀に見られるその代用品（合成弓を最後に使ったのは満州旗兵だった）との間で、まったく変わっていない。合成弓は、細長い木材――あるいは一枚以上の薄片――の外側（背）には弾力性のある動物の腱が、内側（腹）には通常、圧縮性の野牛の角の薄片がニカワで貼りつけられていた。ニカワは煮詰めた牛の腱と、すり潰した魚の骨と皮を少量交ぜ合わせた牛の皮を調合してつくったが、「乾燥させるには一年以上」かかり、「温度と湿度を厳しく管理した環境のなかで使用されねばならなかった……その準備と使用には多大な技術を必要としたが、その多くは秘儀的な、半宗教的な接し方が特徴となっていた」[*10]。

合成弓の部品は、五本の平たい木材、あるいは木材の薄片――中央のグリップ、二本の腕木、二本の先端――だった。これをニカワで貼りつけると、次にこの木材の「骸骨」を蒸気にあてて、弦を張ったときとは反対側に湾曲させる。そして蒸気をあてた細長い角の薄片が、「腹」にニカワでつけられる。さらにこれをふたたび弦を張ったときとは反対側に、完全な円になるように湾曲させる。そして「背」に腱をニカワで貼りつけ、「回復」するままに放置される。すべてがしっかりと馴染むと結び目が解かれ、はじめて弦を張る。材質がつくる自然の状態に逆らって弦を張るのは、強い筋力と器用さが必要である。その「重量」は伝統に則ってポンドで測ると、およそ一五〇ポンドになる。これは若木一本でつくられた単純な弓と比べても、わずかな差でしかない。

同じような「重量」は、中世末期の西欧の長弓の特徴でもあった。これは射手がその武器を飾るために、赤木と白木を含んだ材木でつくったものだった。これも弾性と圧縮という相反する力を利用する点では同じ原理で、射手が弓を引き、腕に蓄えられた力を指で開放し、矢を前方に飛ばすというものだった。とはいえ長弓の不利な点は、まさにその長さにあった。しっかりと立った射手しか、使えなかったのである。合成弓は、弦を張ったときの長さは人間の頭から胴までと短く、したがって戦車の上からでも、あるいは馬上からでも完全に使いこなすことができた。合成弓用の矢は長弓用の矢よりも軽かった――最適とされた重量は約一オンスだった――が、それでも三百ヤードの距離を精確に射ることができ（ただ射るだけなら、はるかに遠くまで飛ばした記録が残されている）、百ヤードの距離から甲冑を射抜くことができた。矢が軽いのはたしかに有利だった。遊牧民の戦士が大量の矢を――矢筒一個に五十本近くが入っていた――戦場に持っていけるからである。それだけあれば、雨霰と降る矢で敵を戦闘不能に陥らせて、勝利が得られると計算したのだった。

戦車や騎馬射手の軽装備は、三千年以上も変わらなかった。欠かせないのは、弓本体と矢、それに親指につける指輪だった。これは矢を発射する瞬間、皮が剝れるのを守るためのものである。重要な付属品は矢筒と、使っていない弓を温度と湿度の変化から守る弓入れだった。この装備はもっとも初期に遡る合成弓の射手の描写にみてとることができる。そしてまったく同じ種類の装備が、イスタンブールのトプカプ宮殿にある十八世紀のオスマン・トルコのスルタンの正装の中心部に描かれている。[*11]その他にも、遊牧民の世界ではまったく変わらないままの物も多い――テント、床敷、調理用の器、衣類、遊牧民の素朴な家具等である。遊牧民は財産を箱のなかにしまっていた。それは二個一組の荷駄にして、動物の背中にたがい違いにかけられるほどの大きさだった。また網に包めるほどの円形皿と鍋を使っていた。トルコ人が戦争の合図に叩いたケトルドラムは、遊牧民のキャンプ用大鍋の口に皮を張りわたしたものだった。

戦車軍団の装備とその手足となる動物についての知識だけでなく、いつでも移動できる能力が、彼らを戦争向きの攻撃的な性格にした。戦争はすべて移動を必要とするが、定住民にとってはわずかな移動距離でさえ困難をもたらす。定住民のギアは重くて硬い。移動可能な輸送手段を欠いているし、とくに牽引用の動物がいない——戦場ではこれは欠かせない。人間と動物に必要な食糧も、厄介なほどかさばってしまう。定住民は屋根の下で寝たいと思うが、テントをもっていない。天候が荒れれば雨宿りをするが、防水服はもっていない。そして決まった時間に調理した食事をとる。農夫は職人よりも頑健だが——ギリシア人は土地に縛りつけられた農夫が戦士になるのは彼らの労役と考えていた——その農夫でさえ、遊牧民に比べれば軟弱なのである。[*12]遊牧民はつねに移動し、可能なときに食事をとり、水分を補給する。あらゆる天候に勇敢に立ち向かい、わずかばかりの恵みに感謝する。全財産は即座にまとめることができるし、牧草と水が群れを呼ぶときはいつでもキャンプを移し、食糧も彼と一緒に移動する。環境にもっとも恵まれた遊牧民、つまり夏と冬の定期放牧地が決まっている遊牧民は、農夫よりもはるかにタフなのである。一辺の放牧地をめぐって部族同士が相争う乾燥したステップで暮らした古代遊牧民は、もっともタフな人びとだったはずである。

アメリカの中国学者オーウェン・ラティモアは一九二六年から二七年にかけて、中国とインドの間に横たわる一七〇〇マイルの乾燥地帯を横断した——それは紀元前二千年紀に、オアシスからオアシスへと何世代もかけて中国に戦車をもたらした人びとがとったルートの一部だった。ラティモアの回想によれば、彼が一緒に旅行したキャラバンの人びとは、遊牧民になった。彼らの償いの儀式と自己防衛のタブーの多くはモンゴルから継承しただけでなく、遊牧民のもっとも原始的な本能がもたらしたものだった。彼らはすぐ後から追いかけてくる、そして野蛮人のテントに潜む魔力や、荒々しい威嚇で昼も夜も摑みかかろうとする放浪の民や自然のままの征服されていない国土の乏しい資源をなだめようと努めた。最初の野営地でテントを張ったその瞬間から……火と水はまったく異なった重要性をもつようになった。新しい場所にテントが張られるたびに、最初に涌かした水と最初に調理した食べ物の少量を、入り口の外に投げねばならなかった。

キャラバンの人びとが利用できる食糧と水がひどくまずいときでさえ、これは変わらなかった。

我々の一日は……なんとも粗末な小枝、葉っぱ、屑茶から……茶をつくることではじまった。この茶のなかに炙ったカラス麦か炙ったキビを混ぜ――実際これはカナリーチグサの実に似ていた――薄い粥のようにして飲むのである。昼頃になって、我々は一日で唯一の食事をとった。これは半生の練り粉からつくられたのだろう。我々は白い小麦を携帯していたが、毎日同じような物をつくるしかなかった。小麦粉をなんとかして湿らせてから巻く。そして叩いて伸ばし、小さくちぎって丸めるか、大雑把に切ってスパゲッティのようにするのである……茶を大量に飲むのは、水が悪いからである。水を沸かさずにそのまま飲むことだけは、けっしてしない。……水はどこでも井戸から汲むが、どの井戸も大なり小なり塩と炭酸、そして私が思うに無機塩で汚染されていた。水はあまりに塩っぽくて飲めないこともあれば、非常に苦いときもあった。最悪の水は……濁ってねばねばしていて、信じられないほど苦く、胸の悪くなるような代物である。[*13]

ラティモアが生活をともにした遊牧民の習慣は、茶と小麦粉を使うという点でおそらく紀元前二千年紀の遊牧民の習慣とは異なっていただろう。しかし別の観点から見れば、彼らの生活様式には選択の余地がほとんどないに違いない。どちらの場合も自然に順応せざるをえないので、予測が不可能という点と、とてつもない厳しさという点が特徴となっているのである。自然の厳しさを緩和するものなら、なんでも歓迎されたに違いない。なぜ――おそらくどうしてと問う以上に――戦車と合成弓という二つの桁外れの兵器が、文明が遊牧世界と接する境界地帯で発生したかという問題は、この観点から考えなければならないのである。

戦車の部品――車輪、車台、挽き棒、金属部品――はその起源を「文明」社会にもち、原型は不格好ではあっても、農耕や建設作業のなかから生まれたものだった。考古学者たちの意見は、だれがこういった部品を軽くて山野での疾走に堪える戦車に仕立てたのかという点については分かれたままだが、戦車はなんのためのものであったのかという設問を立ててはいない。[*14]これに対する答えは、戦車はどのように使われていたかを考えるなら、明らかになるだろう。もちろん、戦争のためである。しかしまた、狩猟のためでもあった。戦車は荒れ地でも駆け抜けることができたから、狩人が合成弓で獲物に弓を射るための踏み台としても使われていたのである。数多くのエジプトやメソポタミアの絵が、その証拠である。また周王朝の中国の詩人も、戦車は狩猟用の乗り物だったとはっきりと述べている。[*15]

実際そうであったとするなら、戦車と合成弓は一緒に出現したと想定してもよいだろう。なぜなら、この二つはともに遊牧民にとって決定的に必要だったからである。遊牧民に徒歩をはるかに上まわるスピードで群れを追う手段を与え、また狼とか熊、あるいは虎のような群を襲う食肉動物に匹敵するとまではいかないにしても、かなりそれに近い速度の移動手段を与えるものだからである。合成弓をもって狼を追跡する狩人にとって、戦車はきわめて都合のよい踏み台だったのはたしかである。移動する標的を射るときの精確さは、後代の騎手が鞍の上から射るのと同じ程度、あるいはそれ以上だったかもしれない。定住民たちは後に、遊牧民がスピードを落とさずに手綱を緩め、獲物をしとめる腕前に感嘆したのだった。ジョン・ギルマーチンは、「ステップの遊牧民は［無限の］時間を……つねに鞍の上で弓の実地訓練に費やし、家畜を追いかけ、群れを守り……ステップに棲息する獲物——人間や動物、食用とそれ以外——の数を計算にいれていた。この絶えざる実地訓練が経済観念をつくりあげた」と述べている。[*16]この「鞍」という言葉を「戦車」に置き換えても、意味は変わることはないし、説得力はかえって高くなる。

紀元前二千年紀の中頃、戦車と合成弓を作り、使いこなす技術を習得した人びとは、もともと彼らの家畜を襲う食肉動物に立ち向かうために工夫した攻撃手段に対して定住民は刃向かえないことを——どのような方法を通じてかについては推測できないが——知った。高地地帯から広大な平地へと下ってきた戦車軍団は無傷のまま、メソポタミアとエジプトの住民を歩行不能にするほどの傷を負わせることができた。無防備な歩兵を百ヤードから二百ヤードも離れて包囲し、一人が駆り、他の一人が弓を射る戦車クルーは、一分間に六人も射抜くことができたのだった。戦車十台で十分間戦えば、五百以上もの敵兵を負傷させることができるのである。これは当時の小規模の軍団にしてみれば、ソンムの戦いに匹敵するほどの犠牲者の数だった。このような敵の攻撃に直面すれば、それをかわすことは不可能で、傷を負った負傷者の群れに残された手段は、散を乱して逃走するか、降伏するしかなかった。いずれにしても戦車軍団は多数の捕虜の獲得という戦果をあげることになった。そして、捕虜にはただちに奴隷の境遇に落とされるという運命が待ち受けていたのだった。

通説では、ステップ社会と文明社会との交流は遠距離貿易によってはじまったとされている。衣類、ささやかな装飾品、加工された金属を運び、蛮族の世界が産出する毛皮、錫、そして奴隷等の貴重品と交換するのである。奴隷売買がどのようにしてはじまったのかについては、不明である。四足獣の群れを追いかける遊牧民には、ごく自然の展開だったのだろう。とくに、遊牧民が季節ごとの祭儀のために集まる場所に異国人が商品を運んでくるのが習慣になると、その場はラティモアが述べているように、「定期市の様相を呈するようになった」

のであり、そしてこの定期市が最初の奴隷市場になったのであろう。[*17] 遊牧民が奴隷を集めてステップで売るために移送するようになると、やがて彼らは征服遠征で高地から降って奴隷の獲得と管理に手を染め、征服民たちに押しつけた中間階層の奴隷を通じて権力を振るう準備もしていたはずである。

これが、どのようにして少数の攻撃的な侵入者の一団が数の優る部族を打ち倒し、しばらくの間権力を維持したかについての説明の一つである。戦車を操る支配者が奴隷の主人であったということについては、異論の余地はないだろう。もちろん、奴隷制は戦車が出現する以前のメソポタミアやエジプトでも知られていた。しかしその習慣は、とくに売買ベースでの習慣は、戦車を操る征服者の登場によって強化されたと推測されるのである。ヨーロッパに奴隷制を伝えたのは小アジアから移住したミケーネ人だったが、この部族は戦車をもたらしたわけではなかった。しかし中東で突然、戦争が猛威を振るいはじめた紀元前二千年紀中頃には、戦車を手に入れていた。[*18] 中国における奴隷制は殷王朝にまで遡る。リグ・ベーダによれば、インダス流域の戦車に乗った征服者たちは、奴隷制を後のカースト制の基盤にしたという。

戦車の急速な伝播は驚くほどのことではない。たしかに戦車産業とその市場のようなものがあったと推測されるのである——今日の第三世界の兵器の「技術水準」を成り立たせるハイテク兵器産業およびその市場と同類のものである。つまり戦車は軽くて輸送が簡単で、通貨をはたいても購入するだけの価値がある装備だったのである。戦車テクノロジーがひとたび完成すれば、その生産と輸送、販売はますます容易になった。紀元前一一七〇年頃のエジプトの浅浮き彫りには、一人の男が戦車を肩に担いで運んでいるところが描かれているし――その重量は百ポンド以下であり、とりたてて馬鹿力のもち主というわけではない――また非常に市場価値のある製品である以上、必要な技術をもった職人が住んでいる地域ならどこでも、競って生産をはじめたのだった。高価ではあるが売れ行きのよい戦車の過剰生産を押さえたのは、実際には技術や原料の不足ではなく、それに適した馬の不足だった。戦車用の馬は、高度に調教された選び抜かれた馬でなければならなかった。もっとも初期の馬の調教方法は声や手綱をあまり使わなかったが、これは紀元前十三世紀および十二世紀にまで遡るメソポタミアの一群のテキストに記されている。当時も今も、若い馬はなかなか言うことを聞かないのである。[*19]

征服者となった最初の戦車軍団はだれであったかという問題に一つの手がかりを与えるのは、言語である。エジプトに侵入したヒクソスはアラビアの砂漠の北辺のやや肥沃な地域に起こった部族で、セム語系の言語を話していた。[*20] メソポタミアのハンムラビ王の帝国を分割し崩壊させたフリ人とカッシュ（カッシート）人〔ともに紀元前二〇〇〇年頃の印欧語族移住の余波を受けて、バビロニアに侵入し、王国を建てた〕は、今日もなお民族学的には世界でもっとも入り組んだ地域の一つであるティグリスとユーフラテスの源流の山岳地帯が出身地だった。カッシュ人が話していた言語は明らかではないが、「アジア系」と分類されている。フリ人は――そして今日のトルコに帝国を打ち建てたヒッタイトは――印欧語を話していた。インドに侵入したアーリア人も同様だった。中国の殷王朝の基礎をつくりあげた戦車軍団は――アルタイ山脈の原イラン人のいくつかの中心地域から も出てきたが――イラン北部から移動ルートを開拓してきた。[*21]

戦車を操った支配者たちの正体が不明なのは、彼らの性格の核心を物語っている。彼らは創造者というよりも破壊者であり、ある程度は文明化したとはいえ、それは自らの文化を発展させたというよりも、支配下にある部族の習俗、制度、祭式を受け入れたからである。メソポタミアでは、ハンムラビの帝国はグティ人〔アッカド帝国末期に反乱を起こしたザグロス山脈の山岳民族〕やエラム人〔ペルシア南西部の辺境部族〕のような辺境部族によって生じた混乱の時代のなかから姿を現し、かつてサルゴンが行使した権威の再興、官僚組織と軍団組織の再建、バビロンからの統治に成功した。しかしながらこのアモリ人の帝国は歩兵軍団を擁するにとどまり、紀元前十七世紀にカッシュ人とフリ人が辺境地帯から侵入してくると、その戦車に立ち向かうことはできなかった。エジプトの侵略者ヒクソスがエジプト北部の実質的な支配者になれたのも、彼らがエジプト化したからだった。つまりエジプト人の神を国家の神として受け入れ、またファラオの官僚制度を採用したのである。殷もまた彼ら固有の文化を伝えたというよりも、華北一帯の先行文化を継承したものと思われる。彼らは戦車を操る狩人であり、虎や角の生えた雄牛ほどもある猟獣を合成弓で殺し、おそらく戦争捕虜であろうと思われる奴隷を人身御供として捧げていたことを、碑文は明らかにしている。遺跡から発掘された埋葬品は、彼らは青銅の使用を独占しており、支配下の耕作民は石器を使っていたことを示している。紀元前一〇五〇年から二五年頃までに、殷は南方の土着民の王朝である周によって滅ぼされるが、この周も馬と戦車の扱いを別のルートから学んでいた。

戦車軍団の圧制はどこも長くは続かなかった。インダス文明のアーリア人は、支配下の部族によって覆されなかった唯一の戦車軍団支配者であったと思われる。とはいえ、学者のなかには仏教とジャイナ教を、アーリア人が導入したカースト制という圧制に対する原住民の反抗とみなす者もいる。ヒクソスは紀元前一五六七年頃、新王国を打ち建てたアハモーセ〔在位前一五七〇—四五　アアフ・メスともいう〕が指揮するファラオ勢力の復活により、エジプトから追い出された。その他の戦車軍団、たとえばアナトリア地方——現在のトルコ——のヒッタイトや、クレタ等のミノア文明を破壊し、ホメロスにトロイ戦争についての物語を書かせるきっかけとなったと思われるミケーネ人は、紀元前一二〇〇年頃にギリシア北方から姿を現したフリュギア人とドーリア人によって倒された。しかしながらもっとも重要なのは、およそ紀元前一三六五年にアシュル・ウバリット〔アッシリア王。在位前一三六四—一二八〕の王権のもとでメソポタミアの原住民がフリ人の宗主権に対する長い闘争を終結させて、その首都名アッシュールにちなんだ古代王国アッシリアを再建したことである。

アッシリアについての我々のイメージはニネヴェやニムルッドで発掘された豪華な王宮芸術に基づくものであるが、それは彼らが戦車を駆使する種族だったというものである。実際、王や貴族、また新王国のファラオも戦車を駆使するようになった。ところが彼らの祖先はそうではなかった。文明世界における王の役割のこの変化こそ、古代神権国家に対する戦士国家の支配がもたらしたもっとも重要で、永続的、かつ災いに満ちた結果と見なければならない。古王国と中王国のエジプト人は、ほとんど戦士とはいえなかった。サルゴンの常備軍でさえ、アッシリアの後継者と比較すれば、もったいぶるだけの非効率的な組織でしかなかった。アッシリア人とエジプト人に対して、戦車軍団は帝国の戦争というものについての技術と精神を教え込んだのである。そしてそのなかから帝国権力が生まれたのであった。ヒクソスを追い払った新王国のファラオのエネルギッシュな鼓動は、その後何年も軍隊を駆り立てて、ナイルをはるかに越えたシリア北部の高地にエジプトの最前線を築かせた。フリ人を駆逐した後、アッシリアはメソポタミア文明につねにつきまとう問題――肥沃ではあるが侵略者に対して無防備な自然の地形を囲い込むこと――を、攻撃によって国境線を次第に拡張することで解決した。そして今日のアラビア、イラン、トルコ、シリア、イスラエルを覆いつくすはじめての多民族帝国となったのである。戦車が遺した遺産は戦争国家だった。そして戦車そのものが遠征軍の中核となったのである。

戦車とアッシリア

アッシリアが権力の頂点に達した紀元前八世紀、後代の数多くの後継者がモデルとしたアッシリア軍団が姿を現した。そのモデルのなかには、我々の時代にまで伝わっているものもある。兵站の配置は、その最たるものである。兵站基地、輜重部隊、工兵部隊である。アッシリア軍団は真の意味で長距離走破を可能にした最初の軍団だった。基地から三百マイル先まで出撃が可能という遠征能力をもち、行軍速度は内燃機関が出現するまで凌ぐものがなかったのである。

アッシリアの財力は道路を舗装するほどの余裕はなかったが――ほとんど舗装はされていなかったが、きわめつけの乾燥地帯である以上、雨が降れば、いずれにしてもタールを塗っていない敷石は洗い流されてしまう――王国には広範な道路網が張りめぐらされており、しばしばそれが領土内の平野部との境界線となっていた。そしてこの領土を楔形文字で記した粘土板は、後代の考古学者にさまざまな情報を提供しているのである。[*22] この道路に沿って、騎馬部隊は一日三〇マイル――これは今日の軍隊の行軍速度に匹敵する――進軍した。もちろん中央の平野部を越えて敵地に入ると道路は劣悪になるが、そうなると工兵が丘の斜面や山岳地帯を抜ける隘路を補修した。ティグリス川とユーフラテス川には魚が群れをなし、また季節によって水位が変わるので、軍団は飲料水専用輸送部隊を活用した。七世紀初頭、センナケリブ〔アッシリア王。在位前七〇六―六八一〕はシリアの船大工を連れてきて、今日のイラン南部にあたるエラムへの遠征用の船団をニネヴェで建造させた。明らかにセンナケリブは地中海で使われていた海上用帆船が欲しかったのである。これはメソポタミアの河川流域に住む船大工の技術では、手に余るものだった。船が完成すると、フェニキア人の海男がティグリス川をぎりぎりの地点まで航行させ、ユーフラテス川へと至る運河を人力で進み、ペルシア湾へと航行して入った。ここで船団はエラム領土上陸戦用の部隊と馬を積み込んだのである。[*23]

さまざまな物資、ありとあらゆる兵器、戦車、馬は、中央備蓄倉庫 ekal masharti、つま

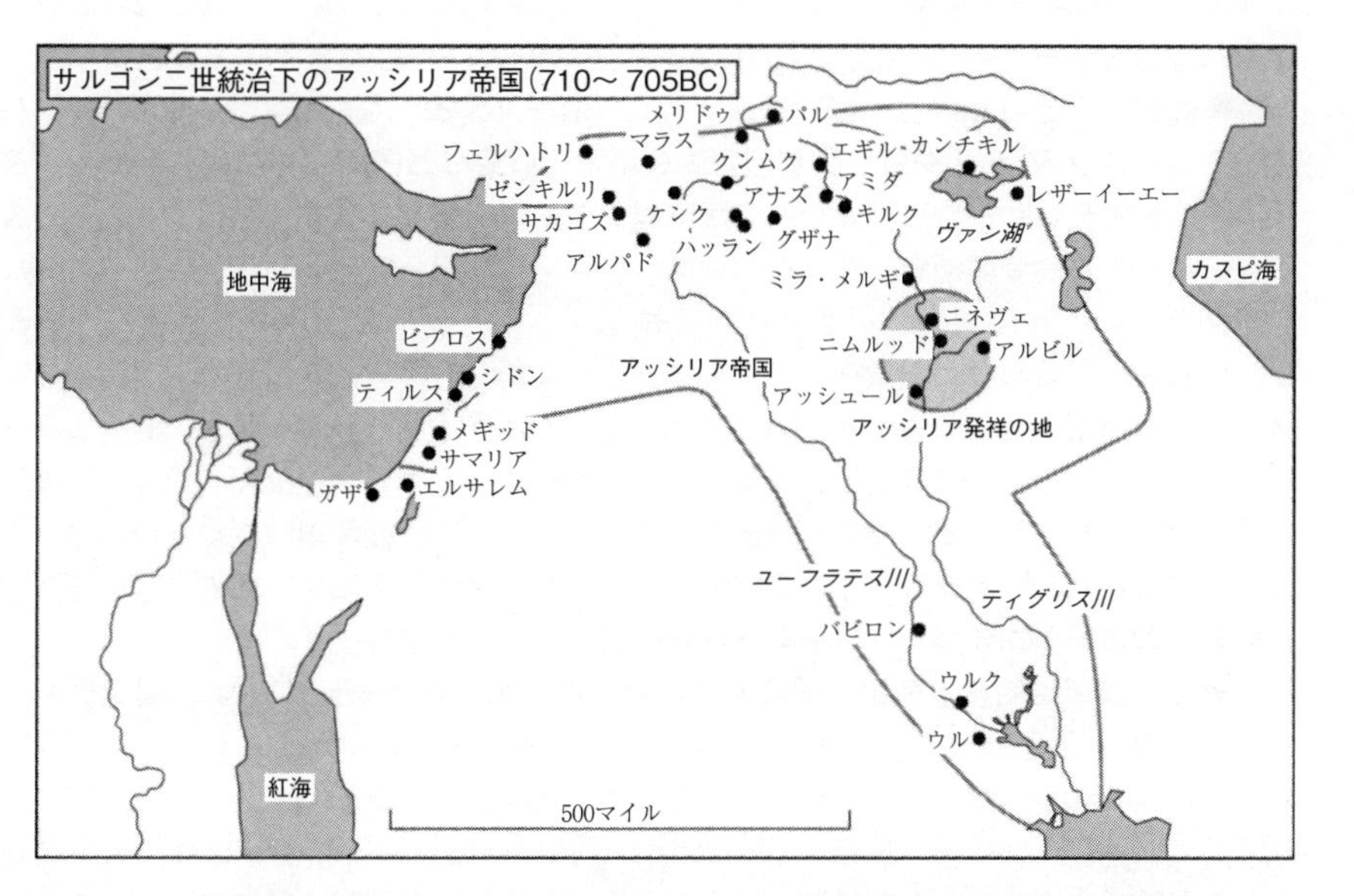
サルゴン二世統治下のアッシリア帝国(710〜705BC)
メリドゥ
パル
マラス
フェルハトリ
クンムク
エギル・カンチキル
アミダ
ゼンキルリ
アナズ
レザーイーエー
サカゴズ
ケンク
キルク
グザナ
ハッラン
ヴァン湖
アルパド
地中海
ミラ・メルギ
カスピ海
ニネヴェ
ビブロス
ニムルッド
アルビル
シドン
アッシリア帝国
ティルス
アッシュール
アッシリア発祥の地
メギッド
サマリア
ガザ
エルサレム
ユーフラテス川
ティグリス川
バビロン
ウルク
ウル
紅海
500マイル

り「軍団集結のための宮殿」に保管されていた。ニネヴェにあったこの倉庫について、紀元前七世紀のエサルハドン〔センナケリブの子で、最大の版図を獲得した。在位前六八一―六九〕は、この倉庫は「余に先立つ歴代の王が……野営に必要な物資の供給、軍馬、ラバ、戦車、装備、敵の戦利品を保管するために」つくったものであり、「軍馬の調教と戦車の教練のためには過小になれり」と述べている。アッシリア軍団が行軍時にどれほどの備蓄食糧を携帯したかについては知られていない。おそらく敵地での現地調達で、ほとんどを賄うつもりだったのだろう。*24 紀元前七一四年に北方の強国ウラルトゥに遠征したサルゴン二世〔アッシリア王。在位前七二二―〇六〕は捕獲した要塞に「穀物、油、ワイン」を送ったという記録を残しているが、その息子のセンナケリブは紀元前七〇三年にメソポタミア南部のカルデア人と戦ったときに、「部隊には、穀物、椰子の茂みに生えるナツメヤシ、平原の収穫物のすべてを食べつくさせよ」という命令をくだしている。軍団にたらふく食べさせ、もち運べるものはすべて運び出してから、敵地を荒廃させるのは、後代の基本戦術になった。サルゴンはその最後となったウラルトゥ遠征で、灌漑施設を破壊し、無防備の穀物倉庫を打ち破り、果樹を切り払った。

サルゴンは遠征部隊が困難に見舞われると、怒り狂った。軍団は、「数知れぬほどの山を次々に走破し」、やがて「反抗的になれり。余には彼らの疲労を休めることも、喉の渇きを癒すことも能はざりき」。サルゴンはザグロス山脈北方を進軍していた。そこはヴァン湖〔トルコ南東部のアルメニア高原の塩湖〕とウルミア湖〔イラン北西部のレザーイーエー湖の旧称〕との間に拡がる起伏に富んだ地域で、今日もなお部隊の整然とした行軍を寄せつけない。このような困難な地帯こそ、アッシリア工兵が本領を発揮する場だった。ウラルトゥ遠征について、サルゴンは次のような記録を残している。「余は、余の工兵に強力な銅（たぶん青銅）のツルハシをもたせり。工兵は険しい山脈のごつごつした岩を、あたかも石灰岩のごとく粉砕し、良道をつくれり」。水路はもっとうまく切り抜けた。つねに問題を起こすバビロンの南部勢力の討伐遠征を一世紀以上も前に行なったアシュルナシルパル（アッシリア王。在位前八八四―五九）は、「ハリディの町でユーフラテス川を……余がつくらせおきたる船でわたれり――遠征路をはるか運ばせたる獣皮の船なりき」。この獣皮の船はイラクで近代まで使われていたが、おそらく一人の人間で膨らませることができる羊皮の船、もしくはいくつもの羊皮で木を縛りつけた筏のようなものだったのだろう。アッシリア軍団は葦の船も使っていた。これは今日もなお、ティグリス川とユーフラテス川が合流する沼沢地で暮らすアラブ人が使っている。アッシリアの浮き彫りには、分解した戦車を船で水路を運ぶところが描かれている。

アッシリアの軍事組織は、後代の帝国の軍事組織の先駆けとなるものでもあった。アッシリアは民族的な差別抜きで軍団を編成した最初の国家であったと思われるが、これもその一例である。住民対策は容赦なかったが――後のオスマン帝国やスターリンが行なったように、国内の治安を確保するために不満分子をその出身地から切り放して遠隔地に住まわせた――同時に忠誠心があてにできるなら、戦争捕虜と従属民を軍団に受け入れる用意があった。言語と共通の宗教が軍団編成の要諦だった。アッシリアはアッシュール神の崇拝を通じて原始的な一神教を拡め、また他部族の言語も公用語のなかにとり入れたが、これは相互理解促進という観点から取られた政策だった。後代のローマ帝国もそうであったが、アッシリア軍も得意とする武器——投石器もしくは弓——を持った従属民が補助部隊となって主力部隊を援護した。従属民たちはまた攻城戦の工兵の担い手でもあったらしい。アッシリア美術には、彼らが城壁の基部を攻撃し、坑道を掘り、攻城用斜面を建設し、攻城兵器を操作しているところが描かれている。シリア人は攻城戦を得意としていた。センナケリブは、エルサレムのヒゼキヤ王の包囲戦についての記録を残している。「(ヒゼキヤは)余の軛を受け入れざりき。余は四六もの強力な城壁を擁す町を包囲し、周辺の数知れぬ村々とともに手に入れり。破城槌を運ぶためには斜面を搗き固め、歩兵が攻撃し、坑道を掘り、城壁を突破し、攻城兵器を駆使せり……余は彼の王をエルサレムに閉じ込めり。王都は籠のなかの鳥のごとくなれり」——これは、旧約聖書の列王紀下第十八章に対応している。ヒゼキヤは、無残な結末に直面するよりも降伏を選び、貢物を捧げた。[*25]

アッシリアにはさまざまな帝国的な要素が付随するようになっていたが、その中核は戦車軍団だった。紀元前六九一年にエラムと戦ったセンナケリブは、この王がどのようにして「投げ槍と弓で敵の部隊を指し貫きし」かを宮廷史家に記録させた。

エラムの王の司令官とその貴族たち……余は彼らの喉を羊のごとく切り裂けり。引き具をつけ勇み立つわが軍馬は、川へと注ぎ込まんばかりにほとばしり出る敵の血のなかに踊り込めり。わが戦車の車輪は血と汚物を跳ねあげり。余は平原を敵の戦士の死体で埋めつくしけるが、そはあたかも牧草のごとく拡がれり……戦車を引く敵の軍馬（がいたが）、その騎手は激烈な戦闘に突入せしときに殺され、勝手に走りまわりおれり。かかる軍馬は連れ戻され、（戦場の）あちこちを駆けめぐれり……カルデア（エラムの同盟軍）の族長たちは、悪鬼のごときわが軍の猛襲でパニックに陥れり。彼らはテントを棄て、味方の死体を踏み潰しつつ、命からがら逃げ出せり……（恐怖のあまり）敵は戦車のなかに小便と大便を垂れ流しおれり。[*26]

細部までじつにリアルなこの戦場の情景が物語っているとおり、これは殺戮戦だった。その原因はおそらく、エラムはセンナケリブのティグリス川への接近を阻む地点に軍を展開し、碑文にもあるように、水の補給を妨害したことにあったのだろう。それはその後もしばしば起きた戦闘だった。このような条件のもとでの戦闘は必然的な流れであって、選択の結果ではなかった。とはいえ、サルゴンのウラルトゥに対する最後の戦いは、騎士道の痕跡が姿を現している。ウラルトゥの王ルサスはアッシリア軍に挑戦状を送りつけているのである。

　この段階で戦車貴族は後代の騎士のように、戦車貴族同士の戦いは騎士の一騎打ちによって解決を図るのが最良と考えていたといえる。歩兵や従者は背後で粗い陣形を組み、勝利となったら戦利品をうず高く積みあげ、負けたときはその結果を受け入れるのである。中国の周の戦車軍団は、後の春秋時代の記録に残されているように、明らかに騎士道の形態を取っていた。紀元前六三八年の楚と宋との戦いで、宋の司馬公は「敵は多勢、味方は無勢」ときわめて正当な理由をあげて、敵が陣形を整える前に攻撃を開始する許可を二度も求めた。ところが、拒否された。宋は敗北した。負傷した司馬公は次のように述べて、自らを慰めた。「夫子たるものは傷を二度は負わせぬもの、あるいは白髪の者に虜囚の辱めは与えぬものなり……我は没落した王朝のなんら取柄もなき残党ではあるが、陣形を整え終わらぬ敵軍に攻撃の軍鼓を鳴らそうとは思わぬ」。中国の戦車貴族の間で騎士道にもとるとみなされた行為は、敗走する敵の戦車の故障につけ込むこと（援軍があった場合でさえ）、あるいは支配者の喪に服している、もしくは内乱で分裂している敵国に攻撃を加えることだった。[*27]

戦車貴族が模範的とした行動は、後の宋の戦争のエピソードのなかに見られる。このとき司馬公の息子は、すでに弓に矢をつがえた戦士に出くわした。敵は矢を放ったが、射損ねた。そして司馬公の息子が弓を放とうとする前に、早くも次の矢をつがえた。司馬公の息子は叫んだ。「我に弓を射る順番を譲らぬとは、とてつもなきならず者なり」（もともとの言葉は、夫子にあらずとなっている）。その敵は順番を譲り、射抜かれて死んだ。[*28]

これらは一騎打ち、あるいは戦士同士の儀式的な対決であり、取り決めを必要とする衝突だった。戦車間の戦争でも、取り決めは認められていたと思われる。ウラルトゥだけがアッシリアに挑戦状を叩きつけたのではなかった。春秋時代の中国人は使節を送って戦闘の時と場所を決めるのが通例だったので、奇襲を行なう者を蔑んだ。戦車を動きやすくするために戦場を均すように要求することもあった。戦車の自由な走路を確保するために、戦闘がはじまる前に料理用の穴や井戸を埋めなければならなかったという記述は、いくらでもある。現代の戦争でさえ、兵器のテストをしようと思うなら戦場の下調べが必要であり、また地雷源の表示を義務づける国際法上の規制があるのである。古代世界では兵站の困難が――軍団同士を接近させておくことはむずかしく、一か所で一日か二日以上、軍団を養うことはほとんど不可能だった――最大の課題だったので、障害物を取り除いて中心となる戦士の武器が思う存分操れるようにするのは、道理に適っていたのである。紀元前三三一年にアレクサンドロス大王がペルシア軍を敗北させたティグリス川付近のガウガメラの戦場では、ダリウスは会戦がはじまる前に戦場一帯を充分平らに均しただけでなく、彼の戦車のために三本の「走行路」までつくらせた。さらにつけ加えるなら、アレクサンドロスは夜襲を求める属官の嘆願を退けていたが、その理由は失敗すれば汚名は免れず、成功したとしてもその勝利は正々堂々としたものではなく、傷がつくというものであった。

　アレクサンドロスが伝説的な愛馬ブケファロスを駆ってダリウスを破った時点で戦車による戦争はおよそ一五〇〇年ほどの歴史を経ていたが、そろそろ廃れはじめていた。相も変わらず戦争の有効な手段とみなしていたのは、文明社会の周辺部族――たとえばローマ人の侵入に抵抗したブリトン人〔カエサルのブリタニア侵入時にブリテン島南部に住んでいた先住ケルト人〕――だけであった。とはいえ、戦車の戦争については長い歴史があったにもかかわらず、その本当の性格については、我々は明確な像を描けないでいる。古代史家の間には、戦車がどのように使われていたかについては、明らかに見解の相違がある。たとえばクリール教授〔一九〇五―九四　アメリカの中国史家〕は、中国の戦争では戦車は「移動可能な有利な立場」を与えたと考えており、エジプトでは司令塔として、メソポタミアとギリシアでは戦場の輸送機関として使用されたというオッペンハイム教授、ウィルソン教授、ガートルード・スミス教授の意見を引用している。これに対してM・I・フィンリー教授〔一九一二―八六　アメリカの古代ギリシア史家〕は、戦車を戦闘に向かうときの「タクシー」として使うというホメロスの記述はホメロスの時代だけの使い方を描いているのであって、『イリアッド』の英雄たちはもっと違った戦い方をしたと考えている。[*29]

フィンリーは間違っていると考えるなら、おかしなことになるだろう。宮廷芸術は凱旋行進を描いており、それは純粋に古代的なものの象徴として不朽のものになっている。だから騎士道の観念と馬具がファッションとして蘇ったときに、ヴィクトリア朝の人士の嘲笑を招くことなく、女王の夫君コンソート公を甲冑をまとわせて描くことができたのである。しかしこれが甲冑をまとった馬上のヒトラーということになれば、悪い冗談になってしまう。[*30] 歴代のファラオ、アッシリアの歴代の王、ペルシアの皇帝たちは明らかに、彼らが戦車に乗って弓を射るところを描かせることを冗談とは考えてはいなかった。宮廷芸術家たちはそれぞれの主人たちの戦場での颯爽とした姿を誇張して描いたかもしれないが、しかしこれらの偉大な君主たちが描かせた肖像が戦車に乗って合成弓を射る姿であるなら、はじめて戦車が出現した紀元前一七〇〇年頃から約一千年後に騎兵に取って代わられるまでのかなりの期間にわたって、戦車の射手は戦闘に勝利するための有力な手段だったと推測せざるをえないのである。

すでに述べたように、出現したばかりの頃の戦車軍団の強みは、突然の、しかも圧倒的な戦場での移動速度の増大であり、その合成弓のもつ遠距離からの致死能力と殺人をなんとも思わない生活文化だった。ところが、このような強みはすべて時間とともに浸蝕されていくものでもあった。新しい兵器システムへの慣れは侮蔑すべきものではなく、対抗手段を編み出すための機運をもたらした。戦車軍団の攻撃を受けた部族は戦車を手に入れた。戦車軍団をもたない部族は敵の戦車の馬を狙うようになった。そして戦車に対抗できる部隊編成、合成弓に堪えられる盾、戦車軍団が展開できないような荒れた地形を利用するようになった。にもかかわらず、対峙する両軍の勇者が戦車を疾駆させることに魅せられている間は、戦争とは戦車の出番をつくるように戦うべきだという一種の暗合のようなものが敵と味方の間にあったに違いない。儀式的な要素への執着、あるいは形式主義は、すでにこれまでに見てきたように、戦闘はいかに行なわれるべきかということについての人間の考えに深く根づいており、これに取って代わられるのは殺戮戦——これが戦争の常態であったわけではない——の必要性だけなのである。

我々が記録をたどれる戦車による最初の戦争は、紀元前一四六九年にパレスティナ北部で行なわれたメギドの戦いである。これはファラオのトゥトメス三世とヒクソス指揮下の反エジプト連合軍との戦いで、両軍ともほとんど血を流すことなく終わった。メギドの戦いはまた一般に、その日付、戦場、戦闘の相手と経過を確認できる史上最初の戦争と見られている。王権を握ったばかりのトゥトメス三世は、ナイル流域の王国の不可侵性を侵犯した外部勢力に対しては徹底的に攻撃するという新たなエジプトの戦略を追求していた。軍を召集したトゥトメス三世は一日に一〇マイルから一五マイルの速度で――みごとな行軍速度である――地中海沿岸からガザ地区を抜け、シリア国境沿いの山岳地帯へと攻めのぼった。敵軍は、攻撃に対して障壁を形成している困難な地形に頼っていたらしい。山岳地帯を抜けてメギドに達するには、三本のルートがあった。ファラオは助言を退けて、もっとも困難なルートを選んだ。敵を驚かすことができるだろうと思ったからである。到達するまでに三日かかった。そして最後の日は、戦車二台分の幅もない隘路の補修に費やした。そして夕方もかなり遅くなってから、ファラオはメギドを正面に見る平原に野営した。翌朝、ファラオは戦闘に備えて、軍を展開した。敵軍もまた押し出してきた。しかし谷間のそれぞれの側面に軍団を配し、中央でファラオが戦車で指揮を取るエジプト軍の陣形を見た敵は、戦意を喪失し、雪崩をうって背後にあるメギドの防壁のなかに逃げ込んだ。トゥトメスは追撃を命じたが、兵士たちは敵軍が放棄した陣営を略奪しようとして止まってしまい、敵軍の指導者のうちの二人がかろうじてメギド市内に逃げ込んだ。頑強な防壁に囲まれた市内は水の補給が充分であったから、メギドは七か月間にわたってエジプト軍に――市の防壁の周囲に塁壁をめぐらし、どのような救出活動にも備えていた――抵抗した。戦闘による敵軍の死者はたった八三名で、三四〇名が捕虜になった。ところが逃亡した兵士たちは二度と結集することはなく、包囲された王たちはついに降伏した。王たちの子供は人質として送り出され、「生命をつなぐ空気だけは、彼らの鼻に賜らんことを」とファラオに嘆願したのだった。[*31]

もっとも価値ある戦利品は馬だった。エジプト軍は二〇四一頭の馬を捕獲したのである。

↑↑ウルの軍旗。シュメール王国の遺跡より出土。紀元前2500頃。戦車を牽くのは野生のロバ。馬ではない。戦士が着ているのは、鎧の原型である。

↑シャルマナサル三世時代（紀元前858—24）のアッシリア人騎馬戦士。鞍をつけず、前座にまだ慣れていない。

↑アラブ兵士と戦うアッシリア人（紀元前650頃）。アラブ兵士は家畜化されたばかりのラクダに乗りアッシリア弓兵はこの頃には前座で馬を操っている。

←サルマティア人騎馬戦士。ローマおよびペルシアと敵対したスキタイ人とは類縁。その鱗状の鎧は鎖帷子と胸甲鎧へと発展した。

↓イッソスの戦い（紀元前333）のアレクサンドロスとダリウス。戦車に乗ったペルシア皇帝が愛馬ブケファロスに跨がったアレクサンドロスから逃げている。騎兵革命を象徴する図。

↑紀元前一千年紀のステップのイラン系騎馬民族。手の込んだ馬具は、この民族が乗馬に長けていたことを示す。ほっそりとしたカスピ産の馬はアラブ馬を予感させる。

→あぶみの登場。突撃のために槍を寝かせているザンクト・ガーレン・プサルター出身のカロリング帝国の騎馬戦士。

おそらく馬は当時もなお貴重な輸入品だったから、これだけの馬はエジプト戦車軍団にとっては大変な戦果だったはずである。メギドの戦いに投入された両軍の戦車の台数がどれほどであったかについては、なんの資料も残されていない。とはいえ、およそ二百年後の紀元前一二九四年、オロンテス川に臨むカデッシュ〔シリア西部のホムス市郊外の地〕でラムセス二世がヒッタイトを破ったとき――新王国は戦略的に見てナイル・デルタ地帯からできるかぎり遠隔地で攻撃戦を行なうという政策を取っていた――エジプト軍の兵力は五〇台の戦車と五千人の兵士であったと思われる。兵力では優位にあったヒッタイト軍には二五〇〇台の戦車があったといわれているが、それは誇張というものだろう――なにしろその攻撃前線は八千ヤードもの拡がりをもっていたというのである。この戦争を描いたエジプトの浮き彫りは五二台の戦車が見られるが、それはこの戦闘に投入された戦車はかなりの数だったことを示している。[*32]

ヒッタイトが合成弓を使用していたかどうかについては、若干の疑問の余地がある。ヒッタイトの戦車クルーは通常、槍兵として描かれているからである。これは敗北する可能性もあったエジプト軍が、なぜカデッシュで窮地を脱することができたかを説明するものかもしれない。いずれにしても、メギドでもカデッシュでも、戦車による戦争は紀元前八世紀のアッシリア帝国軍の発展形態にまでは到達していなかった。兵器システムを体得するには長い時間がかかるものである。複雑になればなるほど、ますます時間がかかる。そして戦車という兵器システムは戦車だけでなく、合成弓、馬、そしてありとあらゆる馬具から成り立つ以上――これらすべては戦車を駆使する王が支配する国土では、まったく異国の製品だった

——戦車は非常に複雑な兵器システムだったのである。エジプトもヒッタイトも、戦車軍団としてはまだまだぎこちなかったとしても不思議ではない。この兵器システムがそのもてる力をフルに発揮できるようになるには、アッシリアの戦争技術が発達するまで、まだしばらく待たなければならなかったのである。アッシリアの時代になると、サルゴンやセンナケリブが記録に残しているように、戦車システムはショックと恐怖を撒き散らす武器となったといってよい。そしてそのショックと恐怖は、完璧に調教された馬の後を首をも千切らんばかりのスピードで突進し、踏み台からは射手が雨霰と矢を射ることで、ますます増幅された。戦車軍団の御者は援護行動の訓練を積んでいたから、今日の装甲車に匹敵するほどの破壊力を発揮したであろうし、側面への迂回に成功すれば、敵の大部隊を戦闘不能に陥らせることもできたろう。不幸にも、あるいは向こう見ずにも、その進路を妨げた歩兵は虫けらのように蹴散らされたことだろう。

軍馬

戦車はその有効性の頂点で、戦車システムの一要素である馬によって、その重要性を取って代わられた。これまでの話でもわかるように、この皮肉な革命に対して責任があるのはアッシリア自身であるし、またこの革命がアッシリア帝国に没落をもたらしたのであった。紀元前二千年紀以降、文明世界は馬を乗りこなしていた。エジプト美術の世界では、乗馬は紀元前一三五〇年まで遡る。紀元前十二世紀以降の浮き彫りには馬に跨がった兵士が描かれており、そのうちの一つはカデッシュの戦いに参加した兵士のものである。[*33]とはいえ、騎兵はまったく存在していない。全員が、鐙もなく裸馬の背に跨がっている。それも背中の鞍部ではなく、臀部に近い方に跨がっている。この意味するところは、馬は今日のようなスタイルで背中に乗せられるほど、まだ強くはなかったということである。ところが紀元前八世紀までには、馬の品種交配によってアッシリア人は肩で全重量を支えることができる前座タイプの馬をつくり出し、疾走しながら人間が弓を使えるだけの馬と騎手との相互関係を発達させていた。この相互関係、あるいは馬術は、そうはいってもそれほど進んだものではなく、せいぜい手綱を緩める程度のものだった。アッシリアの浮き彫りには二人一組になった騎兵が見られるが、一人が二頭の手綱を握り、他の一人が合成弓を射っている。これはウィリアム・マクニールがいうように、実際には戦車なき戦車軍団なのである。[*34]

ステップでは、文明が進んだ地方よりも早くから人びとは馬に乗っていた。そしてアッシリアからは馬上での弓の使用法が逆輸入され、はるかに馬術に優れた部族に採用されたのだろう。少なくともサルゴン二世の時代には、馬はステップから供給されていたことを我々は知っている。そこではまだ飼い馴らされていない子馬が毎年捕獲され、調教されてからアッシリアへと売られていたのである。馬上で弓を射る技術が逆の方向を辿ったということは、ありえないことではない。[*35]

いずれにしてもアッシリア帝国の没落は、紀元前七世紀末のスキタイ人として知られている騎馬民族の侵入によるものである。イラン系のこの民族の発祥の地は、はるか中央アジア東部のアルタイ山脈だったといわれている。彼らはもう一つのイラン系の騎馬民族キンメリア人と踵を接するようにして姿を現した。キンメリア人は紀元前六九〇年頃に小アジアを急襲し、動揺した社会をそのままにして去った。アッシリア自身はスキタイ人が出現した頃、帝国の辺境地帯で強い圧力を受けていた。パレスティナの北方ではスキタイ人が、また南方ではおそらく属国となっていたバビロンが、そして東方ではイランのメディア人が台頭していたのである。これらすべての圧迫は跳ね返せたのだろう。アッシリアはこのトラブルから回復したからである。ところが紀元前六一二年、スキタイ人はメディア人とバビロニア人と手を結び、大都市ニネヴェを包囲し、奪取してしまったのである。その二年後、エジプトからの援軍があったにもかかわらず、最後のアッシリア王はスキタイ人とバビロニア人の連合軍の前に、ハランで再度破れてしまった。そして紀元前六〇五年、アッシリアの権力はバビロンへと移ったのだった。

バビロニアの権力はすぐに、文明の中心地に勃興した最後の大帝国ペルシアへと移った。しかしペルシアの覇権は発達した軍事技術に根ざしたものではなかった。最終的には、戦車に依存していたのである。傭兵の歩兵部隊をつくり、ペルシア貴族を騎兵として訓練したとはいえ、ペルシア皇帝が戦場に出るときは戦車軍団として出陣したのである。だからペルシア皇帝ダリウスは革命的な軍事手段を思うままに操る敵に遭遇して、敗北を喫したのであった。ダリウスの帝国はアレクサンドロスの後継者の手にわたった。アレクサンドロスの脆い軍事制度は、その死後、一世紀以上も帝国を防衛した。とはいえ、ヒマラヤとコーカサスとの間の定住地帯とステップとを分ける一五〇〇マイルもの辺境地帯沿いには、戦車軍団もアレクサンドロスのヨーロッパ的な戦術も向いてはいなかった。そして騎馬民族は、文明は彼らの攻撃に対して脆いということを知るようになったのである。かくして紀元前七世紀末にメソポタミアを急襲した最初のスキタイ人は、以後二千年間、周期的に文明世界――中東、インド、中国、ヨーロッパ――の外縁を悩ますことになる急襲、略奪、奴隷捕獲、殺戮、そしてときには征服行動の先駆けとなったのである。これらの文明社会の外縁への絶えざる攻撃は、その内面的な性質を変えるほどの深刻な影響をもたらした。我々がステップの遊牧民を軍事史上もっとも重要な――そしてもっとも有害な――勢力の一つと見なしているのは、そのせいなのかもしれない。遊牧民が以後行なうことになる害悪の無垢なる手先は、スキタイ人がはじめてその不吉な姿を現すほんの数十世代前には、ヴォルガ地方で人類が繁殖させ、食用にしていた小さな粗削りの小馬の後裔なのであった。

ステップの騎馬民族

ステップとはなにか。温暖な大地で定住生活を営む人びとにとっては、ステップとは北は北極海から南はヒマラヤ山脈まで、そして東は中国の灌漑された大河流域から西はプリピャチ沼沢地〔ドニエプル川右岸の支流プリピャチ川沿いに広がる沼沢地〕とカルパチア山脈までの茫洋と拡がるなにもない空間を意味している。文明人の精神的な地図では、ステップとは有名な航海者のいない水のない大海のようなもので、なんの特色もない一様な気候の、山もなければ川もなく、湖も森林もない、疎らで均一な植生が果てしなく続く地域である。

しかし、この印象はまったく正しくない。現代ではステップ西方は数百万ものロシア人とウクライナ人の都市居住者の生活圏となっているが、しかしステップ西部の大河——ボルガ川、ドン川、ドネツ川、ドニエプル川——の河岸に人びとが定住しはじめる以前でさえ、このだだっ広い広野に踏み込んだ旅行者は、ステップが気候と地勢からそれぞれ特色あるいくつかの地域に分けられることに気がついていた。一般に地理学者は、ステップを三地域に分けている。タイガ、すなわち北太平洋から大西洋に臨むノール岬〔ノルウェー北部のヨーロッパ最北端の岬〕まで続く北極に近い針葉樹林帯。東で万里の長城に接し、西でイランの塩沼に接する広大な砂漠地帯。そしてこの二つの地域に挟まれた地域が、本当の意味でのステップである。

タイガの一帯は、人を寄せつけない。極端な気候——ヤクーツク付近では、永久凍土は地下四四六フィートまで達する——のもとで、北極海に面した台地を貫流する河川——オビ川、エニセイ川、レナ川、アムール川——の河岸で細々と暮らす漁民や狩人は、内気で用心深い森林の民である。これらの部族のなかで歴史の舞台に登場したのは、シベリア東部とアムール川流域で暮らすトゥングース族だけである。満州族として知られているこの部族は、十七世紀に中国の帝権を握った。

砂漠地帯では、

どの川も、海に注ぐことはなかった。川は砂のなかで消えてしまうか、塩沼に注ぎ込んでいる。ゴビ砂漠は人気がまったくなく、砂と岩、そして砂利からなる気が滅入るようなところである。民間信仰によると、およそ一二〇〇マイルのこの砂漠に住む人間は悪魔に魅入られた者だけであるという。その雷鳴のようなむせび泣きは、強風によって追い払われた移動砂丘の叫び声であると、まことしやかに囁かれている。

植生はささやかな灌木と葦の叢林だけで、気候は極端である。冬と春には、氷のような砂嵐が荒れ狂う。雨は滅多に降らないが、ごくまれに降るわずかばかりの通り雨の後は、砂床は突然、小さな緑で覆われる。タクラマカンは小さなゴビ砂漠である。夏には息が詰まるような砂塵の嵐が吹きまくるので、なんとか横断できるのは冬だけである。八〇〇マイルにわたって拡がるカビール砂漠、あるいはペルシア砂漠は、砂というよりも塩っぽい低湿地であるが、オアシスも点在している。

これらのオアシスは結節点であり、ウィリアム・マクニールによれば、印欧語族の戦車軍団はこのオアシスを辿って中国に達したという。

真のステップとは幅は平均五百マイル、延々三千マイルも続く大草原で、北辺では亜北極地帯に接し、南方では砂漠と山脈地帯に接している。東端では中国の大河の流域地帯に、そして西端では中東とヨーロッパの肥沃な大地への通路に接している。ステップとは、木の成育しない牧草地帯である。山脈と山脈との間の、草が一面に生い茂り、灌漑しようとすれば大変な費用がかかる農耕には不向きな平原である。ところが牛とか羊、あるいは山羊の飼育には驚くほど適しており、アルタイ山脈の亜高山地帯の渓谷はすばらしい牧草地帯になっている。植生は主に、豊かな牧草である。大地の表面は砂利もあれば、塩やロームとさまざまである。気候は苛酷であり、高地ステップの冬は凄じいばかりに寒い［アルタイ山脈では年間二百日も氷点下に達する］が、乾燥しているのでなんとか凌ぐことができる。そしてこの地方の羊飼いには、高齢者きわめてが多い。*36

地理学者は高地ステップと低地ステップとを区別しており、それぞれヒマラヤ山脈から続くパミール高原の東西に対応している。「傾斜」方向は西向きで、牧草も西に行くほどよくなり、したがってヨーロッパと中東への移住を促している。ところが歴史的に見ると、逆方向の動きが多くあった。ステップの中心地帯であるアルタイ山脈南部のジュンガリア盆地は、中国の平野部に達する天然の通路になっていたのである。この通路は、狭くて守りやすい西方への通路――コーカサス山脈の両端、カスピ海とアラル海との間の間隙地帯、そして黒海の上方をまわってアドリアノープル回廊へと入る通路――よりも侵入しやすいのである。

スキタイ人は我々が知っている最初のステップ部族であるが、おそらくその出生の地アルタイ山脈からステップの傾斜方向に沿って西に進み、アッシリアを攻撃した。後に出現した部族のなかで、トルコ族の出身地がアルタイ山脈だったのはたしかなようだ。そしてその言語は（カザクス族、ウズベク族、ウイグル族、キルギス族の言語はこの言語と類縁関係にある）過去も現在も中央アジアの主要言語である。五世紀にローマ帝国周辺に姿を現したフン族は、トルコ系の言語を話していた。これとは対照的に、比較的少数派に属するステップ部族の言語を使っていたモンゴル族は、明らかにバイカル湖北方およびアルタイ山脈東部の森林地帯が父祖の地だった。満州族もトゥングース系の部族であり、その出身地はシベリア東部である。とはいえ、最初の騎馬民族のなかには最初の戦車軍団と同様、印欧語系の部族がおり、後にペルシア語となる言語を話していた。今日では忘れられているが、当時の戦士たちが話していた言語と類縁関係にあるものに、ソグディアナ語とトカラ語、そしてローマ人にはサルマティア語として知られていた言語があった。[*37]

では何が遊牧民をステップから引きずり出したのか。我々は彼らの戦争行動を社会人類学者によって識別された他の社会の行動形態のどれにも、安易にあてはめることはできない。遊牧民は「原始的な戦士」ではなかったのは、たしかである。彼らははじめから、勝つために戦った。だから血族間の抗争とか儀式というような言葉による説明は、彼らにはあてはまらない。領土の所有という説明もまた、正確ではないだろう。遊牧民の各部族はそれぞれが明らかに一定の放牧地への執着心をもち、他部族もそれを認めていたが、部族間の結びつきの流動性は遊牧民のきわだった特徴でもあった。部族の長の地位は不安定で、部族民の分裂や合流は予測できなかった。おそらくもっとも有効な考え方は、「扶養能力」という生態学的な観念だろう。ウィリアム・マクニールは、ステップの生活は突然の、しかも破壊的な気候の変化に左右されていたという説得力ある議論を展開している。つまり温暖な雨期は良質な牧草と動物——および人間——の子孫の繁殖率を高めるが、その後には通常、苛酷な季節がやってきて、多くの羊の群れや家族が食物の不足で窮乏を強いられた。ステップ内での移動はなんの助けにもならなかった。近隣部族も似たような状態にあり、侵入には抵抗したからである。したがって過酷な生活条件から逃避する手段は当然、ステップ周縁のより温暖で、耕作地から緊急避難時の食糧が手に入る地方への侵入となる。[*38]

この説明で目につく欠点は——マクニール自身も気づいているのだが——遊牧民はやがて苛酷な時期と温暖な時期との変わり目を予測できるようになり、ステップ以外のいたるところに家をつくったが、乗馬の技術を身につけた後に身軽な生活に戻ったという点である。ある意味では、たしかにそうだった。ステップ部族のなかでもっとも広範な地域を侵略した部族であるモンゴル人とトルコ人は定住民族を膝下に置く朝貢帝国を打ち立てたが、それは大海原のようにどこまでも続く草原を定期的に襲う飢餓から彼らを解放したのである。とはいえ、遊牧民には弱点があった。彼らは遊牧民の生活習慣を好み、耕地と農耕牛に縛りつけられた退屈な農耕民を軽蔑していたのである。遊牧民が望んでいたのは、この二つの世界の最良の部分だった。つまり定住生活が産出する安楽と豪奢と、騎馬生活、テント生活、狩猟、季節ごとの居住区の移動という自由を求めていたのである。

遊牧民の生活風習への執着がどこよりもよく見られるのは、イスタンブールのトプカプ宮殿である。ドナウ川からインド洋まで拡がる大帝国の支配者であるオスマン・トルコのスルタンの十九世紀初頭までの生活は、ステップでの生活を偲ばせるものだった。スルタンはこの宮殿の庭園に天蓋のついた仮設テントを設営して、床にはカーペットを敷き、騎馬民族特有のカフタンとゆったりしたズボンという衣装でクッションの上に座していたのである。帝権の象徴は、騎馬戦士の矢筒と弓入れ、そして射手が親指にはめる指輪だった。トプカプは東ローマ帝国の首都に建てられた宮殿であったが、それは遊牧民のキャンプだった。高官の先触れは馬の尻尾の軍旗であり、その戸口には馬舎があった。

もう一つの説明は、遊牧民の戦争についてのものである。つまり、戦争は文明世界の国土を強制的に交換させる手段であるという説明である。ステップの部族はかなり早い段階から馬を利用した交易をはじめており、おそらく奴隷もまた交易商人がなんとかして購入したい、もしくは工芸品と交換したいと思っていた必需品だった。五世紀中頃にフン族がローマ人に突きつけた講和条件の一つは、ドナウ川の市場を「かつての時代のように」開放することというものであった。[*39] 紀元前二世紀に拓かれ、一千年以上も維持された中国と中東とを結ぶシルク・ロードの両端で交易が栄えたことは、遊牧民は一般に、その国土を通過する商品の流れを略奪するよりも促進した方が有利であると考えていたことを示している。とはいえ、シルク・ロードはしばしば閉ざされた。それは局地的な貪欲さが通商の合理性を退けたときだった。さらに、強制された交易は、求められている物とその見返りとして与えられる物との間に構造的な不均衡が存在する場合、うまく機能しないということもある。はっきりいってステップは、文明社会が交易に求める産物を充分に産出しなかったのだった。そしてその交易は、遊牧民の交易による自活を支える軍事手段によってはじめられたものだった。十九世紀のイギリスが、望まれてもいない阿片を中国に押しつけようとしたときに気がついたように、軍事力に支えられた販売需要はかならず売り手が不本意な買い手に政治的な意図を押しつけるという結果をもたらし、その結果、名称はどうであれ、実態は帝国主義となるのである。いずれにしてもこのような段階は、おそらく初期の騎馬民族にはまだ無縁のものであった。

フン族

細部まで知られている最初のステップ部族は、五世紀にローマ帝国に押し寄せたフン族である。このフン族と匈奴が同一部族であるとするなら、彼らは紀元前二世紀の統一中国の漢王朝の安定を深刻に脅かした部族である。おそらくトルコ系の言語を話していたフン族は、文字をもたなかった。そしてその宗教は「素朴な自然崇拝」だった。この部族にはシャーマンがおり――これは人間と神とを媒介すると信じられていた霊媒師で、北アメリカに移住した北方の森林部族のなかにもいたことがわかっている――羊の肩甲骨の模様から吉凶を占っていた。未来の予言はフン族にとって重要だった。四三九年のトゥールーズの戦いの直前に古代の異教の祭式を行なった最後のローマ人の将軍リトリウスが予兆を得たのは、明らかにフン族の傭兵たちのためである。[*40] フン族の社会制度は単純だった。貴族制度を認めており――アッティラは血筋を誇っていた――一定数の奴隷を維持していたが、それ以外の階級分類は受け入れていなかった。

フン族はもちろん、奴隷を売り払った。征服した後では、べらぼうな数になった。奴隷市場のために家族をばらばらにしてしまうその残虐さは、五世紀のキリスト教徒年代記作者を震えあがらせた。[*41] フン族がローマ帝国辺境の属州に住みつくとすぐ、奴隷売買の利益率は馬や毛皮の交易をはるかに上まわるようになったが、軍人や民間人の捕虜の身代金と苦境に陥った後期のローマ皇帝から得る賄賂からも莫大な黄金を手にしていた。四四〇年から四五〇年にかけて東方の属州は一万三千ポンド、つまりおよそ六トンほどの黄金を、平和を購うために支払っている。[*42] このような取り引きを彼らが行なっていたことから、騎馬民族のステップからの脱出を「気候の変動による逃避」、あるいは「強制的な交易」とする解釈に疑問が投げかけられているが、実情ははるかに単純だったらしい。頑強な肉体をもち、兵站の移動に長け、血を流すことに慣れた文化、生命を奪うことや部族外部の人間の自由を制限することに対して宗教的な禁忌に巻き込まれることのない精神風土のなかで育った遊牧民は、戦争は儲かることを知ったのである。

戦争の成功の結果としての征服行動が続けられるかどうかは、別問題だった。遊牧民が定住地の奥深くへと侵入するにあたっては、自然が一定の制限を課していたと思われる。灌漑耕作地を牧草地にするという遊牧民の要求は、ただちに灌漑システムを崩壊させるものであり、その報いは獣も人間も養うことができない状態への逆戻りだった。森が切りはらわれても、耕作民が四散すれば大地は森林に逆戻りしてしまうのである。(十三世紀のトルコ族の出現以降のメソポタミアでは、この傾向が悲惨な結果をもたらした)。[*43] したがって遊牧民の膨張はステップと農耕地帯の境界線においてのみ強化されるが、そのような地域が養えるのはわずかな人口だけだった。遊牧民征服者がすでに半分中国人になりつつあった極東では、彼らはすぐに同化した。宗教と文明化された習慣が遊牧民と農耕民との間にはるかに厳しい差別を課す西方では、この境界線は永続的な戦場となり、そこでは大地の利用は軍事力によってのみ維持されなければならなかった。

アッティラ率いるフン族にとって、ガリアの耕作地とポー川の沃野がつくる田園地帯は呆然とさせるほどの環境だった。食糧はふんだんにあり、それも見たこともないものばかりだった。しかし徴発した後に成育する品種は、変化に富むというわけではなかった。一つの季節で牧草が小麦や穀物に取って代わるというわけにはゆかないのである。アッティラはその配下一族を荷車に乗せて侵攻したといわれている。しかし、羊や大量の馬を連れてきてはいなかった。伝統的な経済基地は背後に、それもおそらくはるかドナウ川下流の流域地帯に残してきたに違いない。そこには羊の群れや牛や豚がいたことだろう。アッティラの前にイタリア半島が無防備なまま差し出されていた四五二年に、突如不可思議な退却をした理由はここにある。とはいえ、ローマ帝国に衝撃を与えたのはアッティラの退却ではなく、その侵攻であり、またそれに先立ってドナウ川の辺境地帯のゲルマン部族の大量虐殺を引き起こした東欧への進出だった。ステップから姿を現したフン族の一連の攻撃は、騎馬部族が戦いの道を進んだとき、その遠征は馬蹄にかけられた部族をどれほど分裂させるものであるかをはっきりと物語っている。

フン族が二世紀に中国を脅かした匈奴であるなら（この説の唯一の根拠は、スキタイ人の証言だけである）、彼らについては紀元前一世紀から、ヴォルガ川とドン川との間を流れるタナイス川の戦いでイラン系の部族アラン人を敗北させた三七一年までの期間については、なんの消息も伝わっていないことになる。その後多くのアラン人がフン族に合流し、それ以外の者はローマ帝国の辺境地帯に到達し、傭兵騎馬部隊になった。[*44] 三七六年、フン族はヴォルガ川一帯から進撃を開始し、ドニエプル川とドナウ川沿いのローマ帝国の辺境との間で暮らしていたゴート人の国土に侵入した。ゴート人はもっとも攻撃的なゲルマン部族で、少なくとも一世紀にわたってローマ帝国の辺境に圧力をかけ続けていた。西ゴート人は一〇六年から二七五年までローマ領だった地域に――ダキア属州（現代のハンガリー）――勢力を張っており、帝国の混乱期にはこの部族の指導者はローマ皇帝と対等の条約を結んでいた。前進を続けるフン族はその前に立ちはだかった東ゴート人を追い散らし、西ゴート人を一晩で助命嘆願者に変えてしまった。ローマはしぶしぶ西ゴート人にドナウ川渡河の許可を与え――帝国領土内にはすでにあまりにも多くの蛮族が居座りすぎていた――続々と彼らは帝国内に入ってきた。ところが属州官吏は酷く虐待した。帝国領内への移動の条件として武器を放棄していた西ゴート人は武器をまじない出し、ドナウ川のデルタ地帯で戦った。ローマ人は彼らをあっさり撃退できたはずだった。ところが、ゴート人がそのときドナウ川の対岸にキャンプを張っていたフン族と同盟関係を結んだというまことしやかな噂でパニックを起こし、バルカン半島の山岳地帯に退却してしまったのである。

おそらくこのゴート人が火種となった混乱は、ゲルマンの部族と境を接するローマ帝国のすべての辺境地帯でめらめらと燃えあがった。若き皇帝グラティアヌス〔在位三七五―八三〕はアレマーニ人をライン川に封じ込め、東方の皇帝ヴァレンス帝〔在位三六四―七八〕は集められるかぎりの軍を動員して東ギリシアを略奪していたゴート人の押え込みにかかった。三七八年八月九日、ヴァレンス帝はアドリアノープル郊外の要塞化されたゴート人の宿営地に立ち向かったが、戦いの混乱のなかで負傷し、引き続いて起きた大虐殺のなかで生命を落とした。ペルシア戦役（三六三年）での皇帝ユリアヌス〔ローマ帝国に旧来の宗教を復活させたことで、背教徒と呼ばれた。在位三六一―六三〕の戦死からまださほど時間も経たないうちのヴァレンス帝の戦死は、ローマ帝国にとっては大打撃だった。とはいえ、アドリアノープルがもたらした取り返しのつかない結果は精神的な打撃とか物質的な打撃ではなく、ローマ軍団への蛮族部隊の編入を認めざるをえなくなったことだった。東方の新皇帝テオドシウス〔その後東西ローマを統一し、最後の統一帝となった。在位三七九―九五〕は西ゴート人の規律ある行動を条件として、彼らを帝国軍隊に受け入れざるをえなかったのである。西ゴート人はドナウ川南部の帝国領内への居住と武器保有を認められた見返りに、平和を維持するだけでなく、「連邦」同盟軍として皇帝のために戦うことに合意した。

「この居住許可は……伝統的な政策への重大な背反だった」[*45]。ローマ帝国もアッシリア同様、伝統的に蛮族の部隊を帝国軍に編入してきたが、それはスペシャリストとしてのごく少数の兵員でしかなかった。帝国への圧力の増大とともにその数も増えていたが——アドリアノープルでは二万名ほどの「ローマ化した」ゴート人と若干のフン族傭兵も他の騎馬民族の駐在使節とともに騎兵として混じっていたと思われる——これ以後、ローマはつねに将軍として任命された帝国士官、もしくはローマ軍団での高い地位を——そしてたっぷりとした報酬も——欲しがる成りあがりの蛮族の指導者による支配を受けることになった。テオドシウス帝の居住政策の変更以後、蛮族軍は帝国内で自立した軍団として展開した。そして外部からの蛮族の流入が帝国内部での一連の指揮権の危機をもたらしている状況のもとで、蛮族の首長たちは帝国士官の称号を競い合い、軍事的にも経済的にも破壊的な結果を引き起こしたのだった。

　テオドシウス帝は帝国を一つの帝冠のもとに再統合することに成功したとはいえ、その鎮圧作戦に従事する過程でさらに多くのゴート人の流入を認めていた。そしてアラリックの指揮下にあったこのゴート人部隊が、三九五年のテオドシウス帝の死後、西方の帝国組織に回復不能な損傷を与えた。四〇一年、ギリシアの宿営地を出立したアラリックはアルプスを越えてイタリアに侵入し、略奪遠征を開始した。ローマ軍団の最後の偉大な将軍スティリコ〔蛮族出身の西ローマ帝国最高司令官。蛮族に対する融和策で反感を買い、四〇八年に暗殺された〕がこの混乱から秩序を回復するまでに、三年かかっている。そしてついにスティリコの軍団は兵力が枯渇して、次なる脅威に対する備えができなくなってしまった。四〇五年は一年中、最大規模の蛮族集団がドナウ川を、次いでアルプスを越えて、ポー川流域で越冬しようとして押し寄せてきた。それはヴァンダル人、ブルグンド人、スワビ人、そしてラダガイスス指揮下のゴート人をはじめとするゲルマン部族の大集団だった。この集団は明らかに、ダキアに――ここはヨーロッパの大森林と接するステップの牧草地帯の最先端だった――根拠地を確立していたフン族が北上した結果、ゲルマンの北部を乗っ取られた部族だった。スティリコはやっとのことでラダガイススの略奪勢力をフィレンツェ近郊の一角に封じ込めて、飢餓による降伏に追い込み、敗残集団をアルプスの向こうのゲルマンの南部に追い返すことに成功した。以後数年間、ゲルマン部族は相次いでライン川をわたり、やがてガリアの地は蛮族で埋めつくされてしまった。

残存する西方属州に対するローマの支配権の喪失は、あっという間だった。そしてその中心的な役割を果たしたのが、アラリックだった。四一〇年、アラリックはローマを陥れて略奪し、その後南進してアフリカのローマ属州にわたろうとした。しかしアラリックは船を見つけることができないまま死んだ。その間、東ローマ帝国もフン族の脅威のもとにあった。フン族は四〇九年に短期間ギリシアに侵入したが、幸運にもたっぷりとした報酬に目が眩んだ一部の部族民が寝返った。「最後のローマの将軍」アエティウス〔三九〇頃―四五四〕はこうして得た傭兵軍団を駆使し、五世紀の前半には帝国の威信を維持した。*46 アエティウスは四二四年以降ガリアの地に遠征してチュートン族を追い詰めることに成功したが、スペインとアフリカのローマ属州はヴァンダル人の攻撃を受けて、脆くも潰え去った。四三三年から四五〇年にかけてのアエティウスのガリアでの戦いは、ほとんど止むことはなかった。

四五〇年、アエティウスは新たな挑戦に直面した。ハンガリーのフン族は二〇年以上も東ローマ帝国の側面で独立した勢力として活動し、皇帝からは貢物を取り立てていたが、帝国領土を急襲し、チュートン族の指導者と共同作戦を展開しておたがいに利益を山分けしてもいた。四四一年、フン族は再度ギリシアに侵入した。そして四四七年にコンスタンティノープルの城壁に指導者として姿を見せたのは、フン族の王の甥にあたるアッティラだった。四五〇年、アッティラはガリアに進路を変え、四五一年にはオルレアンを包囲した。フン族、あるいはモンゴル人以前の騎馬民族は当時まだ、攻城戦の技術を習得していなかった。アッティラが城壁に押し寄せると、半狂乱になったアエティウスは手をつくしてフランク人、西ゴート人、ブルグンド人、アラン人の軍をかき集め、トロワとシャロンの中間のシャンパーニュ平原にアッティラを引きずり出した。

四五一年六月のシャロンの戦いは、「歴史を左右する決戦」の一つといわれている。両陣営にはチュートン人や騎馬民族がいた。アエティウス陣営のアラン人は正面攻撃でアッティラのフン族を捕捉することに成功した。アッティラはアエティウスが背後にまわり込めば不利になると見て取ると荷車の車陣のなかに逃げ込み、フン族の射手隊に守られてなんとか脱出して、ライン川方面に退却した。翌年、アッティラはラインからイタリアへと進出した。アッティラの出現で、人びとは散を乱してポー川流域の平地から島嶼地帯に逃げ込んだ。これがやがてヴェネツィアになる。民間伝承ではこのとき、教皇レオ一世がアッティラの陣営を訪れ、ローマ攻撃を思いとどまらせたということになっている。結局アッティラは南進はしなかった。重要な捕虜に対する身代金の要求で合意に達すると、退却したのである。その後二年と経たないうちに、「この神の鞭」は死んだ。そしてフン族の帝国は崩壊したのである。

アッティラのイタリア退去の決定には、偶発的な要因もあった。飢餓に襲われたちょうどそのとき、軍団のなかでペストが発生したのである。東ローマ帝国軍がドナウ川を越えてハンガリーに押し寄せたこともあった。とはいえこれらの状況は、アッティラの死後、フン族の帝国がなぜ生き残りに失敗したのか、あるいはその息子たちの死とともになぜフン族が歴史の舞台から消えてしまったかを説明するものではない。この間の事情を説明するものに、フン族がローマ帝国辺境地帯に逗留している間に、彼らがステップの習慣を捨て去ってチュートン人の戦闘方法を受け入れ、やがて吸収されてしまったという考え方がある。[*47] この考え方は、綿密にフン族関連文献を照合したメンヒェン・ヘルフェン〔一八九四―一九六九　オーストリア出身の民俗学者・歴史学者〕によって退けられている。「アッティラの騎兵は、三八〇年代にバルダル川〔バルカン半島からギリシアに入り、エーゲ海に注ぐ。マケドニアからギリシアへの古代の侵入経路〕流域を下ってギリシアになだれ込んだのと同じ騎馬射手だった」。もう一つの説明は、ハンガリー平原はフン族がその騎兵組織を維持するために必要な広さをもっていなかったというものである。たしかに騎馬民族は夥しい数の馬を必要としている。十三世紀に中央アジアを横断したマルコ・ポーロは、一人の騎手が一八頭ほどの乗り換え用の替え馬を飼っていると記している。さらに、ハンガリー平原に成育している牧草が養えるのはたった一五万頭ほどにすぎないという試算があるが、騎手一人に対して一〇頭の馬を擁するアッティラの遊牧民の群れにとっては、これではあまりにも足りなすぎたのだった。しかし、この試算にはステップと比べればはるかに温暖な気候という条件が抜け落ちている。ハンガリー平原の牧草地はもっと豊かで、足が長い牧草が生えているのである。一九一四年のハンガリーには二万九千名の騎馬部隊があったが、そのときの馬はアッティラの時代の馬よりもはるかに大きく、その一部は穀物も食べて育っていたとはいえ、これらの相違は十倍もの必要量の減少を充分説明するものではない。[*48] フン族の馬は、ハンガリーにいた七〇年間に丈夫に育っていたに違いない。したがってアッティラが西方に進発した四五〇年に、馬が足りなかったということはまずありえないのである。

他方、アッティラが連れてきた馬の大多数が乗りつぶされ、補充ができなかったということは、おおいにありえる話である。騎馬による遠征では、馬に定期的に休息と秣が与えることができない場合、大量に殺してしまうことになる。たとえば一八九九年から一九〇二年にかけてのボーア戦争では、イギリス軍は良好な放牧地と温暖な気候に恵まれていたにもかかわらず、連れていった馬五一万八千頭の内の三四万七千頭を失っている。戦闘で失われたのは、ほんのわずか二％前後だけだった。残りは過労、病気、あるいは栄養不良によって死んでおり、その死亡率は一日あたり三三六頭にもなった。[*49] おまけにアッティラには、イギリス軍が南アフリカに馬を運んだときのような貨車や船といった輸送手段がなかった。したがって、おそらくハンガリーからの陸路伝いで受け取った補充馬は従来の馬とは大差なく、牧草地への退却は生き残った馬のほとんどを参らせてしまったからというのが実情なのだろう。その軍団にとってはるかに不吉な敵は、神の鞭だったといえるのかもしれない。アッティラは息子たちにまとまった兵員をほとんど残さなかったのであろう。そしてその息子たちの戦死、一人はゴート人の手にかかっての、他の一人は四六九年に東ローマ帝国の将軍と戦っての戦死は、フン族について伝えられる最後の消息である。[*50]

騎馬民族の地平線　四五三〜一二五八年

フン族は突如、歴史の舞台から姿を消したが、騎馬民族は以後一千年間、ヨーロッパ、中東、アジアの文明に対する絶えざる脅威となった。その脅威はほとんど千五百年近くも、とてつもない権力を握っていたことにあった。さらに騎馬民族は、それ以前の世界がまったく知らないタイプの部族だった。もちろん、彼らが出現する以前に軍隊は国家の原理として確立されていたが、それを利用できるのは支配者と彼らが支配する定住民だけであり、彼らの管理下にある経済力によって厳密に制限されたものだった。

農業の余剰生産によって養われ、徒歩の速度と持久力によって機動力が制限されていた軍隊は、どこでも好き勝手に征服遠征ができるわけではなかった。またそうする必要性もなかった。敵も似たような条件下にあり、戦争で敗北を喫するという脅威はあっても、それは電撃戦の脅威ではなかったからである。

騎馬民族は違っていた。アッティラはすでに一連の遠征で、その戦略上の中心――後のプロシア参謀本部の理論がいうところの重心 Schwerpunkt――をフランス東部から北イタリアへと移行させる能力を見せつけていた。それは直線距離では五百マイルほどであるが、アッティラは迂回しながら行軍したから、実際の距離はもっと長かった。このような戦略的な行動は、彼以前には試みられたことがなかったし、できもしなかった。このような規模の行動の自由が、「騎兵革命」の核心だった。

騎馬民族の戦いは別の意味でも、束縛を受けていなかった。ゴート人のように、侵入した地域の文明を中途半端に理解して継承するとか、受け入れるつもりはなかったのである。たしかにアッティラは西ローマ皇帝の娘との結婚を考えていた節はあるが、騎馬民族は他の文明の政治的な権威を乗っ取るつもりはなかった。彼らが望んだのは、無条件の戦利品だった。彼らは戦争を目的とする、そして戦争で略奪する戦利品を目的とする戦士であり、冒険、スリル、勝利がもたらす動物的な満足を求めていた。アッティラの死から八百年後、チンギス・ハーンはモンゴル人の幕僚に人生最大の快楽について尋ねたことがあった。返ってきた答えは、鷹狩りだというものだった。これに対してチンギス・ハーンは次のように応じた。「おまえらは間違っておる。男の最高の幸福とは、敵を追い、打ち負かし、その全財産を奪い、その妻が嘆き悲しむにまかせ、敵の馬を乗りまわし、その妻妾の肉体を夜具として使い、養うことだ」[*51]。アッティラもこのようなことを言っていたのだろう。たしかにアッティラの行動にはこの種の精神が流れていた。

かくして馬と人間の無慈悲さが合体したとき、戦争は一変した。戦争ははじめて「物自体」となった。これ以後我々は「軍国主義」、つまりいつでも戦備が整っており、儲かるとなれば戦争を起こす力があるというだけで戦争に走る社会について語れるようになったのである。とはいえ、軍国主義は騎馬民族に適用できる概念ではない。なぜなら軍国主義とは他の社会制度とは別個の、権力を握る制度としての軍の存在を前提としているからである。アッティラのフン族にはそのような分離はなかったし、またトルコ族がイスラム教を信奉するまでは、どの騎馬民族にもそのような分離は存在していなかった。騎馬民族では健康な成人男子が軍隊だったが、それはターニー・ハイが一つの社会の状態を「軍事的な地平線」の上下で測定したときの基準とした軍隊ではなかった。ステップを離れて征服の途につき、文明が花開く国土に侵入した騎馬民族はすべて、間違いなく「真の戦争」を戦った。軍事力の使用に制限を設けず、単一の目的を追求し、徹底的な勝利以外のいかなる解決をも望まなかったのである。しかし騎馬民族の戦争はクラウゼヴィッツ的な意味での政治的な目的をもってはおらず、また文化を一変させるような結果はいかなるものもたらしはしなかった。戦争は物質的な、あるいは社会の前進の手段ではなかった。反対に、騎馬民族の戦争とは不変の生活方法を維持し、彼らの最初の祖先が鞍から矢を放ったときとまったく同じ状態にとどまるための富を獲得するプロセスだったのである。

ステップを根城にしていた騎馬民族で、その生活習慣を喜んで変えようとした部族は、一つとして存在しなかった。せいぜいもっとも成功を収めた指導者が、征服した定住社会の支配階級として吸収された程度で、その場合でも遊牧民の気質は捨ててはいなかった。イスラム化したトルコでさえ、一四五三年にコンスタンティノープルを奪取した後、帝国内にビザンティン風の統治形態を維持してはいたものの、その気質は変わってはいなかった。マムルーク騎兵は、すでに見てきたように自治権を謳歌していたとはいえ、その軍人奴隷制度は軍事力がもたらすあらゆる富と栄光とともに、騎馬民族の生活様式を永続化する手段でしかなかった。さらにほとんどの騎馬民族は、中国、中東、ヨーロッパの辺境地帯が彼らの襲撃に晒されるがままだったどの時代でも、職にありつくことにも、また征服者としてもっと進んだ社会を担うことにも成功していなかった。ステップの生活は戦争に深く根ざしていたが、戦争の路の行く手は厳しいものだった。ほとんどすべての方向が、なんとかして騎馬民族をステップに封じ込めておこうとする諸国家の防御施設によって阻まれていたのである。これらの国々は、警戒を怠れば身の毛もよだつような結果が待ち受けていることを知っていた。

　フン族の消滅の後、ヨーロッパ、もしくは中東の文明勢力と接触をもった強力な騎馬民族は残ってはいなかった。そのなかでもっとも重要なのはエフタル人〔五世紀の中央アジアで一大勢力を築いた〕、すなわち一般に白フン族と呼ばれている部族である。エフタル人は中国の周辺部からはるか離れて匈奴と共存していた時期もあったが、やがて匈奴によってペルシアの北辺地域に追い出されたらしい。[*52] エフタル人は、ペルシアが風土病ともいえるビザンティン帝国との戦争に精力を費やしていたこともあり、一時的には素晴らしい成功を収めたこともあった。しかし五六七年、ペルシアはついにエフタル人の撃退に成功した。エフタル人は東方に逃れてヒンズー教を信奉するインドへの道をとり、後のラージプート諸王朝〔八世紀中期以降、北インドに分立割拠した諸王朝の総称〕の祖先となったという。

他方、ビザンティン帝国はさまざまな騎馬民族を追い詰めてから、部族間の絶え間ない不和を利用して西方に追い出した。このなかには、ブルガール人とアヴァール人がいた。ブルガール人はアヴァール人に追い出されたが、そのアヴァール人も勢力を拡大しつつあったテュルク人に取って代わられた。やがてブルガール人はバルカン半島に住みついて混乱の種をまき散らしていたが、結局はオスマン・トルコに屈した。アヴァール人はハンガリーに移住して、広範な混乱をまき起こした。ビザンティン帝国とは同盟関係を結んだこともあったが、六二六年にはコンスタンティノープルを包囲している。このときはペルシアの援軍もあり、ほとんど陥落必至というところまで追い詰めた。結局は撃退されたが、その後も八世紀にシャルルマーニュに征服されるまで、強力な災危の種であり続けた。その後を襲ったのが、マジャール人だった。この部族はステップからヨーロッパ中央部に移住した最後のステップ部族である。

ところで、アヴァール人が五世紀初頭に華北一帯を支配した王朝、北魏と対立した柔然と同一部族であると確認できるなら、この部族は西方に進出するまでに帝国の軍事力との戦い方を身につけていたといえる。北魏は中国に同化したステップ部族の一つで、三世紀の漢帝国の没落時に揚子江北部を支配下においていた。その勃興の頃の状況は非常に複雑で、この時代は五胡十六国（三〇四～四三九年）として知られている。とはいえ、三八六年までに北魏は支配勢力として台頭し、華北の再統一に取りかかっていた。この過程で北魏はゴビ砂漠の北方に住んでいた柔然と抗争関係に入り、この部族を追い出した。このとき鉄鍛冶として北魏に仕えていたのは、柔然の従属階級だったテュルク人（突厥）だった。テュルクはその頃、柔然を恨んでいた。柔然が従属部族の反乱を鎮圧するにあたってテュルク人の族長は援軍を送っており、その報酬として柔然の族長の娘との結婚を求めた。ところが、この申し入れは拒絶されてしまった。一方、北魏は高貴な血筋の娘を与え、連合して柔然に襲いかかった。柔然は破れ去った。テュルク人は柔然の領土と可汗、あるいは汗の称号を奪い取った。この称号が後にほとんどのステップの支配者の称号となったのである。

テュルク人の汗とその後継者は、大帝国をつくりあげた。彼らは「当時の四大文明社会、すなわち中国、インド、ペルシア、ビザンティン帝国に接する広大な王国をつくりあげた最初の蛮族」だった。[*53] 五六三年までに、テュルク人はペルシアの東の勢力範囲、オクサス川にまで達しており、ペルシア人と手を組んだ彼らはエフタル人に対抗して共同戦線を張った。五六七年、テュルク人の汗イステミ〔?―五七六　テュルクの建国の祖〕は勝利の戦利品としてエフタル領を山分けした。翌年、イステミはビザンティン皇帝ユスティヌス二世〔在位五六五―七八〕にとって重要人物となった。イステミからの使節が到着しただけでなく、返礼の使節をステップ中央部への大旅行に送り出したのである。やがてテュルク人は帝国内で、宿命的ともいえる権力抗争をはじめた。これは騎馬民族の宿命的な欠陥であり、組織を欠いた政治形態解体の主要な原因となるものであった。この内部抗争の時期にテュルク人は中国に台頭しつつあった一大勢力、唐によって東方領土のかなりの部分を奪われている。唐は六五九年までに、はるかオクサス川まで勢力圏を拡大した。ところがその頃、テュルク人は西方でもステップに到達して一大征服行動を開始し、中央アジア制覇をめぐって中国と衝突する新たな敵に出くわしていた。世紀が変わってもテュルク人は、ステップの中心地で権力抗争に明け暮れていた。そして七五一年には、タラス川の戦いが起きた。これでテュルク帝国は崩壊することになった。[*54] この新たな敵とは、アラブ人であった。

アラブ人とマムルーク騎兵

アラブ人は騎馬民族ではない。しかし、彼らは文明社会最大の騎馬民族の雇用主になった。それだけでも軍事史家の注意を引くに値するが、彼らはそれ以上の存在だった。テュルク人がはじめてアラブ人に出くわした頃、この部族は史上最大の征服遠征の一つを完了しようとしていた。それはアラビア半島の砂漠を出立したほとんどだれも知らない部族を、中東、北アフリカ、スペインの支配者にした遠征だった。彼らはビザンティン帝国を揺るがし、ペルシアを崩壊させ、自らの王国を打ち立てた。その手に入れた領土の広大さと速さで匹敵できるのは、史上最初の大征服者アレクサンドロス大王だけである。しかもアラブ人の征服行動は、創造的であり、統一を目指したものだった。後にこの部族は内部分裂を起こすことになるが、もともとは単一の帝国であり、早い段階からその精力を平和な学芸に注ぐようになった。アラブの支配者は偉大な建設者であり、文芸と科学を洗練させるパトロンとなった。後にこの部族が兵士として徴発することになる粗野な騎馬民族とは異なり、遠征生活の埃を拭い去り、洗練された思考と行動様式を求めて文明社会の仲間入りをするという驚くべき能力を発揮したのである。

それどころか、このアラブ人は好戦的な部族のなかで超然としていた。それは彼らが自分自身だけでなく、戦争そのものを変える能力を証明したからだった。それ以前にも軍事革命は起きていた。戦車と騎馬による革命である。アッシリアは軍人官僚の原則を確立し、後にローマ帝国はこの原則をとり入れた。後に見ることになるギリシア人は、真っ向から挑む決戦の技術を進化させ、徒歩で死闘を演じた。これに対してアラブ人は、まったく新しい力を戦争に吹き込んだのである。つまり理念という力である。たしかにそれ以前にも、イデオロギーが戦争で一定の役割を果たした例はあった。アテナイ人イソクラテス〔前四三六―三三八　アテナイの修辞家でギリシア統一とペルシア遠征を説いた〕は紀元前四世紀にペルシアに対するギリシア「十字軍」を唱えたが、そこには自由の理念が暗黙の内に働いていた。[*55]三八三年にテオドシウス帝がゴート人と戦っていた時期には、テミスティオス〔四世紀のギリシアの雄弁家〕はローマの強さは「胸あてや盾や数え切れないほどの兵力にあるのではない。それは理性のなかにある」と訴えた。[*56]ユダヤの歴代の王は唯一なる全能の神との契約の名において戦い、コンスタンティヌス帝はミルヴィウス橋での僭称帝との戦いで、勝利をもたらす十字架のイメージに訴えた。にもかかわらず、これらの理念はすべて暗黙の、あるいは一定の制限を受けたものだった。たしかにギリシア人は彼らの自由に誇りを抱き、クセルクセスとダリウスの臣下には自由がないことで軽蔑していたが、ギリシア人のペルシア嫌いは民族主義に根ざしていた。理性への呼びかけは、当時ローマ軍団はすでに蛮族化がかなり進行しており、効力がなかった。ローマ軍団を埋めつくしていた蛮族の兵士は、理性という言葉など聞いたことがなかったのである。さらにコンスタンティヌスは、十字架の印において征服を呼びかけたとき、キリスト教徒ではなかった。イスラエルの戦士でもある歴代の王は旧約から強さを引き出していたかもしれないが、それはささやかな地域戦でのことだった。新約の民であるキリスト教徒は何世紀にもわたって、戦争は道徳的に許されるものかどうかという問題で、苦悶していた。実際キリスト教徒の間では、戦士が信仰の民でもありうるという信念については、一度として一致したことがなかったのである。殉教という観念はつねに正当な闘争に匹敵するほど強かったからであり、それは今日でも変わらない。征服時代のアラブ人は、そのような難問にとり憑かれてはいなかった。彼らの新しい宗教であるイスラム教の信仰箇条は戦いであり、啓示された教義への服従の必然性と、この教義に敵対する者に対しては信徒に武器を取る権利があることを教えていた。イスラム信仰こそがアラブ人の征服熱を燃え立たせたのであり、イスラムの理念こそがアラブ人を軍事部族に仕立てたのだった。その代表者が、アラブ人を戦士になるように教えたイスラム教の創始者マホメットだった。

マホメットは、六二五年にはメッカの部族と戦ったメディナの戦いで負傷したこともある戦士だった。戦士であるだけでなく、説教も行なった。最後のメッカ訪問となった六三二年には、イスラム教徒はすべて兄弟であり兄弟同士は戦ってはならないが、それ以外のすべての人間に対しては「アラーの神以外に神は存在しない」といわせるまで戦わなければならないと主張している。[*57] 使徒が神の言葉を書きとめたものとイスラム教徒が信じるコーランは、この命令をいっそう詳しく述べている。キリストよりもはるかに明確に、マホメットは主張している。神の言葉を受け入れた人びとは共同体 umma を形成し、そこではその成員同士はおたがいに責任を負っている。だから兄弟殺しを避けるだけでは充分ではない。イスラム教徒はあまり幸運とはいえないイスラム教徒に対しては、その収入の一定の割合を慈善として割りあてることで積極的な善を行なう義務がある。さらにイスラム教徒は、おたがいの良心に対して注意を払う義務がある。ところがこの共同体 umma を越え出たところでは、この義務は逆転する。「アラーを信ずる信徒よ。汝らは汝のそばにいる不信の徒と戦うべし」[*58]。これは強制改宗の呼びかけではなかった。コーランの権威のもとで暮らす不信の徒には積極的な保護が与えられた。厳密には理論上、イスラム共同体の外にいる人びとでも平和を維持する人びとに対しては、攻撃をしてはならなかった。ところが実際には、共同体の範囲は服従の家 Dar el-Isram と重なりあい、その外側は戦争の家 Dar el-Harb となるのは避けられなかった。六三二年の預言者マホメットの死の瞬間から、この戦争の家に対してイスラム社会は闘争関係に入ったのである。

戦争の家 Dar el-Harb との抗争は、やがてすぐ「聖戦（ジハード） Jihad」になった。たしかにイスラム教徒は戦士として華々しい成功を収めたが、彼らを成功に導いたのは預言者の命令だけとはいえなかった。初期の勝利が容易だった理由は、少なくとも二点ある。その第一は、イスラム信仰には献身と物質的な幸福との間に矛盾は存在しなかったという点である。キリストは神聖な理念として貧困を称揚したが、これは以後、キリスト教徒の道徳的な不安の源泉となった。対照的にマホメットは商人であったから、富の価値については鋭敏だった。適切に使われた富がイスラム共同体に蓄積されてゆけば、それは個人的にも集団としても善行の手段となると思っていたのである。マホメットみずから先頭に立って不信の徒であるメッカの豊かな商人のキャラバンを襲撃し、略奪品を戦費にあてていた。これは聖なる戦士たちがビザンティンとペルシアという豊かな王国を襲撃するときの前例となった。

第二の原因は、イスラム社会はそれまでの戦争を駆り立てていた二つの原則、つまり領土獲得と血族関係を解消したという点である。イスラム社会には、領土獲得はありえなかった。なぜならイスラムの使命は全世界を神の意志のもとに従属させることだったからである。イスラムとは服従を意味し、同じ言葉からつくられたイスラム教徒 Muslim とは、服従している人びとのことだった。戦争の家がすべて服従の家の版図の内に治まってはじめて、イスラムの使命は完了するのだった。そのときすべての人びとはイスラム教徒になり、したがって兄弟となるのである。実際には、最初のアラブ人イスラム教徒はなおまだ強烈な砂漠世界の氏族血縁関係に搦めとられており、兄弟関係という原則に抵抗していた。その結果、他部族の改宗者は、当座は子分の地位 mawali を受け入れざるをえなかった。[*59] しかしながら、やがてイスラム世界はそれ以前のどの宗教や帝国も——イスラムとはこの二つの概念を包含するものだった——なしえなかったほどの範囲で、人種と言語の壁を解体した。そして、これがイスラムの栄光の証の一つとなった。

マホメットの生涯の最後の日々にイスラムの版図を拡大しはじめたアラブ人に幸運をもたらしたもう一つの大きな要因は、イスラム勢力が殺到した各地の王国が没落期にあったということである。ビザンティン帝国は北辺のアヴァール人との抗争で、精力をすり減らしていた。さらに精力を消耗させたのは、七世紀の初頭に勃発したペルシアとの最後の大戦争（六〇三〜六二八年）だった。この戦争は双方の帝国を疲弊させた。歴史的に大国であり続けたペルシアも、ステップと中東の肥沃な大地に挟まれるという地勢上の弱点に悩まされ続けてきた。騎馬民族が勃興する以前には、ペルシアはしばしば西の辺境地帯の没落、あるいは崩壊に乗じて帝国領土を拡大できた。ところが一千年ほど前に、ペルシアは目を見張るような技量と決意を秘めた敵、アレクサンドロス大王と衝突した。その結果、土着の王朝は取って代わられ、帝国財産はその配下の将軍たちの手に落ちた。ペルシアの中心部を手にしたアレクサンドロス配下の将軍セレウコス〔前三五八―二八一〕は、ギリシアの勢力維持には成功したが、ペルシアのヘレニズム社会の維持には失敗した。セレウコスの帝国は結局、中央アジアに勃興した別のイラン系部族パルティア人の手中に帰した。パルティア人は騎馬民族だったが――セレウコスの歩兵軍団を倒したのは、剛勇をもって鳴らしたパルティア騎兵だった――急速に文明に同化して大帝国を建設し、紀元前一世紀から紀元三世紀初頭にかけては東方におけるローマ最大の敵となった。ペルシアとローマの間で繰り広げられた戦争は、しばしばペルシアに勝利をもたらした。三六三年のローマ軍団の遠征では背教者ユリアヌス帝がメソポタミアの地で殺されたが、この事件はローマにとっては一五年後のアドリアノープルでのゴート族の勝利に匹敵するほどの大惨事となった。しかし絶えざる戦争がもたらす疲弊はペルシアの富、兵力、回復力を枯渇させた。帝国は以後次第に、ステップの辺境地帯に出没する遊牧民によって蹂躙されるようになった。

したがって六三三年にアラブ軍がメソポタミア北部に侵入したときには、ペルシア軍はかつての姿をとどめてはいなかった。ビザンティン帝国も事情は同じだった。アラブ軍は大胆にも、両面作戦を展開した。二つの戦線に兵力は分散されはしたが、アラブ軍はなんとかもちこたえた。そして六三七年、今日のバグダッド近郊のカディーシアの戦いでアラブ軍は勝利を収め、イスラムのペルシア征服を確固たるものにした。アラブ世界ではこのときの勝利は今日でも重要な意味をもち、一九八〇年代にイランと消耗戦を繰り広げていたサダム・フセインは、士気を維持するために絶えずこのときの勝利に訴えていたほどである。他方、アラブ軍の別動隊はシリア（六三六年）、エジプト（六四二年）を征服し、地中海沿岸沿いに西進して北アフリカのビザンティン帝国の属州に圧力をかけていった。六七四年、第五代カリフでマホメットの「後継者」ムアーウィヤ〔ウマイヤ朝初代カリフ。在位六六一―八〇〕は、自らコンスタンティノープルを包囲する意思を固めた。六七七年には包囲を諦めたが、七一七年には再度戻ってきている。この頃には、アラブ軍はアフリカ北部全土を支配下に治め（七〇七年）、スペインにわたり（七一一年）、ピレネー山脈に達した。そして短期間ではあるが、フランスへと侵入した。東方では、アフガニスタンを征服し、インド北西を急襲し、アナトリア（今日のトルコ）

の一部を版図に加え、その北辺をコーカサス山脈にまで押し拡げた。またオクサス川をわたってトランスオクジアナへと侵入し、七五一年にはタラス川で中国軍に決戦を挑んだ。これは万里の長城へと至るシルク・ロード沿いの一大キャラバン都市、ブハラとサマルカンドの支配をめぐる戦いだった。

アラブの勝利でなによりも驚かされるのは、かなり貧弱な軍団の質である。何世紀も砂漠で確執に明け暮れていたにもかかわらず、アラブ人は徹底的な戦争を経験したことがなかった。アラブの兵士は「原始的な戦士」だったのである。彼らが好んだ作戦は、急襲 ghazwa だった。[*60] 指揮官も、とくに老練というわけではなかった。装備においても、あるいは軍事技術においても進んでいなかったのはたしかである。ところがアラブ馬はすでにスピードがあって威勢がよく、優雅な動物に育っていた。食べたいだけ秣を食べ、人間の手から秣を食べるのにも慣れていた。みかけも、ステップの毛むくじゃらの小馬とはほとんど異なった動物になっていた。しかし、数はまだ少なかった。それまでの一千年の間に家畜化されていたラクダは、ひとこぶラクダもふたこぶラクダもともに、利用できる数は多くなっていた。耐久力は高かったが、比較的スピードは遅く、まったく扱いにくい動物だった。[*61] 戦略的にいえば、アラブ軍のラクダは文明社会の軍団が侵入不可能と思うような地形を走破して、敵が予想もしなかった時期に戦場に姿を現すことを可能にした。しかし戦術的には、狭隘な地形での使用に限界があった。したがってアラブ軍は、ラクダの背に乗って行軍し、接触の瞬間になってはじめて引いてきた馬に乗り変える——カディーシアの戦いではわずか六百頭ほどだったと思われる——という戦術をとることになった。[*62] 六三四年七月、アラブ軍の陣頭に立ち続けた将軍の一人であるハーリド〔?—六四二　イスラム草創期の名将〕は、メソポタミアから軍団を率いて僚友アムル〔?—六六三　イスラム草創期の名将でエジプトの征服者〕の陣営に加わり、パレスティナのアジナディン〔エルサレムの南西の村。この戦いで、イスラムのシリア征服の道が開かれた〕でビザンティン軍に潰滅的な打撃を与えて大勝利を収めたが、このときハーリドがとった戦術がこれだった。戦場では、アラブ軍は天然の障壁に守られた地点に軍を展開した。合成弓で武装した歩兵が、なんらかの遮蔽物の背後で戦うことができたからである。またアラブ軍は、砂漠への逃走が容易な地点を好んだ。[*63]

アラブ人の戦争スタイルのこの二つの特徴——遮蔽物への依存と逃走路の備え——は、典型的に「原始的な」ものである。すでに見てきたように、彼らはギリシアの対トルコ独立戦争時に、ギリシア贔屓（フィルヘレニク）の人びとを激昂させたギリシア人と同類の人間だったのである。ここで問題が生じる。アラブ人が「原始的な戦士」であるなら、彼らがどうして訓練を受け、組織化されたビザンティン軍やペルシア軍との戦争に勝利を収めることができたのだろうか。組敵となったこれらの軍団はなんらかの階級組織を備えた「正規軍」だったのである。たしかにペルシアとビザンティン帝国は、長期間の戦争でともに消耗していた。とはいえ長期戦になれば、原始的な軍が正規軍に敗北するのは一般原則のようなものである。攪乱作戦は防衛戦争を遂行するには有効な手段であるが、戦争を究極的な勝利に導くのは攻撃である。そして征服時代のアラブ人は、たしかに攻撃的だった。したがって結論は、戦場でアラブ人を恐るべき戦士に仕立てたのは、信仰のための戦いを徹底的に強調したイスラム信仰そのものだったということになる。戦士が勝利への確信で奮い立っており、地域戦では思うように戦況が運ばず何度四散しようとも、いつでも喜んでふたたび戦場に駆けつけるつもりでいるときは、「原始的な」戦術は有効なものとなる。時代は先になるが、これは毛沢東の認識でもあった。毛沢東の戦術は、はじめは「原始的」だった。そして配下の兵士が最終的な勝利への信念を抱き続けているかぎり、退却を不名誉だとは思わなかった。さらに毛沢東の戦術のもう一つの柱は、作戦を展開している地域の人びとの支持を獲得することだった。アラブ軍は、侵入した居住区に住むかつての砂漠の民 musuta'riba から多大な利益を引き出した。砂漠の生活を捨ててはいても、アラブ人との精神的な血縁関係を強く意識していた彼らは、兄弟関係を説くイスラム教義を聞くと、ただちにアラブ軍の陣営に駆けつけて戦ったのである。[*64]

ところがマムルーク騎兵の勃興のところで見ておいたように、やがてイスラム信仰そのものがアラブ人の権力の堕落の元凶となった。イスラム教徒同士の戦いの禁止はかなり早い時期に破られており、この違反はやがて、おそらく不可避的だったのだろうが、後の歴代カリフの軍事的な権威の喪失と、名目上はともかく実質的には支配者となった兵士への従属という結果を招いた。そしてこれらの兵士の大多数は、ステップの騎馬民族から徴集された兵士だった。周知のとおり、カリフという称号は預言者マホメットの「後継者」を意味しており、聖俗両面における至上の権威をもたらすものである。初期のカリフたちは実際、その役割になんの軋轢も見出さなかったし、またそれは教義の上でもあってはならないものだった。新たな軍事「キャンプ」都市に――カイロはその一つだった――イスラム教徒の第一世代が部族単位で駐留した理由は、ここにあった。これらの都市では、宗教生活はカリフの言葉にしたがい、日々の必需品は征服の戦利品、あるいは不信の徒に課した税で賄われていた。

部族単位のキャンプ生活は、ひとたびイスラムの成功で信徒数が膨れあがると、永続するものではなかった。マホメットは男子の子孫を遺さなかった。そして、これが部族間の後継者争いの原因となった。第四代カリフの後継者争いは、イスラム共同体の分裂――多数派のスンニ派と少数派のシーア派との分裂――というじつに苦々しい結果をもたらした。さらには新規改宗者の恨みが、分裂を引き起こした。イスラム社会の中核となった部族は、元来は聖戦の継続を目的として征服の戦利品を分配するために創設された軍務登録所 diwan から給与の支払いを受け続けていたからだった。[*65] 後継者争いはダマスカスのウマイヤ朝のカリフにスペインと中央アジアへの遠征を認めることでなんとか収まったが、緊張は続いた。安定が回復されたのは、アッバース朝のカリフが七四九年の内戦に勝利した後、首都をバグダッドに移してからである。アッバース朝の勝利の一因は、もともとのイスラム教徒と後に改宗した者との区別の解消を約束したことにあった。これは軍務登録所に登録されているかどうかで決められた区別だった。とはいえアッバース朝のもとで軍務登録所がひとたび廃棄されると、マホメットの後継者の名による兵役は世俗的な利益の減少をもたらし、また異論を唱えるイスラム教徒臣下がカリフに反抗するたびに、宗教上の強い疑念を掻き立てることにもなった。八世紀から九世紀にかけて、スペインとモロッコがマホメット一族との近親性を主張するカリフのもとに去ったとき、アッバース朝のカリフはしばしば反抗に晒された。伝統的な部族の支持を奪われ、イスラム教徒同士の戦いの禁止を深刻に受け止めるイスラム改宗者から兵を召集できなくなったアッバース朝は、別のところから兵を集めるしかなかった。解決策は、戦争のために一時的に武装した奴隷を利用することだった。そして、奴隷軍団の新兵購入には、国家の歳費をあてることだった。

　カリフのアル・ムータシム（八三三〜四二年）は、イスラムの軍人奴隷制度の創設者とされている。実際には、奴隷兵士は預言者マホメットの時代でも、自由なイスラム教徒とともに戦っていた。その出身はさまざまであり、イスラム兵士の従者だった者もいた。[*66] アッバース朝は、このような偶然に左右される新兵の徴集では、もはや権力を維持できないことがわかっていた。アル・ムータシムは大がかりな奴隷購入に走り、役立ちそうな人材を買い集めた。それは、ステップ辺境出身のトルコ人だった。最終的にはアル・ムータシムは、七万人のトルコ人の軍人奴隷を指揮下においたといわれている。[*67] これほどの規模にまで発展した奴隷軍団は、しばらくの間はイスラム世界につきまとう軍事的なディレンマを解消した。つまりイスラム教徒同士を立ち向かわせることなく、どのようにして無制限の権限の行使 haram の呼びかけにしたがわせるかというディレンマである。しかし、この軍人奴隷の制度といえども、帝国外縁の中央アジアと北アフリカでライバル・カリフを擁立したイスラム教徒とそのカリフをどのようにして服従させるかという問題の解決にはならなかった。そのためには、有能で勢力的な指導者が新たな奴隷軍団のために必要だった。最初に登場したのはブワイフ一族だった。中央アジアの辺境防備で剛勇をもって鳴らしたこの一族は、九四五年にはバグダッドで独自のカリフを擁立した。ところがさらに有能な指導者が、ブワイフ一族が名声を勝ちえていたトルコ人のなかから現れた。セルジュク族である。一〇五五年、正統スンニ派擁護の名のもとにバグダッドに入ったセルジュク族はブワイフ朝を倒し、カリフの新しい擁護者と宣言した。やがて彼らはスルタン――「権力者」――と呼ばれることになる。

セルジュク族のスンニ派への改宗は、「およそ五世紀前のクローヴィス率いるフランク族のキリスト教への改宗に匹敵するほどの変革」といわれてきた。[*68] この改宗はやがてアジアに残るビザンティン帝国領の大部分を破壊し、その結果、危機に陥ったキリスト教界は十字軍を呼びかけることになった。セルジュク族がステップ辺境地帯のイスラム伝道師の努力もあって部族全体として改宗したのは、九六〇年のことである。当時セルジュク族は、中央アジアの覇権をめぐって争うトルコ系の騎馬民族の――カルルク族、キプチャク族、キルギス族等――一つにすぎなかった。カルルク族はアフガニスタンのガズナ朝の支配者となり、後にもっとも重要なマムルーク国家の一つであるデリーの奴隷王朝の創設者となった。[*69] とはいえ、これほどの偉業であっても、トグリル・ベク、アルプ・アルスラン、マリク・シャー〔セルジュク朝の初代、二代、三代のスルタン〕という獰猛さと圧倒的な能力とを兼ね備えた指導者を輩出したセルジュク族の偉業にはかなわなかった。マリク・シャーは名高い宰相ニザーム・アルムルク〔一〇一七頃―九二〕〔セルジュク・トルコに最盛期をもたらした大宰相〕とともに、一〇八〇年から一〇九〇年にかけてアッバース朝の勢力を中央アジアに大いに拡張した。逆方向への遠征を行なったアルプ・アルスランはコーカサス山脈に侵攻し、一〇六四年にはキリスト教徒のアルメニアの首都を陥れた。そして恐るべきコーカサス山脈を突破したアルプ・アルスランは、ビザンティン帝国東方の辺境地帯を脅かす地点を確保した。一〇七一年八月、マンジケルト〔ヴァン湖北部の城砦都市。別名マラーズギルド〕でビザンツ軍を発見したアルプ・アルスランは、これと戦って撃破した。この戦いは、その後の中東とヨーロッパの地政学にとって、決定的に重要な戦いとなった。つまりこの戦いで、アジアにおけるビザンツ領は「トルコ語とイスラム信仰の国土――すなわち『トルコ』」となったのである。[*70]

したがって、アッバース朝の奴隷兵士への依存はパラドクシカルな結果をもたらした。トルコ系の騎馬民族を引き込んでカリフに仕えさせることで、カリフは権力を回復した。しかし遊牧戦士をとりたてた結果、カリフは名目上の権威は保ってはいても、心ならずも奴隷兵士の能力に屈したのである。そして以後永久に、イスラム世界の指導権はアラブ人の手から離れてしまった。アッバース朝の支配は、名目上ではあっても続いていた。そして精力的なカリフ、アル・ナースィル〔アッバース朝第三十四代カリフ。在位一一八〇―一二二五〕は昔日の王朝の復活を約束したかに見えた。ところがカリフは道を誤った。誇り高く、頑健で、高度な知性をもつ種族を奴隷兵士として補充したが、彼らはまったく異質な戦士だった。そのうちに、この奴隷兵士は卑屈な態度をとる必要はまったくないと思うようになったのである。結局、彼らは自ら帝国の主人となる手段を手にした。それどころか、彼らはカリフの威厳は保護しながらも、実質は自分たちが手に入れるという手段を編み出すだけの知力を備えていたのである。

十二世紀末になってセルジュク族の権力に陰りがみえてくると、別の異質なイスラム戦士がセルジュク族が開拓した道を追いかけてきた。東方では、セルジュク族が確保した領土はガズナ朝の手に落ち、さらには新たなステップからの侵略者、トゥルクメン族の手に落ちた。西方では、カリフは軍事に長けた保護者サラーフ・アッディーン（サラディン〔一一三八—九三　アイユーブ朝の始祖〕）を見出した。イラン系の北方山岳部族のクルド人であるサラディンは、十字軍の危機の時代に名声を高めた。すでに述べたように、マンジケルトの戦いはビザンツ軍をアジアから追い払い、皇帝ミカエル七世〔在位一〇七一—七八〕を震えあがらせた。皇帝は、東方正教と西方ラテン教会との間の何世紀にもわたる分裂と不信にもかかわらず、ローマ教皇に救援を求めた。この訴えが聞き入れられるには時間がかかったが、やがて実を結んだ。一〇九九年、フランス、ドイツ、イタリア、その他西欧各地のキリスト教徒の騎士からなる軍団がエルサレム近郊に到着し、聖都を陥落させた。これで聖地に橋頭堡を築いた十字軍は、かつてのキリスト教の東方世界をイスラム教徒から取り戻すつもりだった。十字軍の王国とイスラム教徒との戦いは、一世紀近くも一進一退が続いた。一一七一年、サラディンがエジプトで司令官に任命されると、戦局は決定的にイスラム側に傾いた。以後八〇年間、十字軍は何度も繰り返されたが、つねに防衛戦を強いられ、その基地はあわや消滅というところまで追い込まれた。サラディンによる反撃は、イスラム勢力の決定的な勝利になるかと見えた。ところがイスラム側は間違った方向に目を奪われていた。西方の辺境問題を解決しようとして、カリフたちは東方の安全を怠った。最初はだれも気づかなかったが、十三世紀初頭にはステップには新たな脅威が育ちはじめていたのである。一二二〇年から二一年にかけて、中央アジアとペルシアの大部分はこの見知らぬ騎馬民族の手に落ちた。一二四三年には、今日のトルコも陥落した。この征服者はイスラム教徒ではなく、敵対する者に対しては無慈悲なまでに容赦なかった。一二五八年、バグダッドが陥落した。最後のアッバース朝のカリフ、アル・ムスターシム〔在位一二四二―一二五八〕は処刑された。この征服者とは、モンゴル人であった。

モンゴル人

モンゴル人は文明世界を侵略した従来のステップ世界の騎馬民族とたいして変わらなかったが、その征服行動の範囲と速度は彼らをはるかに凌いでいた。しかし、その原因はどこにあったかということになると、安易な説明はよせつけない。たしかにモンゴル人は先行騎馬民族をはるかに凌いでいた。それ以前もそれ以後も、一部族による征服行動でこれほどまでの広大な地域を軍事支配下に置いた例は、一つもない。後にチンギス・ハーンと称するテムジンがモンゴリア部族の統一に着手した一一九〇年から、その孫がバグダッドを陥落させた一二五八年までの間に、モンゴル人は華北一帯、高麗、チベット、中央アジア、ペルシアのホラズム王国、コーカサス、トルコ人のアナトリア、ロシアの君侯国への侵略を果たし、北インドも急襲した。一二三七年から四一年にかけては、ポーランド、ハンガリー、東プロイセン、ボヘミアにまで遠征し、ウィーンとベネツィアにも斥候隊を送り込んでいる。モンゴル軍はチンギス・ハーンの後継者となった息子の死がヨーロッパ侵攻中の軍団にもたらされて、ようやくヨーロッパから撤退したのである。モンゴル人は歴代後継者のもとで版図を拡大し、中国全土を支配下においたチンギス・ハーンの孫フビライ・ハーンが打ち建てた元王朝は十四世紀末まで支配した。その影響力はビルマとベトナムにまでおよび、失敗はしたが日本とジャワ島への侵略も試みた。インドへの干渉は止むことがなく、一五二六年にはチンギス・ハーンの後裔バーブル〔一四八三―一五三〇〕がムガール（モンゴル）帝国を建設した。一八七六年にヴィクトリア女王が戴冠したインド女帝の称号はその三五〇年前のムガール人のインド征服に直接由来するものであり、したがって究極的にはチンギス・ハーンの野望を受け継いだものなのである。一二一一年、最初のステップからの遠征出立の前の晩、天のお告げを受けてテントのなかから姿を現したチンギス・ハーンは、配下に向かって宣言した。「天は我に勝利を約束せり」[*71]。

とはいえ、モンゴル人が最初に向かったのは中国であって、インドではなかった。モンゴル人は中華帝国の辺境部族だったからである。紀元前に中国をはじめて統一した秦の時代以来、中国の歴代王朝はつねに黄河北方の部族の脅威に晒されており、またしばしば王座を簒奪されてきた。やがて歴代王朝は二重の対策を講じて、北方部族の侵入に対抗した。まず第一には、万里の長城を活用することだった。この長城は秦がはじめて統合して以来、改築、再統合、拡張が繰り返され、文明世界と遊牧世界との境界線として機能した。そして第二には、辺境部族を懐柔して、定住地帯の第一防衛線としての役割を担わせることだった。辺境部族たちは中国の交易商人、官吏、兵士とたえず接触していたことから、部分的に中国に同化しており、また保護、補助金の下賜、居住区域（万里の長城内ということもあった）を与えることで、その労力に直接報いたのである。そしてこの第一防衛線が突破されたときは、中国の文明生活がもつ圧倒的な魅力で、時間をかけながら侵略者を骨抜きにした。この政策は、「中国の制度と文化の優位性、および蛮族も中国風の社会を受け入れたがるはずだという考えが前提として」あった。中国の文化になんの必要性も認めない蛮族がいるなど、考えたこともなかったのである。*72

この政策は、一千年以上も有効に機能した。侵略されたり、深刻な分裂状態に陥ったこともあったが、中国が漢民族以外の支配者に全面的に屈服したことは一度もなかった。たしかに権力の領域で地歩を切り開くことに成功した異国人はいたが、これらの人びともつねに同化と結婚で中国文化に吸収されてしまった。分裂時代はしばしば、中央権力の再確立という積極的かつ創造的な反作用をもたらした。だから隋（五八一～六一八年）と唐（六一八～九〇七年）は万里の長城を拡張強化しただけでなく、黄河と揚子江の間の航行可能な地点を繋げた大運河をはじめとする大規模な公共事業を手がけたのである。そしてこの唐は、三世紀から五世紀にかけて中国を分裂に陥れたステップ出身の、主としてトルコ系の蛮族の侵略から発した貴族が支配した王朝だった。ところが、これらの大事業は国家組織を軍事化することなく達成されたものだった。これはローマ帝国が被った経験とは著しい対象を見せている。ローマは最初に軍団の蛮族化を被り、次にその政体は剣で生きる戦士の王国によって乗っ取られたのであった。

中国の支配王朝と貴族階級は武器と乗馬に習熟していたが、軍事能力と行政能力とを混同してはいなかった。隋と唐の時代では、四世紀の孫子がはじめて提唱した段階的な軍事戦略が根づいていた。孫子は従来から知られている兵法と策略を使って、軍略をつくりあげた。さもなければ、中国人の心に訴えることはなかっただろう。勝利の保証がなければ戦争を避け、リスクを嫌い、敵を威圧する心理的な手段を求め、侵略者を消耗させるためには軍事力よりも時間を活用することを強調する（孫子の考えのすべてを二十世紀の戦略家たちは反クラウゼヴィッツ的とみなしているが、毛沢東とホー・チ・ミンは孫子に注目していた）孫子の「兵法」は、中国の軍事理論と政治理論の統合を知的なすべての領域において促進したのである。[*73] そしてこの段階的な戦略はあらゆる面で、隋と初期の唐の軍団には最適の理論だった。新兵は市民レベルで徴発され、それを鍛えるのは辺境地帯だった。教官は中国人ではないが、中国に同化した辺境部族で構成された部隊だった。

八世紀初頭に勢力の頂点に達した唐は、それ以前、あるいはそれ以後のどの王朝もなしえなかったほど繁栄した。物質的ならびに知的な優位により、とくにインド人やセイロン人を追い越して東アジアと南アジアの仏教信仰の指導者となった中国人仏教徒の精力的な折伏で、唐帝国はその版図を拡大し、万里の長城を越え、インドシナやチベットの東の辺境地帯の一部、さらには混乱の火種となってきた近隣諸国など、広大な地域を勢力下に収めた。ところが唐王朝のまさにこの成功が、その破滅の原因となった。軍事的成功は軍人の地位を高めたが、これは避けられないことだった。ところが名声を高めた軍人は、漢民族以外であることも多かった。そして高位の官僚と将軍との権力抗争は七五五年から七六三年の軍事反乱を引

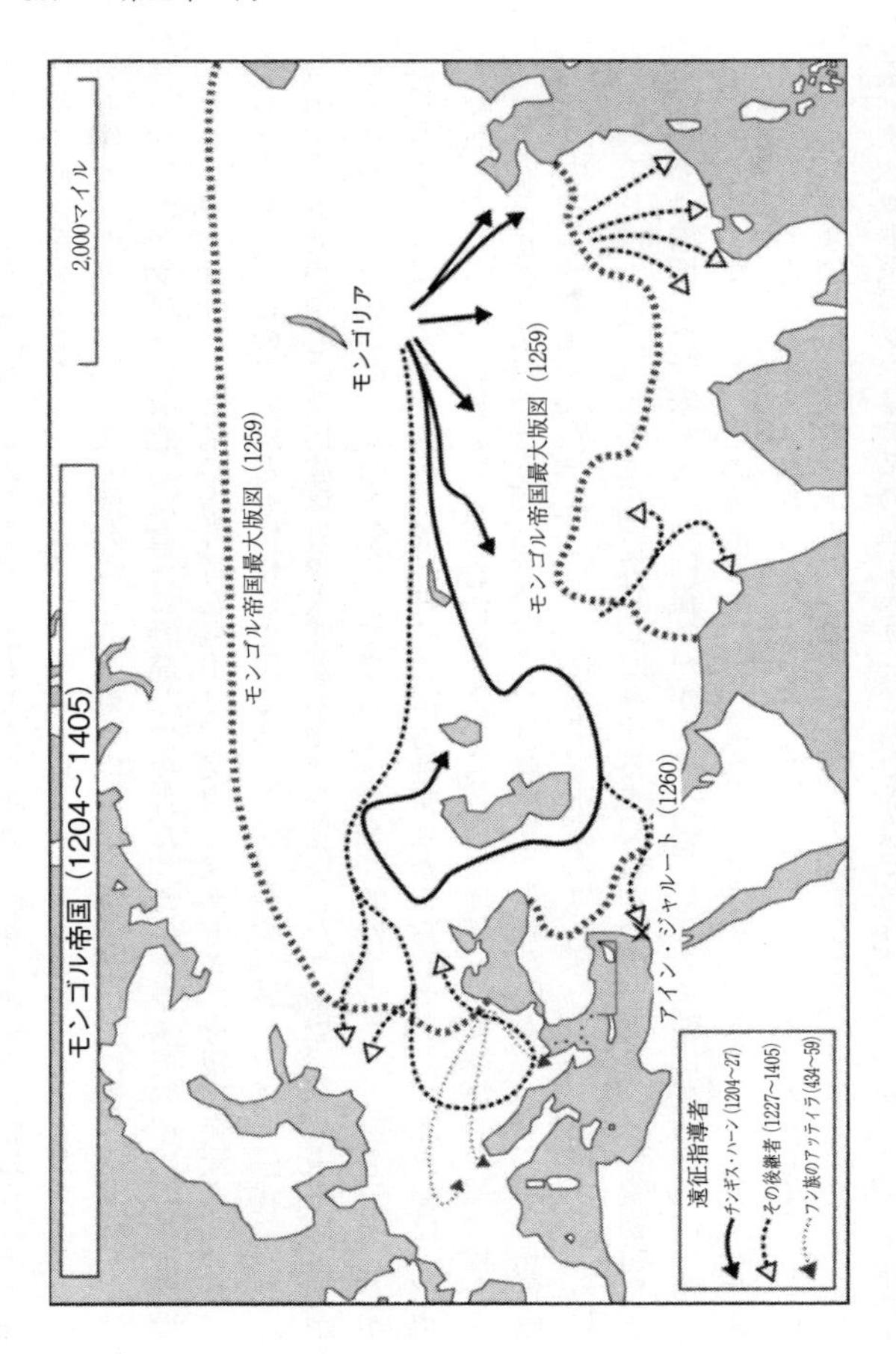

モンゴル帝国（1204～1405）
2,000マイル
モンゴリア
モンゴル帝国最大版図（1259）
モンゴル帝国最大版図（1259）
アイン・ジャルート（1260）
遠征指導者
チンギス・ハーン（1204～27）
その後継者（1227～1405）
フン族のアッテイラ（434～59）

き起こし、皇帝を首都逃亡の憂き目に遭わせたのである。後を継いだ皇帝はなんとか皇帝の威厳の回復を果たしたが、それはチベット人と遊牧民の援助を得てのことだった。この一連の事件は、中央アジアの支配権をめぐる中東と極東との争いが頂点に達した七五一年のタラスで、唐がアラブ軍に敗北した直後に勃発した事件だった。タラスでの中国の指揮官は高麗人であり、七五五年の反乱の指導者安禄山は、父親はソグド人、母親は突厥人だった。中国人の感覚では、この二人はともに化外の民であった。

中国の宮廷の中心に漢民族以外の人間がふたたび登場したことで、その未来に暗雲が漂いはじめた。八世紀以降、灌漑の集約化で米の生産は飛躍的に増大し、人口も倍増したが、発展した地域はほとんどが揚子江流域とその南方地帯にかぎられていた。北方では、軍事反乱が飢餓をもたらし、各地の軍管区を治める地方長官（節度使）は分散化した皇帝権力を掠めて、「根無し草で自由気ままな、条件つきの特赦が与えられた囚人」からなる傭兵軍団（藩鎮）の新兵徴発を行なっていた。*74 このとき以来、中国人は兵隊を嫌い、侮蔑するようになったが、それは一九四九年の人民解放軍が勝利するまで続いたのである。十世紀初頭になると、帝国権力は崩壊した。宋が統一を回復したが（九六〇年）、この王朝は北西と北方の領土の回復には成功しなかった。この地域はモンゴル系のキタイ（契丹）人とシベリア系の女真族の支配下にあったのである（女真族は十七世紀になると、満州人として中国を征服することになる）。やがて宋の西方一帯は西夏、つまりタングート族の支配するところとなった。これはトルコ系、チベット系、シベリア系の血が入り交じった部族である。

このように帝国の広大な地域を中国に同化した少数民族が強制的に占拠していた「漢」民族の中国は、チンギス・ハーンに天から勝利の保証が与えられた一二一一年の時点では、不安定な状態にあった。万里の長城は漢民族以外の部族の手中にあった。西方は別の異民族の占領下にあった。宋の軍隊は「兵数ばかり多く、非効率的で、軍事費は帝国予算の大部分を食いつくしていた」。これは傭兵への支払いが嵩んだためであった。軍馬は不足し、辺境の部隊の支援もなかった。宋王朝はもはや、ステップの辺境地帯への影響力を行使できなくなっていたのである。[*75]とはいえ、こうした状況は、西方でのつむじ風のような勝利はひとまず置くとしても、どのようにしてモンゴル人が中国をあれほどの短い時間で席捲できたかを説明するものではない。

その原因の多くは明らかに、チンギス・ハーンその人の性格と団結心によるものだった。この団結心は、彼が部族的な習慣と異部族への偏見に対して、強制的に課したものである。モンゴル人の性道徳は厳格だった。姦通は男女ともに死罪だった。女性を捕虜とすることも嫌った。この掟は未開社会の特徴であり、崩壊の元凶となる人妻強奪をめぐる争いを取り除いた。[*76]とはいえ、モンゴル人、とくにチンギス・ハーンはすぐに腹を立て、異部族に対する復讐は残忍だった。実際、チンギス・ハーンの生涯はそのほとんどが復讐の物語であり、モンゴル人の戦争はとてつもないスケールでの原始的な復讐衝動の拡大再生産とみなすことができるのである。ところがモンゴル人は部族外の熟練技術者の支援をそっくり受け入れる用意を整えており、また実際、その軍団には異民族部隊がいた。それは必要に迫られたからだった。一二一六年に華北一帯を征服しようとして起こした第二次遠征を開始した時点でのモンゴル軍の中核は、わずか二万三千ほどであったとみられている。[*77] 西欧世界を恐怖のどん底に陥れた「モンゴル」軍団の大多数は、トルコ人だった。タタール人は（モンゴル人はこの部族としばしば混同されるが、それは民族言語学者でも解決が困難な混同である）チンギス・ハーンが屈服させた近隣部族だった。[*78]

モンゴルの軍事組織の発展の多くはチンギス・ハーンの弟子たちの手になるものだったが、「才能に対して開かれた昇進」と十、百、千単位で地域ごとに編成された軍団――最終的には〈千戸〉軍団は九五あった――は、分隊は大隊に従属し、大隊は連隊に従属するという現代西欧の軍事組織を先取りするものだった。[*79] 指揮官の地位を世襲の特権と切り放し――チンギス・ハーン直系の血族は例外だった――功績次第としたことは、きわめて重要である。これは部族主義の壁を打破するものだった。とはいえ、数百倍もの兵員を圧倒するのに必要な兵数をまったく欠いている少数部族にしてみれば、これらの刷新は必要欠くべからざるものだった。ステップ出身の騎馬民族のなかで、数十万を超える部族はまず存在しなかった。しかし、その他の騎馬民族の占領区域は、モンゴルとは比較にならなかった。しかし、これらの部族がよく組織されていたとしても、モンゴルに匹敵するほどの戦争遂行能力を発揮することはなかっただろう。別の要因も働いていたのである。

そのなかには優秀なテクノロジーは含まれてはいない。モンゴル人は――ステップの祖先から馬への愛着心を継承したフン族やテュルク族、あるいは中国人貴族たちと同様――合成弓と一群の馬に頼る以外の戦闘方法を知らなかった。モンゴル軍には重装騎兵がいたといわれたこともあるが、それはおおよそありえない。たしかにモンゴル軍は、攻城戦の技術に長けた異国兵を編成していた。とはいえ、火薬が発明されていない時代の攻城戦の技術は、抵抗を決意した守備隊が立籠る堡塁を突破するという時間と労力のかかるものだった。反対の議論もあるが――当時、他の部族のなかには火薬を使用していた部族があったとしても――モンゴル人が火薬の使用法を習得していなかったのは、まず間違いない。にもかかわらず、東方と西方の要塞化された地点を次々と圧倒していったのは――トランゾグジアナのウトラル（一二二〇年）、ペルシアのバルフ、メルブ、ヘラート、ニシャプール（一二二一年）、西夏の首都寧夏（一二二六年）――守備隊がたいていは戦うことなく降伏したからだという結論を下さざるをえない。[*80] モンゴル軍が断固とした抵抗にあった地点の一つであるペルシア人の都市グルガーン〔イラン北部、カスピ海南東岸の都市〕では、包囲戦は一二二〇年一〇月から翌二一年四月まで続いたという事実は重要である。これは当時の西方の封建騎士が似たような軍事行動を起こしたなら、当然予期したであろう包囲期間とまったく同じなのである。

　当時の状況から見ておそらく、モンゴル軍を負かすことはできないという風評が拡まっていたのだろう。ブハラとサマルカンドは、モンゴル軍が姿を現すとすぐ降伏した。そしてブハラでは、チンギス・ハーンはおそらくアッティラの向こうを張って、自らを「神の鞭」とする説教をモスクで行なった。では、なにがこの不敗神話をつくりあげたのか。モンゴル人は鐙を使うことを知っていた。アッティラは知らなかった。しかし当時、鐙が使われはじめて五百年程の時間が経っていた。モンゴルの馬はフン族の馬の標準体軀よりも大きく、また飼育方法の改善によりフン族よりも多くの馬を維持できたはずである。しかし、このような利点なら、テュルク族ももっていた。ところがチンギス・ハーンとその息子たちは、配下となった部族に残忍な懲罰を課した。ヤサ yasa すなわちモンゴルの法典によれば、戦利品はひとまとめにしなければならず、戦闘で戦友を見捨てた者は大罪とされていた。これらの私的な蓄財と、危険に直面すると逃走するという「原始的な」戦争の特徴とに対する制裁措置から、モンゴル騎馬軍団は兵士の群れではなく、「軍事的な地平線」の上方で軍事行動を展開する軍隊と呼べるレベルに達していたといえる。[*81] とはいえ、モンゴル軍がつねに怯えていた原因は、なおまだ曖昧なままである。

モンゴル人の侵略はありとあらゆる災危を同時発生的に噴出させる世界的な流行病であるという考えを捨て、彼らは結果として少数部族から発展したが、情け容赦ない戦争のテクニックに導かれていたということを知れば、問題の核心が明らかになる。モンゴル人の動機は復讐であるといわれてきた。たしかにモンゴル人がはじめて成功した遠征は、チンギス・ハーンに形式上ではあっても臣下の誓いを強要した金に対する遠征であり、二度目は通商の権利を要求した使節を油断させて殺害した対ホラズム遠征だった。とはいえ、チンギス・ハーンは闇雲に攻撃したのではない。アレクサンドロス大王と同様に、チンギス・ハーンは目をつけた獲物については貪欲なまでに知力を傾け、広範なスパイのネットワークを張りめぐらせていた。またアレクサンドロスと同様、チンギス・ハーンは合理的な戦略家だった。彼は

金への攻撃に出発する前に、直線的ではあっても困難なゴビ砂漠を横断する進路を放棄し、
甘粛回廊を抜ける迂回路をとっている。ここはジュンガリア渓谷でシルク・ロードの東端と
接し、万里の長城へと至る道筋である。西夏への最初の遠征で戦って勝利を収めることを、
チンギス・ハーンは必要不可欠な前哨戦とみなしたのである。
それはたしかに望ましいことだっただろう。西夏、つまりタングート族は、六世紀にテュルク族がはじめて建設した統一ステップ帝国を再建しようとしていた騎馬民族の一つだった。この再建の動きはいつの間にか、他民族が気がつかないうちにすべての騎馬民族を巻き込んだ運動となっていた。「いつ、そしてどのようにして統一ステップ帝国の再建という試みがはじまったかについては、神話と伝説の闇に包まれている。チンギス・ハーンの生涯についてのモンゴル人の手になる飾り立てられた伝記も同様である」[*82]。この解釈によれば、モンゴル人はこの抗争に引きずり込まれたが、言語を同じくするグループの不敗の指導者として勝ち残った。そしてこの勝利から、以後の歴史が流れ出したという。我々がこの解釈を受け入れるなら、そしてついそのような気にさせられるのだが、モンゴル人はどのようにして世界帝国へとのしあがっていったのかという最終的かつ最大の難点がきれいに解消する。モンゴル人は「文明生活の中心から遠く離れ、東アジアおよび南アジアの諸都市の文化的影響、あるいは宗教的な影響をほとんど受けることのない」部族ではなくなり、全ステップ世界を巻き込んだ抗争にその姿を現すことになるからである。この抗争を通じて、間接的ではあっても、軍事的な地平線の上方に位置する軍規と軍事組織という観念が、その戦争様式を変化さ

せたのだった。[*83]

この抗争に明け暮れていた部族のほとんどは、中東のイスラム世界と中国で生活習慣を変えて戻ってきたトルコ系の部族だったはずである。何世紀もの間に中国に同化した、あるいはイスラム世界に同化したトルコ系部族は成功した退役兵として、敗残者や追放者として、刑罰を逃れた逃亡者として、商人の護衛として、さらには公式の使節として帰ってきた者もいたことだろう。老兵の物語はいつも聞き手が待ち構えていたし、異国の軍事力についての知識は普遍的な価値をもつものなのである。遠征に出発する前のモンゴル人が敵の勢力についてなにも知らなかったとか、敵からなにも学ばなかったという考えは、到底受け入れることはできない。

モンゴル人が学んだと思われるもっとも重要なことは、理念にはイスラム世界の戦争を鼓舞する力があるということだった。重要なのは、おそらくモンゴル人が知っていたであろう、あるいは噂を聞いたことがあったであろうトルコ系部族はイスラム世界の辺境の戦士であり、剣をもってコーランを説く信仰の戦士 ghazis であったことである。チンギス・ハーン自身は、自らの使命は天によって聖化され、要求されたものであると信じ、部下たちにもそう教えていた。そしてシャーマンたちにはチンギス・ハーンの地位を擁護するように要求し、さらにはモンゴル人を選ばれた部族とする一種原始的な民族主義を説いたといわれている。[*84]しかしながら、はるかに重要なのは、チンギス・ハーンはイスラム世界の言い訳がましい道徳をいっさい受け入れなかったことである。軍備はすでに整っていた。騎馬戦士の機動力、遠距離でも致死能力をもつ合成弓、食うか食われるかという信仰の戦士の気構え、唯一無二の部族という気概を共有することで、その軍団はすでに恐るべきものになっていた。これらに異国の民に対する憐れみとか個人的な完成などの一神教的、あるいは仏教的な関心にいっさいとらわれることのない異教精神がつけ加わったときには、チンギス・ハーンとモンゴル軍が不敗伝説を勝ちえたとしても驚くにはあたらない。モンゴルの精神とその武器は恐怖の使徒となった。そして彼らが拡めた恐怖の記憶は、今日もなお残っている。

騎馬民族の没落

しかし、結局は征服行動を恒久的な権力確立へと移行できないという騎馬民族につきまとう欠点が、モンゴル人の災いとなった。それはフン族やブミン率いる突厥の場合と同様だった。チンギス・ハーンにはきわめて優れた行政能力があったと思われているが、それは安定化を促進するものではなく、遊牧民の生活様式を支えるためのものであって、それを変えるつもりはなかった。チンギス・ハーンの統治制度には、臣従部族も、モンゴル人自身の場合も、唯一の後継者による支配を正統とする手段はまったく含まれてはいなかった。遊牧民の習慣では、支配者が後継者以外の息子たちにも財産――領土、部下、領民――を平等に分割していた。そしてチンギス・ハーンが死んだ一二二七年に起きた事態が、これだった。大帝国は、正妻ボルテが生んだ四人の息子たちの間で分割されたのである。モンゴルの慣習にしたがって、もっとも若い者が父祖伝来の地を継承し、征服地は残った三人で分割した。ロシアでは歴代のモンゴル人支配者がその後何代も順調に継承を重ねたが、中央アジアと中国では継承問題で紛糾し、チンギス・ハーンの孫の代になると内戦が勃発した。これは中央アジアを支配したフラグ・ハーンが、弟フビライ・ハーンがチンギス・ハーンが保持していた称号を名乗るという要求を支持することで決着がついた。とはいえ、これでモンゴルの父祖の地の統一が回復されたわけではなかった。フビライ・ハーンはすでに元王朝の建設となる戦争をはじめていたが、これは結局は彼の全精力を消耗させ、さらにはフビライにつき従ってきたモンゴル人を従来のステップの生活から次第に切り離すことになった。フラグ・ハーンは中央アジアの覇権を求めて、イスラム領土の東の辺境地帯における風土病ともいえる戦争に次第にのめり込み、カリフ制打倒の遠征についに踏み切った。

後からみれば、モンゴル帝国の解体はフビライが中国に向かったときからはじまったといえる。しかし当時としては、その解体はイスラム世界にとってもキリスト教西欧世界にとっても明らかではなかった。この二つの世界は、モンゴルはなお強大であり、慎重な対処を要する帝国権力とみなしていたのである。そして、それは正しかった。この二つの世界は聖地の所有をめぐってほぼ一世紀半、抗争を続けていたから、中央アジアからフラグの大軍団接近中というニュースを、それぞれが希望と恐怖をもって迎えた。

希望をもって迎えたのは、東方十字軍のラテン王国だった。イスラム世界にとっては、十字軍は数多くの「辺境問題」の一つでしかないという記録が残されているが、たしかに十字軍は一〇九九年にエルサレムで獲得した拠点の拡大に成功したことはなかった。十二世紀にはこのエルサレムさえも、サラディンの手に落ちた。そして十字軍はイスラム世界の反撃に遭い、シリア沿岸地帯のわずかばかりの拠点に、かろうじて点々とへばりついていた。ところが、十字軍派遣の訴えは西欧世界では途絶えてはいなかった。十字軍の呼びかけは定期的に繰り返され、十三世紀までに五回の「公式の」十字軍が起こされている。その他にも数え切れないほどの十字軍が流産し、あるいは別地域の教会の敵に対して派遣された。そして十字軍運動が生み出したのは宗教的な誓いのもとに創設された強力な騎士団であり、十字軍王国の領土を守るための強固な要塞システムの建設であり、全キリスト教界の騎士階級への洗練された「騎士」道の普及だった。十一世紀から十三世紀にかけて、騎士道は西欧の軍事文化のもっとも重要な要素となった。この時期、西欧の貴族のエネルギーはほぼ全面的に戦争に向けられていた。定期的に繰り返される十字軍の呼びかけには、国王も、領土をもたない騎士も、いつでも耳を傾けた。東方で名声と富を勝ちとろうという野望を抱く彼らにとって、十字軍は充分採算にあうものだったのである。フラグ率いるモンゴル軍が中央アジアから打って出ようと立ちあがった十三世紀の中頃には、エルサレムは奪回され、ラテン王国領は回復されていた。運勢は回復し、十字軍の理念はふたたび燃えあがっているかのように思われた。とはいえ、十字軍兵士の期待はあまりにもしばしば粉々に砕け散ってきたことから、一時的な困難の緩和と永続的な勢力比の逆転とをとり違えるような十字軍兵士は一人もいなかった。戦況はまだ、イスラムに傾いていた。イスラム世界には、精神的および物理的な資源を動員して新たな攻撃を開始する無尽蔵ともいえる力があるのは明らかだった。一つの戦線では、十字軍は優位に立っていた。中央アジアを出立したフラグの大軍団が接近中という噂は十字軍の敵への第二戦線の勃発を約束するものであり、戦況の変化への期待感は十字軍を勇気づけた。実際、喜びすぎて、十字軍は謎の騎馬軍団に伝説的なキリスト教徒の王プレスター・ジョン〔西欧中世の伝説上のキリスト教君主で、アジアあるいはアフリカに潜むとされた〕の名前を進呈してしまったほどである。ステップの奥地から、プレスター・ジョンが救援に駆けつけたというわけである。[*85] フラグはプレスター・ジョンではなかった。とはいえ、フラグを敵にとっての脅威と考えた点では、十字軍は正しかった。フラグ接近中という報告に震えあがったイスラムも、モンゴルの接近は脅威と理解した点では、同じく正しかった。どれほど恐れなければならないかということについては、イスラム世界はこれから学ばなければならなかった。

十二世紀のサラディンの十字軍に対する勝利は、イスラムの生活の実質的な中心をエジプトとシリアに移すことになった。その後継者たちがアイユーブ朝として支配したのである。とはいえ、バグダッドには正統アッバース朝のカリフがなお君臨していた。そして、モンゴル軍の通り道となったのが、このバグダッドだった。一二五六年のフラグの接近も、最初のうちは警戒心を掻き立てるものではなかった。モンゴル軍の目的は残忍なアサッシン派〔シーア過激派のイスマイル派を奉じ、アラムート山を根城にして各地に暗殺者を送り出した暗殺者教団〕の拠点の破壊は、各地で好意的に迎えられた。キリスト教徒のアルメニア人は、部隊をモンゴル軍に合流させたくらいである。ところが一二五七年になると、フラグはペルシアに侵入して瞬時に征服し、その年の終わりにはメソポタミア侵入の構えを見せた。アッバース朝のカリフ、ムスターシムはフラグの接近に震えあがったが、降伏か絶滅かというモンゴル軍の不変の要求には全面的に屈することはできなかった。一二五八年一月、フラグはペルシアからティグリス川をわたり、カリフの軍を一蹴し、バグダッドを陥れた。アル・ムスターシムは窒息の刑に処せられた。これはステップの風習で、後にオスマン・トルコがイスタンブールの宮廷生活で王位継承の手続きとして制度化することになる。[86] フラグはまた、バグダッドの住民を大量に虐殺した。これはモンゴルの風習には背くものであるが、おそらく以後の侵攻の経路にあたる各地に衝撃を与えるのが狙いだったのだろう。次に陥れたシリアのアレッポの住民も大虐殺の憂き目にあったが、それでも彼らは市を防衛した。ダマスカスやその他多くのイスラム都市はもっと用心深く対処し、生命は長らえた。十字軍を取り巻くイスラム勢力の崩壊を目のあたりにして、兵士たちはモンゴル軍は十字軍運動の味方であるという意見を抱き続けた。最強の十字軍兵士ボヘムント〔一〇六五頃—一一一一　アンティオキア公〕はしばらくの間、軍をモンゴル軍に合流させようと説いたほどである。とはいえ、聖地に圧力がかかりはじめると、十字軍は考え直し、沿岸地帯の要塞に撤退した。そしてフラグが大ハーン選出会議への出席でステップに戻っているさなかに、十字軍は同じく危惧の念を抱いていたエジプトのアイユーブ朝と、急遽合意に達した。サラディンによる敗北という苦い記憶があったとはいえ、十字軍は領内へのエジプト軍の進軍とアッコン〔別称アクル。イスラエル北部の港湾都市で十字軍の拠点だった〕近郊での軍営の設営を許可し、フラグの属官ケドブカ率いるモンゴル軍との対決に備えたのである。この待機期間中に、エジプト軍司令官バイバルス〔一二二三―七七　後にマムルーク朝第五代スルタンとなる〕は事実上、十字軍の宮廷に認められることになった。

バイバルスはマムルーク兵士で、獰猛なまでに野心的だった。この奴隷兵士はスルタンを殺害して、代わりのスルタンを擁立しており、すでにエジプトでマムルーク朝の権力を宣言していた。バイバルスは、常套手段となっていた降伏を求めるケドブカの使者の殺害決定に手を貸していたと思われる。この徴発行為は、とくにモンゴル軍にとっては「戦争原因casus belli」となる復讐の念を呼び起こすものだった。そして、戦争が勃発した。シリアの野営地を出たモンゴル軍は、パレスティナ北方に入った。そして一二六〇年九月三日、エルサレム北方のアイン・ジャルート（ゴリアテの泉）で、モンゴル軍とクトゥズ〔マムルーク朝第四代スルタン。後にバイバルスに暗殺される〕およびバイバルス率いるエジプト軍が激突した。その朝の戦闘で、モンゴル軍は敗北した。ケドブカはとらえられて、処刑された。生き残ったモンゴル兵も四散し、二度と戻らなかった。

アイン・ジャルートはモンゴル軍がはじめて敗北した決戦であり、その敗北は、キリスト教界、イスラム世界、さらにはモンゴル世界に一大センセーションを巻き起こした。そして今日もなお、歴史家によって詳細な研究が進められている戦争である。しかし、その研究の結果は一致してはいない。アイン・ジャルートは、近東をモンゴル支配から救ったのか。あるいはモンゴルの騎馬軍団はすでに戦略および兵站線の限界に達していたのか。戦術もまた、史家の論議を分けている。アイン・ジャルートはバイバルス軍の輝かしい偉業なのか。あるいはエジプト軍は数の勢いで勝ったのか。確実にいえることは、モンゴル軍の軍馬はシリアを食いつくしていたという事実である。騎馬軍団はステップを離れると耕作地を食いつくすという傾向がつねに見られるが、このときもそうだった。そしてもう一つの事実は、フラグが中央アジアを去ったときに、かなりの兵力を引き連れて帰ったということだった。[*87]ところが最近の試算では、およそ一万から二万の兵力がケドブカのもとに残されたといわれている。同時にエジプト軍の規模も誇張されているかもしれないと考えられており、およそ二万のエジプト軍の中核を担ったマムルーク兵の数は一万ほどとみられている。[*88]簡単にいえば、アイン・ジャルートはほぼ同数の兵力で戦ったといえるのである。かくしてその直後に出現した戦略的な結果という理由からだけではなく、専門の軍団として組織化され、属国からの年貢で養われた一方の騎馬民族が、略奪で生活をたて、部族主義と復讐という原始的な価値観によって奮い立たされていたもう一つの騎馬民族によって敗北させられたという理由から、重要な決戦となったのだった。

我々はすでに、「[モンゴル軍は]同じ種族の兵士によって敗北を喫し、崩壊させられたというのは、驚くべきことである」というアブ・シャーマの判断に注目した。これは両陣営に夥しい数のトルコ系部族がいたという事実に関連しての判断だった。たしかに戦闘は伝統的なステップのスタイルで戦われたらしい。モンゴル軍との接触を求めて前進したエジプト軍は、退却するふりをして逆襲地点に決めておいたところまで敵が追跡してくるように誘き出したのである。ところが戦いの転換点は、スルタンのクトゥズが「オー、イスラム！」の叫び声とともに乱戦のなかに飛び込んでいった瞬間だった。これは、マムルーク兵は戦争宗教の軍事奴隷であり、敵方はいかなる共通の信条をも持たない軍団だったということを想い起こさせるものである。[*89] とりわけ重要なのは、バイバルスの部下たちは豊富な軍事経験をもち、なおまだ侮りがたい力をもつ十字軍と戦って勝利を収め、マムルークの戦争という学校でいつ終わることもない教練に明け暮れている兵士たちだったということである。バイバルスのマムルーク兵を現代的な意味で軍と呼ぶことは正しいとはいえないかもしれないが、その戦術は、後にオスマン・トルコの火力兵器と対決することになったときとは異なり、まだ時代錯誤とはなってはおらず、モンゴル軍に挑戦するにはもっともふさわしい戦術だった。振り返って考えてみれば、気概と不敗の評判に頼る同等の敵に対峙したときには、教練には「付加価値的」効果があるということを実証したのが、この戦いだった。

アイン・ジャルート以後、モンゴル軍は文明社会にとっても、あるいは他の騎馬部族にとっても、もはやそれほどの脅威ではなくなった。この判断は、ティムールに対しても適用できると思われる。ティムールは征服者としての活動期（一三八一～一四四五年）にはチンギス・ハーン以上の恐怖を、ほぼ匹敵する範囲に撒き散らしたが、この征服者にはチンギス・ハーンほどの行政能力はなかったから、見せしめのために振り撒いた恐怖のために、建設できたであろうすべての基礎を破壊してしまったのである。[*90]

ティムールには、戦士の気概があった。本名はティムール Timur だったが、若い頃の怪我がもとで足の自由を失ってからは、Timur-leng, Tamer the lame〈かたわ（レイム）〉のティムール〉

として知られることになった。ティムールは配下の兵士に、残虐さという非情な資質を求めた。頭蓋骨の塔やピラミッドの戦勝記念がはじまるのは、チンギス・ハーンではなく、このティムールからである。[*91]しかしながらティムールは好戦的な衝動につきまとわれていたらしく、部下に戦勝の果実を味わう機会をことごとく拒み、どこまでも征服のための新しい世界を追い求めた。ティムールがフビライの征服に負けまいとして、復活した漢民族の明王朝を陥れようとして出立する直前に死んだのは、ステップ辺境地帯の文明世界にとっては感謝すべき助けだった。十四世紀の末までにはステップの境界線をはみ出た地域ではどこでも、モンゴルの勢力は明らかに消滅していた。ただインドでのみ、またチンギス・ハーンおよびティムールの子孫ということが見分けられないほどイスラム化した形態でのみ、モンゴル人は生き延びたのである。

では、モンゴル人の遺産とはなんであったのか。トルコ系部族を地球上の三地域――中国、インド、中東――に分散させたことが主要な結果であると考える歴史家がいる。そしてこの見解は、これらの三地域の軍事史のすべてを含んだものである。たしかにチンギス・ハーンは、当時はまだたいして力をもっていなかったオスマン部族を西方に移住させることで近東の確立された秩序を荒廃させる一連の出来事の口火を切り、その後に今世紀まで生き延びた別の部族を送り込み、ヨーロッパをイスラム世界による攻撃の脅威のもとに晒したのだった。とくにこの脅威は一四五三年のコンスタンティノープル陥落から、その二三〇年後のウィーン包囲まで続いた。

とはいえ、ヨーロッパ世界に深く巻き込まれたことにより、オスマン・トルコはステップの電撃戦と、要塞と重装歩兵という居座りの戦争との間で、折衷的な軍事形態を迫られることになった。そしてそれはこの部族の性癖からすれば、けっして受け入れられないものであった。結局、オスマン・トルコは独自の教練を施した重装歩兵の正規軍を創設したが、それは奴隷システム（イェニチェリ）という基盤においてのみ可能だった。そして、これはマムルークと同様、時代錯誤となる制度だった。同時にオスマン・トルコはアジア領に、遊牧民的な無法性を拭い去ることができない騎馬貴族という混乱の種を残していた。これらのアナトリアの首長たちは、十八世紀になると、トルコのスルタンから独立していくようになった*○92
にもかかわらず、騎馬民族が戦争にもたらした真に重要な点は、ステップの遺産と、都市と農耕から成り立つ西欧世界への挑戦との間で、折衷様式を探ろうというオスマン・トルコの試みである。大草原の外側にある地域の征服失敗を生態学的に説明すること、あるいは成功したときにはステップ文化を捨て去ることを生態学的に説明するのは、もちろん正しい。放牧を永久に続けるには、灌漑されているか、自生林のある大地での集中的な努力が必要である。そのためには定住民と、それを支える農耕が必要である。ところが農耕と牧畜はたがいに相容れない。したがって夥しい馬の群に牧草を与えようとする侵略者は、彼らの生活様式にあった地域に退却するか、生活様式を変えなければならないのである。これまで見てきたように、騎馬民族はいろいろと試行錯誤を試みてきた。とはいえ、どのような結果となったにしろ、彼らが乱入した世界の軍事習慣は、この経験で永久に変化させられてしまったのである。

騎馬民族は、先行する戦車民族と同様、戦争に長距離遠征という電撃的な概念をもたらした。遠征が戦闘に突入したときには、戦場を疾駆して――少なくとも徒歩の兵士の五倍のスピードで――展開したのである。略奪者から羊や馬の群れを守る者として騎馬民族は狩人の精神をもっていたが、これは王侯階級は別として、農耕民には失われてしまったものだった。騎馬民族は動物を管理するうえで実際的な技能――狩り集め、家畜を追い、選別し、食糧のために殺す――を発揮したが、それは徒歩の大集団や劣った騎兵を蹂躙したり、側面包囲したり、追いつめたりして、最終的にはリスクを犯すことなく殺害するための実地訓練となったのである。これらの習慣は、獲物との心理的な共感関係や手負いの獲物に対して神秘的な敬意を抱く原始人の狩人には、本質的に無縁のものである。合成弓で武装した騎馬民族にとっては、このような習慣それ自身が彼らの生活を支えるいわば動物組織の産物であり、遠距離で殺害する――物理的な距離や感情に超然として――のは第二の天性なのだった。

用意周到に平然として残虐行為を行なうということこそ、定住民を震えあがらせたものだった。発達した文明のなかにまで生き延びてきた「原始的な」戦争の二つの性格――遭遇戦へのためらい、および儀式と戦闘とを関連させること――は、騎馬民族には無縁だった。彼らも戦う姿勢を見せた敵を前にして、退却したこともあっただろう。しかし、それは偽装作戦だった。あらかじめ決めておいた場所に敵を誘い出し、隊列を乱した敵に致命的な反撃を加えるための行動なのである。どのような点からみても、騎馬民族は直接攻撃を嫌がる原始的な戦士と同じではなかった。騎馬民族は殺害のための包囲を完了すると、平然として虐殺した。そこには儀式的な兆候は、一かけらもなかった。騎馬民族は勝つために――迅速に、完全に、そしてきわめて反英雄的に――戦った。実際、英雄的な行動の忌避は、ほとんど遊牧民の習慣ともいえるものだった。チンギス・ハーン自身は権力を掌握しようとしていた若い頃、矢にあたって怪我をしたことがあったが、肉体的には臆病で、後には彼が名目上の指揮をとった戦場でも、陣頭に立つことはなかった。[*93] 西欧の戦士たちは、典型的な三日月陣形で指揮官の所在が不明という遊牧民の戦術には、非常に当惑させられていた。アレクサンドロスや獅子心王リチャード一世ならばなんとしても敵にその姿を見せつけようとしたであろうが、遊牧民の指揮官は通常、軍の中央からはるかに離れて目立たないように馬を駆ったのである。

英雄的な行動の習慣は、西欧の軍事指揮官の考え方には非常に古くからつきまとっている。[*94] もし騎馬民族が、従者を危険に晒してまでも英雄になりたいと逸り立つ敵陣の英雄志願者を思いとどまらせることに失敗していたなら、ひたすら勝利だけを望むという彼らの関心は、明らかにもっとうまく伝わっていただろう。軍事史家クリストファー・デュフィ〔一九三六―　イギリスの軍事史家〕が指摘しているように、東欧では、ヨーロッパ大陸での戦争ははじめは人種主義的かつ全体主義的な性格をとり、それがやがて各地へと拡まっていった。デュフィはこれを、「貧農の残忍性、人間の品位の否定、凶暴性と非道な手段、狡猾さをとくに賛美する拗くれた価値観へと至りつくロシア的な性格とロシア的な制度」[*95] へのモンゴル人の影響としている。

ステップの残忍な性格はまた、南方のルートをとってヨーロッパにも入ってきた。はじめはセルジュク・トルコのアナトリアへの侵入であり、次にオスマン・トルコのバルカン半島の占領である。オスマン・トルコとの境界線での戦争は、何世紀もの間、ヨーロッパでもっとも激烈な戦争となった。それはまた、十字軍とイスラム世界との戦争の反照でもあった。

十字軍運動が聖戦（ジハード）の鏡像であるとしても、それはサラディンがラテン王国と対決するまでだった。この対決で、両軍は肉弾戦という真の戦闘を戦うことになったのである。ところがサラディンはステップからの挑戦を受けて立とうとするイスラムのエネルギーの産物であり、その軍団の中核を担ったトルコ系部族の奴隷兵士は馬上での弓の射撃という残忍な戦術のエキスパートだった。東方の十字軍はそこで学んだ習慣をもち帰り、異教徒のスラブ人——彼ら自身が反対方向から出現したステップ部族の攻撃下にあった——に対する北方十字軍に伝えたのだろう。やがてその戦術はスペインに浸透し、国土回復運動（リコンキスタ）の騎士たちはチンギス・ハーンが拍手喝采したくなるほどの冷酷さでイスラム教徒と戦ったのである。絶滅戦はたしかに、スペインに根づいた。スペインのコンキスタドールの手にかかったインカとアズテックの運命は——アズテックは哀れにもなお、花の戦争という時代離れした儀式主義の罠にとらわれていた——もとをただせば、究極的にはチンギス・ハーンに行き着くのである。

中国はステップの騎馬民族ともっとも深い関係を維持した国であり、もっとも永続的なモンゴルの戦争形態の影響が残っている。ジョン・キング・フェアバンク〔一九〇七—九一　アメリカの中国史家〕が想い起こさせてくれたように、「中国の戦争様式」はどの大文明よりも長い間、儀式的な要素という原始部族的な習慣——占いと戦闘直前の戦士の武勇の誇示——を残しているが、[96]またユニークな倫理的な要素も見られる。それは中国人の市民生活の中心にある孔子の教えに由来するもので、「君子は力に訴えることなく、その目的の達成につとむべし」[97]という考えのなかにもっともよく表れている。紀元後の最初の一千年間に中国に同化したトルコ系の侵略者たちは、乗馬と弓術というステップの戦士の技量に関しては誇りを捨てることはなかったが、この倫理は受け入れた。ところがフビライの征服以降続いたモンゴル人の統治を覆すために暴力を必要としたことで、明の皇帝はかつてないほどの絶対主義的な政治体制を漢民族同胞に押しつけざるをえなくなった。明は事実上、中国を軍事国家にし、世襲の軍人階級を創設した。中国が一貫した海外拡張路線に乗り出し、直接攻撃に出てステップを支配下に治めようとしたのは、明の時代だけである。万里の長城の北方では、五回にわたる大遠征が行なわれた。万里の長城が今日我々が見る形に再建されたのは、この明の時代である。伝統的な中国を復活させようという軍事努力は目的を達成できず、むしろ逆の結果をもたらした。「モンゴル人の元王朝を放逐した明は、はるかに専制体制的なイメージを強め、元の軍事組織を模倣し、モンゴルの軍事政権復活の脅威にとらわれ続けた」[98]。

明がステップから押し寄せる蛮族の脅威にこだわり続けたのは正しかった。十七世紀になると明王朝を覆す新たな脅威が出現したが、しかしそれは皮肉にもモンゴルではなく、仇敵の一つである満州族だった。

満州族は厳密にいえば、騎馬民族ではない。この部族はほとんどが満州を離れる以前に定住して中国に同化し、商業に従事していたからである。しかし満州族の軍団の中核は騎兵で、中国の行政機構を自分たちに都合よく機能させるために軍事力を活用するというモンゴル人のテクニックを完成させた部族だった。

これは軍事レベルだけでなく、それ以上の政治組織における偉業でもあった。成功の秘訣は、辺境地域の中国人と協力する遊牧民の能力だった。この協力を通じて、一つの政治体制のもとで非‐漢民族による暴力的な戦争の技量と信頼できる漢民族の下級官吏による行政能力が結びついたのである――つまり、いかにして権力を掌握、維持、行使するかという点で、協力が成り立ったのである。*99

不幸にして、満州族が中国で掌握した明王朝の権力機構は、中国的な統治の理想のかなりモンゴル化した代物だった。そして、満州族はその権力をけっして変更しないという原則のもとに維持し、行使した。清でもっとも優れた皇帝は十八世紀に現れたが、父権的な専制君主だった。知識人のパトロンとなり、芸術を奨励し、通商と銀行の設立に出資し、中国の貧農が見たこともないような寛大な財政政策をとった。とはいえ、この慈善に対する報いは、「中央集権化した官僚組織の肥大」だった。なにごとも北京にお伺いを立てなければ決定されなかった。この体制に取り込まれた官僚は、「禁止事項を強化する」科挙という教育競争システムの産物だった。*100 この官僚組織の肥大が中国人の適応の才を妨げた。かつて中国は科学的な探究と発達した技術を誇る文明をもっていたが、満州族のもとでは物質的なものであれ、精神的なものであれ、あらゆる変革の試みは疑いの目で見られるようになった。同じ時期、日本では、技術の変革は一定の社会秩序を維持し、土着の支配階級の優位を維持するために、非合法化された。中国では、異邦人の支配階級を守るために、技術的な変革は非合法化されたというよりも、窒息させられたのである。日本では、侍階級がやがて日本の将来は西欧の科学と産業を導入することにかかっていることを理解するようになったが、満州族とその高官たちは近代への飛躍を行なうことができなかった。なぜできなかったかということについては、その原因を示唆する数多くの証拠を集めることができる。しかしながら究極的には、その失敗は満州族がまさに異国人であるということに帰せられるのである。ステップ出身の征服者という出自と、当然のことながら、彼らの権力基盤である軍事組織の固定化が近代化を妨げたのである。軍事史上、ヨーロッパ人侵略者たちのライフルと大砲に対して、虎の子の合成弓で対抗した十九世紀の満州貴族ほど哀感を誘うエピソードはない。

歴史を長い望遠鏡で覗いて見れば、十九世紀の阿片戦争を中国に仕かけたヨーロッパ列強の戦闘能力は、はるか昔に僻遠の地で満州の騎馬民族の祖先と衝突したヨーロッパ人の祖先たちによって研ぎ澄まされてきたことがわかる。帝国主義時代のヨーロッパの軍隊は、ステップ世界にはなかった効率性という一つの柱を、原理として確立していた。つまり、官僚機構のもつ効率性である。それはシュメール人とアッシリア人によって創設され、ペルシアを通してマケドニアとローマ、そしてビザンティン帝国へと翻案されながら伝えられ、ルネサンスの時代に古典をよりどころとして人為的に復活させられたものだった。ヨーロッパの軍隊にはもう一つの柱があった。つまり決戦を挑むという態度であり、それはギリシア人に負うものだった。それ以外のすべて——長距離遠征、戦場における高速作戦展開、効果的なミサイル・テクノロジー、動輪の戦争への適用、そしてなによりも馬と人間の相関関係——は、ステップとその辺境地帯に発したものなのである。後代のトルコ人とモンゴル人に対しては、信念というものの持つ戦争への革命的な寄与——家族、種族、領土、あるいは特殊な政治体制重視からの脱却——はイスラムの専売特許ではなく、彼らの功績としてもよいのかもしれない。彼らはこうした信念に、戦争とは自律的な活動でありうるし、戦士の生活はそれ自身が文化であるという理念の力を与えたのである。一八一二年のナポレオンのモスクワ遠征期間中に、クラウゼヴィッツを憤激させたコサック兵たちの「非軍事的」行動とは、希薄ではあるがなおまだ識別できるこの文化だったのである。たしかに「非軍事的」なのだろう。にもかかわらず、この「非軍事的な」行動形態はクラウゼヴィッツの戦略よりもはるかに長い期間、世界を悩ませ続けた。定住民との戦争における冷酷さ、勇猛さ、無条件の勝利への執念を伝えたという点では、クラウゼヴィッツはその理性的な精神が認める以上に、はるかに多くをこの文化に負っているのである。

付論三　軍団

クラウゼヴィッツがコサックの戦争スタイルのような別系統の軍事的伝統を認めることができなかったのは、合理的で価値がある軍事形態としては、一つだけしか認められなかったからである。それは官僚制度の整った国家における訓練を受けた雇用軍団だった。クラウゼヴィッツにはこれとは別形態の軍団でも充分その社会につくすことができるし、防衛できる——あるいは膨張するという精神風土をもつ場合には、権力を拡張できる——ということが理解できなかった。彼が知っていた火力兵器を擁する軍団に対しては、訓練を受けていない軍団や、同じく火力兵器をもっていても弱体な軍団では抵抗できなかった。クラウゼヴィッツは、火力兵器が凄まじい勢いで増大した二十世紀になると、敵味方双方とも彼が達成すべき目的と主張した戦場での勝利の追求が行き詰まるということを、予測できなかった。また、たとえば「中国的な戦争」が、二十世紀には、彼の教えを学んだ西欧の軍隊と指揮官に、長く尾を引く痛ましいまでの屈辱感を与えるようになるのを予測できなかった。

とはいえクラウゼヴィッツは、彼が訓練を受け、後に仕えるようになった連隊組織とは著しく異なってはいたが、それなりに合理的ないくつかの軍事組織を目にしていた。コサック軍団もその一つであり、また他の一つは撤退するナポレオン軍を略奪するためにロシアの地主が農奴を組織した民兵 opolchenie である。クラウゼヴィッツはたまたま「周辺に出没する武装した民衆」について触れたときに、大陸軍の兵士を破滅に駆り立てるうえで果たしたこの民兵の役割を認めていたのだった。[*1] クラウゼヴィッツ自身は、いざプロイセン解放となると、民兵的な考え方には断固として反対した。『国防軍創設の要諦(一八一三年一月)』は、国民徴兵軍である後備軍 Landwehr の結成の根拠となった。同じく重要なのは、狙撃兵 Jäger と自在弾射手 Freischützen からなる義勇軍で、これはフランス軍に対してゲリラ戦を挑もうとするロマンティックで愛国的な若者で構成されていた。ナポレオン戦争はいたるところで民衆の大動員をもたらしたが、クラウゼヴィッツはその気になれば、ありとあらゆる種類の同盟軍や外人部隊を知りえただろう。これらの軍団を構成したのは直接的には亡命者であったが、彼らは愛国的な理由から兵役に就いたとしても、それ以上に多かったのはすべてを失い、飢え、借金を抱えていたからである。それで皇帝ナポレオンに対して祖国が編成した軍団に加わったのだった。[*2] 最良の軍団は、スイス連隊だった。これは降伏協定のもとで譲渡された連隊で、これによってスイス人は旧体制下のさまざまな軍団で傭兵として生計を立てることになった。同じく優れていたのはポーランド槍騎兵で、これは旧王国の封建時代の騎兵に発していた。その他多くの優れた連隊が、ナポレオンによって独立を奪われたドイツの群小王侯の慰み物、あるいは個人的な衛兵になっていた(その種の士官の一人であり、ヘッセン大公の衛兵を務めたフランツ・レーダー大尉は、モスクワ退却についての最良の回想記を残している――そのオシアン、ゲーテ、ギリシア愛好の白日夢は、軍務を貴紳たる者の職務と考えた当時の若きドイツ人の典型と言えないわけではない)。[*3] フランスのプロイセン駐留軍にも、トルコとの最前線から引き抜かれたハプスブルグ家のクロアチア人屯田兵連隊が含まれていた。彼らは実際は、オスマン・トルコの領土から逃亡したセルビア人避難民だった。近衛連隊にも、キャプチャク汗国のトルコ兵の生き残りを徴集したリトアニアのタタール人騎兵大隊が含まれていた。一つの軍団が実体のある単一の軍事組織へと変化していった格好の例は、ヌシャーテル大隊 Bataillon de Neufchâtel である。この大隊はナポレオンが参謀総長ベルティエ元帥〔一七五三―一八一五　ナポレオンの没落後、ルイ十八世を支持したが、皇帝のエルバ島脱出を聞いて自殺した〕を王侯に取り立てたスイスの州で結成されたが、ナポレオンの没落後も生き延びてプロイセンに仕え、最終的にはプロシア近衛連隊の近衛狙撃兵大隊 Gardeschützen-battaillon となった。そして一九一九年にはこの大隊からも、退役兵を召集した義勇軍 Freikorps に兵を送り出した。右翼の将軍と社会民主党の政治家はこの義勇軍を利用して、ベルリンの「赤い革命」を鎮圧したのだった。ヒトラーのナチ党の力による団結の核となったのは、この義勇軍の退役兵だった。とはいえ、ベルティエの小公国の絵の具箱のような小さな軍隊から武装親衛隊機甲師団という近衛部隊に至るまでの血統を辿ったのは、気紛れからではない。[*4]

衛兵、正規兵、封建家臣、傭兵、屯田兵、徴集兵、農奴の民兵、ステップ出身の戦士部族の残存兵――大陸軍のフランス兵士たちも含まれるのは当然であり、彼らのなかにはフランス革命の市民兵士として軍務に就いた者もいたが、彼らの気概がはじめてクラウゼヴィッツを「政治の継続としての戦争」という命題で燃えあがらせたのだった――このごった煮をなんらかの方法で整理することができるのだろうか。厳格な鬼教官から見れば、これらの存在は兵隊もどきの者でしかないだろう。過酷な任務に向いている者もいれば、小競り合いや偵察のような特殊任務向きの者もいるかもしれないが、ほとんど給与に値しない者や、友好国には危険であり、平和な市民全体にとっては災危でしかない者もいるだろう。ところがこのごった煮のなかに、軍隊と社会形態との相互関係を説明する多くの素材が含まれているのである。どのような理論が、このごった煮を説明するのだろうか。

軍事社会学者は、どのような軍事組織もそれが発生した社会秩序を反映しているという前提をとっている――そして、これは人口の大多数が異国の軍事支配下にあるときでさえ正しいとされている。その例として、ノルマン人支配下のイングランド、あるいは満州族支配下の中国があげられる。この理論についてはイギリス人とポーランド人の血が混じった社会学者スタニスラフ・アンドレスキ〔一九一九―二〇〇七 イギリスの社会学者〕――彼が軍事亡命者の息子であるのは意味深長である――の研究がもっとも優れており、彼は軍事関与係数 Military Participation Ratio（ＭＰＲ）の普遍的な存在を提唱したことでよく知られている。つまり他の要因を考慮に入れれば、社会の軍事化の程度は計測されうるというのである。[*5] 残念ながら、アンドレスキ教授の研究は一般読者にとっては「近づきやすい」ものではない――「近づきやすさ」が浅薄さと混同されているアカデミズムの世界では、哀しいことにこれは侮蔑の形容詞である。なぜなら教授は、その術語を定義しようとして新貨幣を発行するように苦心して、語彙をつくりあげているからである。そのような難点を補おうとして、教授は別のところでは、その発見に対していかなる道徳的な立場もとらずに、わかりやすく書いている。つまり彼は、軍が法体系のもとに従属するというMPRの低い社会に住む方を明らかに好んでいるが、軍事独裁は政治雑誌に書かれた論文で廃止できるというような妄想からは清々しいほど解放されているのである。実際、なんらかの立場をとれということになれば、教授はホッブスの人間の本性についての悲観的な立場を取るのだろう。つまり闘争は生存の自然な状態であり、ジョンソン博士と同様「一方が他方に対して明らかな優位を得ることなくして、二人の人間が一時間半という時間をともにすごすことはできない」という立場である。

アンドレスキは、人口は幾何級数的に増大するが、食糧と生活空間はそうではないから、出生が制限される、あるいは病気や暴力によって死が早められる場合のみ生存が許されうると論じた人口論の父マルサス〔一七六六―一八三四　イギリスの経済学者〕から出発する。そしてアンドレスキは、これが戦争の起源であると考えている（もし彼がマクニールの『ペストと人間』の出版後に書いていたなら、これほど確信をもって述べはしなかっただろう。マクニールは、外来の病気は戦闘よりもはるかに致命的であると論じたのだった）。[*6] 原始社会は強者が弱者の女性を強奪することで出生率を制限するとアンドレスキは論ずる。しかし、上層階級の出生率が増加するにつれて上層階級はそのお下がりを下層階級に分け与えるが、出生率の規模は暴力によって制限するか、あるいは近隣領土へと暴力をもたらすかのどちらかである。いずれの場合も軍事階級が創設され、その社会の有力者となるか、他の社会の征服者になる。その相対的な規模――軍事関与係数（MPR）――は、強奪となる場合が多い上層階級の消費と所有の必要性を満たした後、下層階級の消費と所有の必要性を満足させることに成功した度合いによって決定されることになる。[*7] 近隣を征服し、勝者となった部族では、すべての健康な男は戦士でありうるが、支配階級が交易、産業、あるいは集約農業により膨張する人口を養えるという経済的に恵まれた状況のもとでは、軍隊は民衆の財産を防衛するために必要なだけの規模にまで縮小し、我々なら民主主義とでも呼ぶようななんらかの制度が権力の実体を隠すために生まれることもあるだろう。とはいえ、ほとんどの社会はこのMPRの両極端の中間にあると彼はいう。その真の性格は、それ以外の二つの要因によって左右されている。それはつまり、支配者に必須の、あるいは非支配者に対して支配権を行使できるような、アンドレスキが服従心と呼ぶものの程度であり、軍事技術と装備をもつ者が結合する程度――つまり団結力である。[*8]

具体例をあげて考えてみよう。十九世紀の初頭、ボーア移住者たちは自由な大地を求めて南アフリカのイギリス支配地を去り、アフリカの原住民による攻撃を撃退しながらMPRが高く――だれもがライフルを抱えて馬に乗っていた――服従心の低い社会を形成した。彼らが建設した共和国はほとんど無政府状態であり、また族長的な家族が忠誠の対象として残っていたから団結心も低かった。これとは対照的に、コサックは同じくMPRは高く、また服従心は低かったが――指導者にはその意志を押しつける手段がほとんどなかった――団結心は高かった。ステップ生活が孕む危険は、コサックの群れを団結させたのである。もっと一般的なのは、MPRが低く、団結心も低く、服従心も低い形態か――長期間にわたって王国支配が弱体化していた中世ヨーロッパの騎士社会――あるいはMPRも、服従心も、団結心も高い社会で、これは二つの世界大戦時の産業の進んだ軍事社会ということになる。

アンドレスキのこの簡潔な書物は、その大胆さで読者の息を吞ませた。一連の込み入ってはいるが明瞭な論理的なステップを踏んで、アンドレスキは読者に軍事組織には六形態しかありえないということを受け入れさせ、続いて世界史をひとっ飛びで駆け抜けて、もっとも原始的な部族からもっとも豊かな民主政体までのだれもが知っているあらゆる社会を次々に召喚する。読者が何かおかしいなと思うようになってはじめて、疑いがもたげてくる。一般的にいって、アンドレスキの図式はあまりにも機械的なように見えるのである。マルクスに対して侮蔑的であるとはいっても——「明らかに純粋に経済的な要因が階層の変動をもたらすが、しかし……長期的な傾向は軍事力の所在の変化によって決定されているのである」——彼の分析は残酷なまでに弁証法的である。[*9] もっと詳しくいえば、アンドレスキが独断的に攻撃を加える社会について読者が精確な知識をもっている場合、その社会とアンドレスキのカテゴリーとの対応は、ますます精確さが欠けているように見えるのである。例をあげよう。たしかにボーア人には団結心が欠け、頑固で、争いに明け暮れていた人たちのように見えるが、彼らと戦った人たちで、彼らの法律に欠けていたものをオランダ改革派教会が埋め合わせていたということを疑う者はだれもいない。彼らは政治的な団結心はもっていなかったかもしれないが、聖書に基づく団結心はもっていたのである。またコサックの反抗心には、一定の限界があった。長老、あるいは仲間の命令で部族連合から排除されれば、危険な孤立に身を晒すことになるからである。[*10] さらにアンドレスキは、同僚の社会学者が「価値体系」と呼ぶものに、ほとんど重要性を与えていない。アンドレスキは「魔術的 - 宗教的信仰が社会的不平等の原初的な基盤を生み出した」ということは認めているが、それでこのテーマは中断してしまう。[*11] 我々がいくつかの原始部族のなかで注目してきた暴力への反対も——これは儀式的な戦闘によって調節しようとしていた——まったく無視している。またイスラムの例に見られたような暴力の忌避も、まったく無視している。この一神教の信仰では、権力の要求と宗教の要求を一致させるために奴隷的な社会秩序を無理やり創りあげたのだった。さらに、しばしば逸脱したことはあったかもしれないが、中国文明が「君子は力を用いることなく、その目的の達成につとむべし」という信条を英雄的に信奉してきたことも、まったく無視しているのである。

別の方法をとった方が、もっと実りがあるだろう。つまり過去の軍事組織の形態には一定の数があり、軍事組織の個々の形態とそれが属する社会的ならびに政治的秩序との間には親密な関係があるが、その関係を決定する要因は非常に複雑でありうるということを認めるのである。重要な例をあげれば、伝統の重みである。アンドレスキは「すべての男が武器をもつ平等主義的な社会は、徴兵制を不要にするはるかに効率的な手段の導入には抵抗することがある」ということを認めている。[*12] 侍とマムルークが数百年もの間、古くさい軍事技術にしがみついていたことはきわめて不合理だが、少数の排他的な軍事階級として見れば、それは有益だったのである。そのような少数者は——社会学者は「エリート」と呼ぶだろうが、彼らは自選自称の階層なのだからその表現は不正確である——他方では、冷酷で途方もない刷新政策を追求することもある。だからビクトリア朝の帝国海軍士官は、蒸気船の装甲艦を受け入れた当初は新モデルを旧弊とこきおろしたが、やがて戦艦建造は大英帝国の予算編成においてもっとも議論が沸騰する問題になったのである。*13

この「海軍至上主義」は、大英帝国の地理的な状況を反映した問題だった。大英帝国は侵略から豊かな国土を護る必要があったし、また海洋帝国の中心地として、その通商と海外資産を護る必要があったのである。ところが、地勢は軍事形態に対して普遍的な影響力をもっている。これはアンドレスキも渋々とではあるが、認めている。だから彼は、エジプトが石器製の武器から金属製の武器テクノロジーへの転換を遅らせ、文明が進んだかなり後になるまで常備軍の維持という負担を避けた理由は、エジプト自身が置かれた地勢的な孤立状態であるということを見抜いたのである。しかしアンドレスキは、ヨーロッパが騎士階級にあれほどの権力を与えたのは、ヨーロッパがステップからの侵入――後にはバイキングによる海上からの急襲――に晒されていたからであり、またつねに変わるところのないステップの居住地域こそ、騎馬の飼育に成功した遊牧民を遊牧民たらしめたということ、そして土地への渇望がスカンディナビア人を狭苦しい入り江の原野から「略奪」行へと結集させたのであり、またアドリア海には他に安全な天然の港がなかったことが、ヴェネツィアの――アンドレスキはその軍事力には興味を示している――アドリア海制覇およびクレタ島やクリミア半島に至るまでの交易網の拡大をもたらしたということを見逃しているようである。*14

とくに問題なのは、戦士の生活が男の想像力に働きかける魅力の価値をアンドレスキが無視している点である。これは軍事事件には興味があっても、大学という環境から一度も外に出たことのない学者に共通の欠陥である。兵士は軍人社会の一員であることを知っている者は、軍人社会はそれが属しているより大きな文化と似て非なる文化をもっていることをわきまえている。もっとも大きな相違点は、軍人社会で機能している罰則と報奨の制度である。罰則ははるかに厳しく、報奨はあまり金銭とは結びつかず、それどころかしばしば象徴的、もしくは情緒的なものになるが、それでもその信奉者を深く満足させているのである。イギリス陸軍との生涯のつき合いからいえば、兵士以外の生活は考えられないような人びともいると言いたくなるくらいである。女性で似たような環境を探すとすれば、舞台だろう。女性のなかには舞台の上でだけ充実感に浸れる人びとがいるが――カメラマンとか社交界がちやほやするプリマ・ドンナや偶像として――このような充実感によって彼女たちは女性の普遍的な理想を体現し、女性からも男性からも雨霰と賞賛を浴びるのである。ところが、男優はどれほど喝采を受けようともこのような賞賛を享受することはない。舞台の英雄は本物の危険を冒したことで男女両性から称えられる英雄となった戦士とは異なり、ただ危険を模倣しているだけなのである。しかし、社会科学者がその重要性をどれほど無視しようとも、兵士の気風は一般世界からの賞賛の有無にかかわらず、危険を冒そうとするものである。兵士を満足させるのは、他の兵士の賞賛である。ほとんどの兵士は、同僚兵士からの賞賛だけで満足する。そして軟弱な世界に対する侮蔑をおたがいに分かち合い、キャンプや行軍の窮屈さから解放され、野営地での荒っぽい慰安、我慢比べ、待ち構える女連中に囲まれての「戦士の休息le répos du guerrier」で満足するのである。

戦場への道のもたらす興奮は、原始的な戦士の気風を説明するうえでの手助けになる。また成功裏に終わった戦場の道も、原始部族が戦士となった理由を説明する。成功がもたらす報酬は——完璧な勝利でなくても、つまり領土の着服、他部族の屈服、戦利品、あるいは少なくとも交易権の条件を押しつけられなくても——安定した生活の拒否を充分正当化するものなのである。とはいえ、重要なのは戦士生活への衝動を過大視しないことである。すでに見てきたとおり、多くの原始部族は暴力衝動を抑えようと努力してきた。もっとも凶暴な部族でさえ、ためらいがちな足取りで他部族の頭蓋骨のピラミッドを登っていったのである。ティムールといえども、彼以前の騎馬民族が文明社会の抵抗力の限界を試していなかったならば、その征服行動は異なったものになっていただろう。さらに、畏怖の念を抱かせる名前をもつことがどれほど魅惑的であっても——他民族への議会制の授与者と自称したがる好戦的なアングロ・サクソン民族は、しばしば見すごしてきたが——戦士部族はつねに少数派だった。戦士はつねに、原始的な段階を通りすぎた集団のなかでは、絶対的な少数派を構成しているのである。人間の本性には社会学者が相殺傾向と呼ぶものが存在するが、これは暴力に頼ることに反対する傾向である。アルダス・ハクスリー〔一八九四―一九六三　イギリスの小説家、批評家〕は、知的な人間とはセックスよりも興味あるなにかを発見した人であると述べた。同じように、文明人とは戦闘以上に満足させるなにかを発見した人といえるだろう。人間が原始的な段階をひとたび通過すると、戦い以外を——大地を耕し、物を製造販売し、建設し、教え、考え、あるいは他の世界と親しく交流する——好む人間の比率は、経済資源に匹敵するほどの速さで増加する。しかし、これを理想化すべきではない。アンデレスキが喝破したように、特権階級の地位はつねに武力に依存し、自ら武装するか忠実な部下を武装させることになるが、もっとも運に恵まれない者はこき使われ、奴隷扱いされることさえあるのである。とはいえ、原始的な段階を通りすぎた人は非暴力的な生活に対して特別な価値を与えることになる。工芸職人、学者、そしてなによりも聖なる男女に与える特別な価値が、その間の事情を物語っている。キリスト教界がとくに修道院を略奪したバイキングの残虐さに嫌悪感を抱く理由は、ここにある。ティムールでさえ偉大なアラブの学者イブン・ハルドゥーン〔一三三二―一四〇六、アラブの歴史家〕を敬意をもって受け入れており、バイキングのような血なまぐささを発揮してはいなかったのである。[*15]

したがってアンドレスキの分析とトーンを合わせて、原始世界では戦争が頻繁にあったことを認め――その一方で戦争をほとんど知らない原始部族の存在と、戦争を行なった部族間では儀式的な性格によって戦争を緩和しようとしていたということを考え合わせながら――さらにポスト原始部族世界へと進むことにしよう。軍事史をざっとひもとけば、軍事組織が取りうる主要形態としては六形態あることがわかる。戦士、傭兵、奴隷、正規兵、徴集兵、市民軍である。アンドレスキもまた六形態の軍事組織の存在を信じていた点では、まったく一致する。アンドレスキの分類では、homoic, masaic, mortasic, neferic, ritterian, tellenic（すべて新造語である）となる。戦士は自明的なカテゴリーではあるが、私はこのカテゴリーのなかに侍や西欧の騎士階級のようなグループも含めている。これらのグループはつねに、土着の者であれ帰化した者であれ、戦士部族の生き残りとみなされるものの中核だったからである。初期のイスラム教徒やシーク教徒の戦士崇拝、ズールー族やアシャンティ族の政治組織も、これに含まれる。傭兵とは、軍務を金銭で売る集団である――報奨としては土地の授与、市民権の承認や（ローマ帝国とフランス外人部隊がこの例である）特恵待遇ということもあった。正規兵とは、すでに市民権やそれに相当する権利をもっているが、軍務を生計の手段として選択した傭兵集団である。豊かな国家では、正規兵の軍務は専門職という特性をもつこともある。奴隷兵制度は、すでに触れたとおりである。市民軍の原理は、健康な男性市民全員に軍務を義務づけることである。この義務を果たせなかったり、拒否したりすると、通常は市民権を喪失する。徴集兵とは、一定の年齢に達した男性に駐屯という形で税を課すことである。市民側からのこの種の税の支払いは、通常、市民の義務という形で表されている。選別的な徴兵は、とくにそれが代議制ではない政府に対する長期間の軍務になる場合は、奴隷制と区別するのは困難である。

　戦士が支配する社会がどのようにして出現するに至ったかを説明するのは、たいした努力はいらないし、また戦士たちが戦士以外の者たちに対して行使する権力をどのように獲得したか、あるいはその権力を恒久化したかについては、検証する必要はない。典型的な形態をあげれば、高価な武器の使用を独占するか――戦車を駆使した征服者がこの例である――むずかしい軍事技術を完璧に身につけた場合で、騎馬民族が長期にわたって恐怖政治を確立した理由は、ここにある。もっと複雑な理論的な解釈が必要なのは、分岐点となるような移行期の軍事形態である。社会が進歩していく場合、そのような移行は避けられない。ところが、戦士階級の統治機構はきわめて保守的になる傾向がある。侍とか満州族、あるいはマムルークもそうであるが、戦士階級は、彼らが確立した全組織の没落に直面しないかぎり、どのようなものであれその統治制度に手をつけることを恐れてきた。しかしすでに見てきたとおり、時代遅れになった軍事政体はいつまでも変化の潮流に抵抗することはできない。そして変革のときがくると、新たな支配者は――彼らは旧軍事秩序を生き残った開明分子の場合もある――二つの中心的な問題に直面する。一つは新たな軍事制度に対する支払いをどうするかという問題である。そしてもう一つは、新たな軍事制度に属する者の忠誠をどのようにして確保するかという問題である。この二つの問題は深くかかわり合っている。軍事社会はその社会の軍人以外の構成分子、あるいは外部社会に対して高圧的に臨むことで自らを支えている。だから騎馬民族は戦利品の獲得とか貢ぎ物、あるいは一方的な条件のもとで通商を強要する権利に取りつかれていたのである。ひとたび軍事一辺倒が権力の主流から外れるようになると――これは戦士社会の希薄化のはじまりである――兵士への報奨制度という点でも、中間的な方法を見つけなければならなくなる。チンギス・ハーンは非常に細心な男で、戦利品はすべて中央に集め、平等に配分することの意味を理解していた。[*16] ところがチンギス・ハーンは帝国の拡大に伴ない、信頼する属国に地方権力を授与せざるをえなくなり、その死後すぐに、これら属国の支配者たちは税の徴収と統治する権利を手にすることになった。それまではチンギス・ハーンの収税人たちが中央の国庫に取り立ててきた税金を納めたのである。チンギス・ハーンが生きていた時代のモンゴル軍があれほどまで恐るべき力を維持できたもっとも重要な理由は、ここにある。しかし孫の代になると、一種の封建体制が出現しはじめ、それとともにモンゴルの勢力は傾きはじめた。

封建体制は、戦士社会から他の社会形態に移行する段階では、どこでも見ることができる。これには基本的に二つの形態がある。その一つは西欧での発生形態の特徴となるものであるが、必要なときには宗主国に相応の軍事力を提供できるように経営することという条件のもとで、軍事属国に領土を与えるという形態である。しかしこの種の封建制度は、同様の条件で封建臣下の子孫に領地を継がせることができる権利を伴っていた。もう一つの形態はヨーロッパ以外の地域で広く共通するものであるが、非世襲的な封建領土を基盤としたものだった。つまり命令があれば、宗主権をもつ者の手に領土を戻すことができるという形態だった。これはイスラム世界ではイクタ制 iqta として一般に拡まっていた形態で、主にセルジュク朝、アイユーブ朝、オスマン・トルコの時代に広まっていた。イクタ制は世襲制ではないことから、その保有者は順調に昇進を重ねている間は、富の蓄積に励むことになった。したがって納税者は収奪され、軍務はなおざりにされた。[*17] 他方西欧の封建家臣は封土を子孫たちに譲れることから、その経営には利害がかかわっており、したがって封建領土の軍事価値の改善という点で強い利害関係を分け合っていた。したがって封建家臣は万難を排して、宗主権をもつ者に対する権利と義務という点で、その地位の強化に努めた。具体的には、自らの城砦を建設することでいつの日か自らの王朝を打ち建て、宗主権者の地位を摑もうとしたのである。九世紀のカロリング帝国の分割から十六世紀の火力兵器を擁する王侯の出現までの西欧の歴史は、ほとんどがこのような背景のもとで見ることができる。

したがって、封建主義はどのような形態であれ、戦士社会からの移行期における袋小路である。はるかに効率的な制度は、正規軍制度だった。これがはじめて出現したのは驚くほど早く、シュメール人の時代である。そしてそれをほとんど改善の余地のない形態にまで発展させたのが、アッシリア人だった。すでに見てきたとおり、アッシリア軍団はありとあらゆるタイプの兵士からなる部隊を擁しており、歩兵以外にも戦車兵、騎馬射手、工兵、御者も活用できた。とはいえ、その軍団の中核は王の親衛隊であり、正規兵の軍務はここから発生したといえる。おそらくシュメール人の軍団はもともとは王の親衛隊であり、必要に応じてその周囲に各部隊が配された。このような「近衛兵」は以後、権力がどれほど象徴的なものであっても、そしてまたどれほど政府の基盤が代議制的なものであっても、今日に至るまで権力を一人の人間が掌握する国家には必ず存在することになっている。

にもかかわらず、親衛隊はその他の正規兵部隊とは別個の発展経路を辿ることになる。一定の場所に居住施設を造った支配者たちは、定住生活に向かう傾向があった。そしてしばしば好戦的な役割を失い、親衛隊が国王の後盾になることもあった。その結果、支配者たちは親衛隊を異国の戦士部族から集めることになった。これらの戦士たちは言語を解さず、したがって不平分子と手を組んで陰謀を企むこともないからである。わかりやすい例をあげれば、ビザンティン皇帝のバラング人近衛兵部隊である。この部隊はもともとは、ロシアの君侯国の通商路をロシアの大河伝いにコンスタンティノープルにまで辿り着いたスウェーデン人とノルウェー人で構成されていたが、一〇六六年以降はそのほとんどがアングロ・サクソンの移民になった。彼らはその方言を発展させ、サン・マルコの獅子にはそのもっとも記念碑的な記録がルーン文字で残されている。このサン・マルコの獅子は、フランチェスコ・モロシーニ〔一六一八―九四　ヴェネツィアの将軍。後に総督となった〕が一六六八年にピレウス〔紀元前四九〇年にアテナイの外港として建設されて以来、ギリシアの商業の中心地として繁栄した〕を陥落させた直後にトルコからの戦利品としてもたらした物であり、現在ではベネツィアの造幣廠の外に立っている。[*18] これ以外の有名な外国人親衛隊といえば、歴代フランス王のスコットランド射手隊、ホーエンシュタウフェン家のフリードリッヒ二世のアラブ人親衛隊（フランコ将軍はモロッコ人正規兵からムーア人部隊を編成し、一九三六年から三九年にかけてのスペイン内戦を勝ち抜いた）、ローマ教皇をはじめとするヨーロッパ諸公国のスイス人衛兵がある。イギリス政府が権力を維持させることで利益が得られる外国の支配者に対して親衛隊として提供する現代の空軍特殊部隊（ＳＡＳ）には、若干宣伝的な機能がある。[*19]

とはいえ、このような親衛隊は首都に定住するようになった支配者の臣下から抜擢された一団でもあり、だいたいが時代遅れになっていく傾向があった。グロテスクなまでに時代遅れになることも、しばしばあった。イギリスのヨーマン衛士〔一四八五年にヘンリー七世が制定した国王の衛士で、現在でも古式豊かな制服をまとい鉾をもっている〕、ローマ教皇庁のスイス衛兵は現在では消滅したが、十九世紀にまで戦斧をもち込んだババリア親衛隊のように、独特の趣を見せている。君主国のなかにはその血統の古さを強調するために、古色蒼然とした親衛隊を実際に編成している国もある。ホーエンツォレルン家も、近衛兵中隊 Schlossgardekompagnie を最後の皇帝に配して、フリードリッヒ大王を真似ていた。必ずしも不自然というわけではないが、生まれのよい意気軒昂な若者は、そのような軍務を軽蔑していた。彼らは敵と接近戦を展開する「近衛部隊」に入って、支配者にその忠誠心を見せる道を選んだ。近衛部隊のなかにはそうすることによって戦闘部隊として生き残ったものもあった。そして、そのような部隊が他の多くの部隊の編成のモデルとなった。プロイセンとロシアの――プレオバジェンスキー連隊とセメノフスキー連隊――近衛歩兵連隊はこの種の伝統に属している。今日のイギリスの近衛兵部隊も同様である。

これらの部隊の忠誠は――パリに長く住みつきすぎて腐りきってしまった一七八九年のフランス王室親衛隊は例外であるが――滅多に疑問を抱かれることはなかった。とはいえ、困難もあった。どのようにして彼らに支払いをするかという問題であり、これは正規の陸軍の場合、はるかに深刻だった。平和時でも戦争中でも、兵士への食と住の提供と給料の支払いは、支配者と正規軍との契約の中心項目なのである。効率的な収税能力をもつ豊かな国家なら長期にわたってこの契約を履行できるだろうが、軍事的な野心が勝ちすぎる国家であれば、住民に対して重税を課すことになる。そして一九二三年にアイルランド自由国が見舞われたように、長期にわたる戦争の果てに膨張した正規軍の規模を縮小しようとして暴動を呼び起こしてしまうといった事態がしばしば起こることになる。かくして正規軍を維持するという負担を避け、その代わりに必要なときに軍務を買い求めるという誘惑が働くことになる。これはとくに、人口の少ない豊かな国家の場合に多かった。傭兵制度の基盤はここにある。傭

←ズワーブ兵。画面中央のズワーブ兵は、19世紀のヨーロッパ軍の間で「原始的戦士」の異名をとった北アフリカの部族衣装を着たフランス人。

↓奴隷軍団。ヴァン湖沿岸をパレードする16世紀のオスマン・トルコのイェニチェリ（新兵）軍団。イェニチェリはバルカン半島のキリスト教徒の子どもをスルタンが奴隷にして編成した。

↓パレードするスイス市民軍。スイスは兵役義務を選挙権の条件としている――男性が対象。

←傭兵隊長ジョン・ホークウッド。ウッチェルロ作（1436)。14世紀のこのイギリス人傭兵隊長はフィレンツェ、ミラノ、教皇庁に軍役を売った。

↓村の新兵徴集。伝ウィルキー作。酒、甘言、国王の通貨は、土地をもたない労働者をジョージ三世の軍隊の長期兵役に勧誘する手段だった。

↓徴兵。第二次世界大戦の開戦を目前にした1939年5月、徴兵登録でキングズ・クロスに並ぶロンドン市民。

兵の基盤はこれだけではないが、歴史を見れば、多くの国家がしばしば長期契約で傭兵を雇うことで自国の軍隊を補ってきた。その結果は、かつてのフランス軍とスイス軍との関係や近年のイギリスとネパールのグルカ兵との関係のように、双方が充分に満足できるものだった。うまく回転する傭兵市場には任期を満了した傭兵が戻って来ることから、そこで新規に購入することも可能だった。紀元前四世紀のペロポネソス半島のテナロン岬〔ギリシア南部ペロポネソス半島最南端の岬〕にはそのような市場が実在し、前世紀の都市国家間の戦争で職を失った土地をもたない兵士が集まったのである。この傭兵市場はペルシアで、ついでヘレニズム化が進んだ東方で、軍事専門家の需要が続いていた間は完璧に機能していた。[*20] アレクサンドロス大王は三二九年に五万人のギリシア人傭兵を雇い入れたが、その多くは傭兵市場から雇ったのである。

傭兵への依存が孕む内在的な危険は、契約期間が完了する以前に必要な財源が干あがってしまうかもしれないということである。戦争が予想以上に長引けば、結果は同じで、また国家がひたすら傭兵に頼るだけというような悲惨な状態、あるいは独善的な、もしくは怠惰な状態が続けば、傭兵軍団に見透かされて、その国家内で実質的な権力機構を打ち建てられてしまうこともある。これが十五世紀のイタリアの都市国家が抱えた問題だった。この時期、市民はあまりに商業に走りすぎた結果、自らの義務を果たすことができなくなっていたが、それでも税負担を渋りすぎて常備軍を維持できなかったのである。このような状況では、傭兵軍団が威嚇して立ち向かうのは、敵であるよりもむしろ雇用者に対してだった。傭兵軍団は、雇用者側の内輪揉めに際しては都合の良い側につき、未払い給料の清算、もしくは特別料金を請求してストライキに入ったり、あるいは恐喝し、さらには敵側に走ることとさえしたのである。最悪の場合には、傭兵が自ら権力を掌握することもあった。この種の傭兵隊長の例としては、ブレスチアのパンドルフォ・マラテスタ、クレモナのオットブォーノ・テルツォ、パルマのガブリーノ・フォンドゥーロがいた。[*21]

初期の都市国家のなかには、まるで傭兵に依存することの危険性を予測していたかのように、自国の防衛力を高める別の方法を選択した国家があった。それらの都市国家は、財産をもつすべての自由民男性は、武器を購入し、戦争に備えて訓練し、危険が迫ったときには義務を果たすことを市民権の条件としたのである。これが市民軍制度である。これは別形態をとることもある。ロシアや中国などの帝国をはじめとする多くの定住国家の長い歴史をみると、貧農が兵として徴集されていたが、その期間は漠然としていた。アングロ・サクソンのイングランドには兵役 fyrd、大陸にもこれに相当する制度があり、後には従者制 jussequellae、あるいは出征 Heerfolge と呼ばれるようになったが、これはいずれも自由民は武器をもたなければならないという制度だった。この制度は蛮族侵入の結果、ゲルマン人からもたらされたもので、ローマ人の統治制度を継承した王国に引き継がれ、九世紀と十世紀の軍事危機のなかで騎馬を駆る封建家臣の召集によってその重要性が覆されるまで存続した。スイスやチロルのような貴族制が弱体な遠隔の地では、この制度ははるかに長い期間、生き残った。実際スイスでは、この制度は今日まで存続している。

とはいえ、我々が市民軍という理念で連想するのは、蛮族の世界ではなく、古典世界である。つまり密集方陣をとったギリシアの農民‐市民軍である。ギリシアの市民軍は都市国家間の小さな争いではおたがいに戦ったが、紀元前六世紀と五世紀のペルシア帝国のような共通の危機に対しては、団結して戦った。ゲルマン人もギリシア人も、その自由民の軍事義務という観念は共通の源泉から汲んでいると想像したくなるし、またさらにギリシア人の戦争に対するもっとも重大な寄与は――一方、もしくは他方が敗北を認めるまで一定の地点に踏みとどまって徒歩で真っ向からわたり合う決戦という寄与――蛮族の時代にローマを経由してゲルマン人のもとで盛んになったと言いたくなる。とはいえその証拠となると、この仮説を支えられはしないだろう。確実と思われるのは、ローマが前共和制時代にギリシアからその戦術を受け入れ、セルビウス〔ローマ第六代の王。在位前五七八―三五〕の軍制改革で生まれたローマ軍団は密集陣形の元祖となったということである。カエサルの軍団も、こうして生まれた軍団だった。[*22]その後、ギリシアとローマは政治的にも文化的には、異なった道を辿ることになる。ローマの農民‐兵士は帝国形成へと向かうなかで、次第にその地位を給料を受ける職業的な兵士に譲るようになっていく。「内輪揉めの天才」であるギリシア人はそれぞれの都市国家が市民軍を維持し続け、やがてはより強大な勢力を誇る半分蛮族のようなマケドニア人の前にすべての都市国家が屈服する運命を辿ったのである。にもかかわらず、ギリシア人のその他の観念の多くと同様、市民軍という観念は生き残った。ルネサンス時代のヨーロッパの古典研究の再発見とともに、この観念は法治支配、あるいは民間人のプライドといったものに匹敵するほどの素晴らしさをもつと思われるようになったのである。そして、この二つと市民軍の理念は深くかかわり合っていた。君主の地位は武力に由来するという政治思想を持っていたマキアヴェリは、その思想を書物に書き記しただけではなかった。マキアヴェリは実際にフィレンツェの市民軍法案を起草したのである（一五〇五年の国民軍創設令 Ordinanza）。これは祖国フィレンツェを、傭兵のもたらす災危から解放しようという意図で起草された法案だった。[*23]

しかしながらこの市民軍制度にも、軍事上の欠陥があった。この制度は財産所有者だけに課せられた義務であったことから、国家が戦場に投入できる兵員にはかぎりがあり、その数は強壮な全男性人口を下まわるのである。ギリシア人はこの限界を二つの理由から受け入れていた。第一の理由は、この制度はどのようにして軍団への支払いをするかというたえずつきまとう問題を解決するという点だった。兵士たちは事実上、自分たち自身で支払いを済ませているのである。第二の理由は、軍への信頼性を確実にするという点だった。資産審査は、政治的な立場がどれほど異なっていても、それを通過した人びとを、審査に通過しなかった土地をもたない人びとや奴隷となった人びとに対して団結させたのである。そしてこの通過しなかった人びとには、武器をもつことが許されなかった。とはいえ、たとえば紀元前四世紀にテーバイと戦ったスパルタが思い知らされたように――この国の兵制は極端なまでに排他的だった――緊急事態が発生したときには、この種のエリート主義はその奇形ぶりを晒けだすことになった。

徴兵制は排他的ではない。当然、資産や政治的権利にかかわりなく、行軍と戦闘が可能なあらゆる人びとが対象である。そのためにこの制度は、武装した臣下が権力を掌握することを恐れる政治体制や、財源を確保するのが困難な政治体制はけっして採用することはない。徴兵制はすべての人びとに権利を――あるいは少なくとも権利の見かけだけでも――与える豊かな国家向きの制度である。この条件を完全に満たした最初の国家は、フランスの第一共和制だった。それ以外の国家は――たとえばフリードリッヒ大王のプロイセン――徴兵制と似たような制度を導入したが、それが機能したのは正規軍を動員したときの埋め合わせに新兵を補充したときだけだった。一七九三年八月、フランス共和国は「敵が共和国の領土から撃退されるまで、全フランス人男性は永久的に軍務に徴用される」と宣言した。「活動的な市民」にのみ義務を課していたかつての資産審査は、すでに廃止されていた。[*24] 以後、すべてのフランス人男性は兵士となった。そして一七九四年九月までには、共和国の兵員は一一六万九千人となった。これはそれまでのヨーロッパが目にしたことがない軍事力だった。

革命軍の目をみはるような成功は、徴兵制が未来の軍事制度であることを指し示した。やがてクラウゼヴィッツに「戦争は政治の継続である」と論じさせるようになったのは、この革命軍の出現だった。その制度の重大な欠陥は――この制度は社会を軍事化し、またとてつもない費用がかかるという点――予測されていないか、あるいは隠されていた。革命軍は長期間、戦利品で維持費を払っていた（ボナパルトのイタリア遠征軍がもち帰った貨幣は、共和国のアッシニア紙幣の導入で貨幣が駆逐された時点では、共和国の主要な財源になった）。十九世紀中頃以降、徴兵制をとり入れたその他のヨーロッパの政府は、徴集兵への給料をポケット・

マネー以下に抑えることで、財政的な負担を隠蔽していた。

徴兵制は税金の一形態というのは、この意味においてなのである。しかしながらすべての税金と同様、究極的にはこの種の税も納税者の利益となる見返りをもたらさなければならない。フランスでは、利益は資格を満たす人びと全員に対する市民権の付与だった。十九世紀に徴兵制を採用した君主制の政府は、その権力の弱体化を認めることはできなかった。これらの政府は、その代替物として民族主義を煽り立てた。これに大成功を収めたのはドイツだった。にもかかわらず武器をとった市民だけが完全な市民権を享受できるというフランス人の理念は定着し、市民の自由は武器をとる者の権利であると同時にその印でもあるという信念へと急速に変化していった。かくして市民の自由はすでに享受されているが、徴兵制が敷かれていなかったイギリスやアメリカ合衆国のような国では、市民が義勇軍兵士となって政府に迫るといったおかしな現象がもちあがったのである。そしてプロイセンのように徴兵制は敷かれたが、代議制の成長に抵抗する勢力と格闘しながら、反ナポレオン戦争によって頭角を現してきた中産階級の市民軍は、国王とその正規軍の権力に反対する権利の前哨部隊として存続を図ろうとしたのだった。

長期的には、ヨーロッパ大陸の先進諸国における一般徴兵制の確立は、選挙権の拡大と歩調を揃えていた。とはいえ、アングロ・サクソン系の諸国家の徴兵制ほど議会に対して責任を負うものではなく、またその歩調も直接的かつ目に見える関連性をもつようなプロセスを経てはいなかった。しかしその結果は、第一次世界大戦の勃発の時点で、ヨーロッパの大多数の国家ではなんらかの形で代議制が存在しており、すべての国家が大規模な徴兵制で集めた軍隊を擁していた。これらの軍隊の忠誠心は愛国的な感情で煽り立てられ、戦争のもたらした恐るべき試練のなかで最初の三年間はなんとかもち堪えることができた。一九一七年になると、国民皆兵が必要とする物心両面にわたるコストは、不可避的な結果をもたらしはじめた。その年の春、フランス軍では大規模な反乱が起きた。秋には、ロシア軍は崩壊した。翌年には、ドイツ軍も同じ道を辿った。一一月の休戦で帰国する軍隊は自壊作用を起こし、ドイツ帝国は革命に放り込まれた。これで一二五年前にフランス人が全市民に武器をとって革命を支えよと訴えることで革命を救うことからはじまったプロセスが、循環して元に戻ったのである。政治は戦争の延長となり、国家が昔から抱えるディレンマ――いかにして豊かで信頼できる効率的な軍隊を維持すべきか――が、ふたたび姿を現した。そしてその解決策は、歳入を兵士への支払いにあてたシュメール人と大差なかったのである。

『戦略の歴史　抹殺・征服技術の変遷』心交社　一九九七年刊

中公文庫

戦略の歴史（上）

2015年2月25日　初版発行

著　者　ジョン・キーガン
訳　者　遠藤利國
発行者　大橋善光
発行所　中央公論新社
〒104-8320　東京都中央区京橋2-8-7
電話　販売 03-3563-1431　編集 03-3563-2039
URL http://www.chuko.co.jp/

DTP　嵐下英治
印　刷　三晃印刷
製　本　小泉製本

Published by CHUOKORON-SHINSHA, INC.
Printed in Japan　ISBN978-4-12-206082-1 C1120

各書目の下段の数字はISBNコードです。978－4－12が省略してあります。

中公文庫既刊より

ク-6-1
戦争論（上）
クラウゼヴィッツ
清水多吉 訳
プロイセンの名参謀としてナポレオンを撃破した比類なき戦略家クラウゼヴィッツ。その思想の精華たる本書は、戦略・組織論の永遠のバイブルである。
203939-1

ク-6-2
戦争論（下）
クラウゼヴィッツ
清水多吉 訳
フリードリッヒ大王とナポレオンという二人の名将の戦史研究から戦争の本質を解明し体系的な理論化をなしとげた近代戦略思想の聖典。〈解説〉是本信義
203954-4

シ-10-1
戦争概論
ジョミニ
佐藤徳太郎 訳
19世紀を代表する戦略家として、クラウゼヴィッツと並び称されるフランスのジョミニ。ナポレオンに絶賛された名参謀による軍事戦略論のエッセンス。
203955-1

マ-10-5
戦争の世界史（上）技術と軍隊と社会
W・H・マクニール
高橋均 訳
軍事技術は人間社会にどのような影響を及ぼしてきたのか。大家が長年あたためてきた野心作。上巻は古代文明から仏革命と英産業革命が及ぼした影響まで。
205897-2

マ-10-6
戦争の世界史（下）技術と軍隊と社会
W・H・マクニール
高橋均 訳
軍事技術の発展はやがて制御しきれない破壊力を生み、人類は怯えながら軍備を競う。下巻は戦争の産業化から冷戦時代、現代の難局と未来を予測する結論まで。
205898-9

マ-10-1
疫病と世界史（上）
W・H・マクニール
佐々木昭夫 訳
疫病は世界の文明の興亡にどのような影響を与えてきたのか。紀元前五〇〇年から紀元一二〇〇年まで、人類の歴史を大きく動かした感染症の流行を見る。
204954-3

マ-10-2
疫病と世界史（下）
W・H・マクニール
佐々木昭夫 訳
これまで歴史家が着目してこなかった「疫病」に焦点をあて、独自の史観で古代から現代までの歴史を見直す好著。紀元一二〇〇年以降の疫病と世界史。
204955-0